Ratgeber
*für die Prüfung von
Gefahrgutbeauftragten*

Ratgeber
für die Prüfung von Gefahrgutbeauftragten

*Einführung, Rechtsvorschriften mit Begründung,
Auslegungshinweise, Sammlung der Prüfungsfragen,
Hinweise für die Durchführung der Prüfung,
Beispiele für die Erarbeitung der Antworten*

Bearbeitet von

Hajo Busch,
*Regierungsdirektor im Bundesministerium für Verkehr,
Bau und Wohnungswesen, Bonn*

●

Die Deutsche Bibliothek - CIP-Einheitsaufnahme

Ratgeber für die Prüfung von Gefahrgutbeauftragten : Einführung, Texte, Anhang ; mit den amtlichen Prüfungsfragen! / [Hajo Busch]. - Bonn : Dt. Bundes-Verl., 1999

ISBN 3-923106-91-2

© 1999 Bundesanzeiger Verlagsges.mbH, Köln

Alle Rechte vorbehalten. Auch die fotomechanische Vervielfältigung des Werkes (Fotokopie/Mikrokopie) oder von Teilen daraus bedarf der vorherigen Zustimmung des Verlages.

Lektorat: G. Siewert
Herstellung: Th. Mersmann
Satz: Graphische Werkstätten Lehne GmbH, Grevenbroich
Druck: Nettesheim Druck GmbH & Co. KG, Köln
Printed in Germany

ISBN 3-923106-91-2

Inhaltsübersicht

Vorwort 7

Teil A
Einführung

I. Vom Gefahrgutbeauftragten zum EU-Sicherheitsberater 11
II. Schulungen und Prüfungen für Gefahrgutbeauftragte und andere am Gefahrguttransport Beteiligte 16

Teil B
Texte

I. Gefahrgutbeauftragtenrichtlinie 25
II. Gefahrgutbeauftragtenverordnung (GbV) 36
III. Amtliche Begründung zur 1. Verordnung zur Änderung der Gefahrgutbeauftragtenverordnung (GbV) 49
IV. Auslegungshinweise zur Gefahrgutbeauftragtenverordnung 1998 75
V. Verordnung über die Prüfung von Gefahrgutbeauftragten (Gefahrgutbeauftragtenprüfungsverordnung – PO Gb) 88
VI. Amtliche Begründung zur Gefahrgutbeauftragtenprüfungsverordnung 93
VII. Sammlung der Prüfungsfragen 103

Teil C
Anhang

I. Hinweise für die Durchführung der Prüfung 287
II. Musterprüfungsbogen mit Musterantworten und Bearbeitungshilfen 290

Vorwort

Ab 1. Januar 1999 müssen Gefahrgutbeauftragte (Sicherheitsberater) nicht nur nach vorgegebenen Regeln in der Gefahrgutbeauftragtenverordnung geschult sein, sondern sie müssen auch eine Prüfung bestehen, um einen Schulungsnachweis zu erhalten, der berechtigt, der Tätigkeit eines Gefahrgutbeauftragten (Sicherheitsberaters) nachzugehen.

Dabei spielt es keine Rolle, ob die Tätigkeit des Gefahrgutbeauftragten (Sicherheitsberaters)
– von einem Mitarbeiter eines Unternehmens,
– als Externer oder
– durch den Unternehmer/Betriebsinhaber selbst
wahrgenommen wird. Der EG-Schulungsnachweis nach Anlage 3 der Gefahrgutbeauftragtenverordnung berechtigt nicht nur dazu, in Deutschland der Tätigkeit des Gefahrgutbeauftragten (Sicherheitsberaters) nachzugehen, sondern er gilt auch in allen übrigen Mitgliedstaaten der Gemeinschaft sowie in den Staaten der EFTA, die die Richtlinie 96/35/EG umsetzen. Der Schulungsnachweis nach Anlage 4 der Gefahrgutbeauftragtenverordnung für den See- und Luftverkehr gilt dagegen nur für die Wahrnehmung dieser Tätigkeit in Deutschland.

Der Schulung und Prüfung nach neuem Recht müssen sich nicht nur Personen unterziehen, die die Tätigkeit eines Gefahrgutbeauftragten (Sicherheitsberaters) neu aufnehmen wollen, sie gilt vielmehr auch für solche Gefahrgutbeauftragte, die bis zum 31. Dezember 1998 in Deutschland zum Gefahrgutbeauftragten nach altem Recht bestellt waren oder als Gefahrgutbeauftragte galten (das sind Unternehmer oder Betriebsinhaber). Diese Gefahrgutbeauftragten dürfen, ohne daß weitere Voraussetzungen zu erfüllen sind, die Tätigkeit des Gefahrgutbeauftragten (Sicherheitsberaters) in Deutschland bis zum Ende der in ihrer Schulungsbescheinigung angegebenen Gültigkeit, und zwar auch über den 1. Januar 2000 hinausgehend, ausüben (§ 7 b Abs. 1 der Gefahrgutbeauftragtenverordnung).

Darüber hinaus können Gefahrgutbeauftragte nach altem Recht, wenn sie zusätzlich im Besitz einer gültigen Schulungsbescheinigung sind, sowohl den EG-Schulungsnachweis für den Straßen-, Eisenbahn- und Binnenschiffverkehr wie auch den Schulungsnachweis für den See- und Luftverkehr erwerben, wenn sie sich bis zum 31. Dezember 1999
1. einer Fortbildungsschulung oder
2. einer Fortbildungsschulung mit Prüfung oder
3. der Fortbildungsprüfung unterziehen.

Vorwort

Der EG-Schulungsnachweis wird nach der ersten Alternative mit einer Gültigkeit von 3 Jahren und nach der zweiten und dritten Alternative – Voraussetzung ist das Bestehen der Prüfung – mit einer Gültigkeit von 5 Jahren ausgestellt. Besteht die Person nach der zweiten Alternative die Prüfung nicht, darf der Schulungsnachweis mit einer 3jährigen Gültigkeit ausgehändigt werden, weil wie bei der ersten Alternative die vorgeschriebene Schulung durchgeführt wurde.

Eine weitere Möglichkeit eröffnet sich über § 7 b Abs. 4 für Gefahrgutbeauftragte, die ihrer Tätigkeit in Unternehmen nachgehen, die beim Transport gefährlicher Güter mit Seeschiffen beteiligt sind insofern, als sie auch ohne Prüfung – d. h. nur nach Fortbildungsschulung – in den Genuß der Aushändigung des Schulungsnachweises für diesen Verkehrsträger (Anlage 4 der Gefahrgutbeauftragtenverordnung) mit einer fünfjährigen Gültigkeit gelangen können.

Die Anforderungen im einzelnen ergeben sich aus

- der Gefahrgutbeauftragtenverordnung vom 26. März 1998,
- der Prüfungsverordnung für Gefahrgutbeauftragte vom 1. Dezember 1998,
- den Auslegungshinweisen zur Gefahrgutbeauftragtenverordnung vom 9. Dezember 1998 und
- der Sammlung der Prüfungsfragen vom 28. Dezember 1998.

Königswinter im Januar 1999

Hajo Busch

Teil A
Einführung

I. Vom Gefahrgutbeauftragten zum EU-Sicherheitsberater

I.

In Deutschland sind seit 1. Oktober 1991 Gefahrgutbeauftragte tätig. Sie können diese Tätigkeit erst wahrnehmen, wenn sie sich einer Grundschulung unterzogen haben. Alle drei Jahre müssen Gefahrgutbeauftragte eine Fortbildungsschulung absolvieren.

Die bei den Schulungsveranstaltungen zu vermittelnden Kenntnisse sind darauf abgestellt, dem Gefahrgutbeauftragten das nötige Rüstzeug für eine in erster Linie überwachende Tätigkeit zu geben. Neben der Überwachung muß ein Gefahrgutbeauftragter die von ihm überwachten Personen bei festgestellten Unstimmigkeiten auf die richtige Vorschriftenlage hinweisen und darauf hinwirken, daß bestehende Vorschriften künftig beachtet werden.

Aufgrund der von den Schulungsträgern vorliegenden Zahlen ist davon auszugehen, daß in Deutschland etwa 30 000 Personen die Tätigkeit eines Gefahrgutbeauftragten wahrnehmen. Hinzuzurechnen sind solche Gefahrgutbeauftragte, die aufgrund ihrer unternehmerischen Tätigkeit vergleichbare Verpflichtungen haben.

Damit liegen in Deutschland seit mehr als sechs Jahren Erfahrungen über die Tätigkeit von Gefahrgutbeauftragten vor.

Die Tätigkeit der Gefahrgutbeauftragten hat eindeutig zu einer Verbesserung der Sicherheitslage beim Gefahrguttransport in Deutschland beigetragen. Diese Erkenntnis ist nicht neu. Bereits 1994 hat der Gefahrgut-Verkehrs-Beirat beim Bundesministerium für Verkehr in Bonn schon nach zweijähriger Tätigkeit von Gefahrgutbeauftragten und der sich abzeichnenden Auswirkungen auf die Sicherheitslage dem Bundesministerium für Verkehr vorgeschlagen, eine Initiative zur Einführung vergleichbarer Vorschriften für den internationalen Bereich zu ergreifen. Deutschland hat entsprechend dieser Empfehlung Anfang 1995 bei der Europäischen Kommission entsprechende Vorschläge eingebracht und unter seiner Präsidentschaft im zweiten Halbjahr 1995 wesentlich mit dazu beigetragen, daß in dieser Angelegenheit für den Bereich der Europäischen Union eine Regelung bis zum gemeinsamen Standpunkt entwickelt werden konnte. Künftig werden in Zentraleuropa alle beim Gefahrguttransport auf Schiene, Straße und Binnenwasserstraße beteiligten Unternehmen verpflichtet, einen EU-Sicherheitsberater vergleichbar dem deutschen Gefahrgutbeauftragten zu bestellen.

Einführung

Die betreffende Rechtsvorschrift der Europäischen Union, nämlich die Richtlinie 96/35/EG, liegt seit dem 3. Juni 1996 vor. Sie muß von den Mitgliedstaaten bis zum 31. Dezember 1999 umgesetzt werden.

II.

Zwischen der deutschen Gefahrgutbeauftragtenverordnung auf der einen und der EU-Sicherheitsberaterrichtlinie auf der anderen Seite bestehen erhebliche Unterschiede, die sich in der Sache an folgenden Punkten verdeutlichen lassen:

1. Nach der EU-Richtlinie soll der Sicherheitsberater nur in Unternehmen tätig werden, die gefährliche Güter auf der Straße, mit der Eisenbahn oder mit dem Binnenschiff befördern oder das mit diesem Befördern zusammenhängende Be- oder Entladen ausüben.

   Nach geltender Gefahrgutbeauftragtenverordnung müssen in Deutschland Unternehmen, die gefährliche Güter auf der Straße, mit der Eisenbahn, mit See- oder Binnenschiffen sowie mit Luftfahrzeugen versenden, befördern, für Zwecke der Beförderung verpacken oder übergeben, einen Gefahrgutbeauftragten bestellen.

2. Der EU-Sicherheitsberater soll durch seine Tätigkeit im Unternehmen sicherstellen, daß die vorhandenen Gefahrgutvorschriften durch die Beteiligten eingehalten werden, damit Schäden für Personen, Sachen und die Umwelt vermieden werden. Er hat einen Unfallbericht zu erstellen und muß aus Erkenntnissen nach Unfällen Maßnahmen für eine Verbesserung der Sicherheitsvorschriften ableiten.

   Nach deutschem Recht hat der Gefahrgutbeauftragte die Einhaltung der Gefahrgutvorschriften durch beauftragte oder sonstige verantwortliche Personen zu überwachen, bei festgestellten Mängeln die Beteiligten über die richtige Vorschriftenlage aufzuklären und Mängel, die die Sicherheit beim Gefahrguttransport beeinträchtigen, dem Unternehmer anzuzeigen.

3. Sowohl EU-Sicherheitsberater wie Gefahrgutbeauftragte müssen über ihre überwachende Tätigkeit Aufzeichnungen führen und am Ende des Jahres einen Jahresbericht abliefern.

4. Der EU-Sicherheitsberater darf seine Tätigkeit nur wahrnehmen, wenn er im Besitz einer EU-Schulungsbescheinigung ist. Diese Schulungsbescheinigung wird erst nach dem Bestehen einer Prüfung ausgestellt. Die Bescheinigung hat eine Gültigkeit von längstens fünf Jahren. Sie kann verlängert werden, wenn der EU-Sicherheitsberater an einer weiteren Schulung teilgenommen oder einen Test bestanden hat.

   Der Gefahrgutbeauftragte muß nach deutschem Recht dagegen nur an einer Schulung teilnehmen und erhält hierüber eine Teilnahmebescheinigung. Diese Bescheinigung ist längstens drei Jahre gültig. Der Gefahrgutbeauftragte darf seine Tätigkeit erst dann weiter ausüben, wenn er eine Fortbildungsschulung besucht hat und hierüber eine Bescheinigung erhalten hat. Diese berechtigt ihn dann für weitere drei Jahre zur Wahrnehmung der Aufgaben eines Gefahrgutbeauftragten.

5. EU-Sicherheitsberater müssen grundsätzlich in den unter 1. beschriebenen Unternehmen tätig sein.

Die deutschen Gefahrgutbeauftragten müssen dagegen nur in solchen Unternehmen tätig werden, die in einem Kalenderjahr mehr als 50 t gefährliche Güter versenden, befördern, für Zwecke der Beförderung verpacken oder übergeben. Ausnahmetatbestände von dieser Gewichtsgrenze gibt es für besonders gefährliche Güter und hochradioaktive Stoffe.

Die dargestellten Sachunterschiede in den Tätigkeitsfeldern sowie hinsichtlich der einbezogenen Verkehrsträger machen deutlich, daß deutsche Gefahrgutbeauftragte nicht ohne weiteres EU-Sicherheitsberater werden können.

Diese Aussage wird noch dadurch erhärtet, daß in der maßgeblichen Rechtsvorschrift der Europäischen Union anders als nach der deutschen Gefahrgutbeauftragtenverordnung die Aufgabenfelder des Gefahrgutbeauftragten sehr umfänglich in mehr als 40 Einzelpunkten beschrieben werden und daß hinsichtlich der über Schulungen zu erwerbenden Erkenntnisse differenzierte Angaben für die zu vermittelnden Lehrinhalte durch das Recht vorgegeben werden.

III.

Die für deutsche Gefahrgutbeauftragte vorgeschriebenen Schulungen sind bislang aufgrund eines in Selbstverantwortung der deutschen Wirtschaft erarbeiteten Lehrplanes – bestehend aus einem allgemeinen und besonderen Teil – durchgeführt worden. Diese Lehrpläne sind durch die Industrie- und Handelskammern in Deutschland als Satzungsrecht eingeführt worden und damit Basis für die Durchführung der Schulungen der deutschen Gefahrgutbeauftragten durch mehr als 300 durch die Industrie- und Handelskammern anerkannte Schulungsunternehmen.

Der Rahmenlehrplan ist unter besonderer Berücksichtigung der bei den verschiedenen Verkehrsträgern vorhandenen Vorschriftenstrukturen (ihrer Systematik) erstellt und mit Zeitvorgaben fixiert worden. Dieser Rahmenlehrplan hat sich bewährt.

Für EU-Sicherheitsberater sind in der Richtlinie 96/35/EG allerdings Vorgaben mit einem anderen Ansatz enthalten. Die Systematik eines Lehrplanes kann sich nicht mehr nach den in den verkehrsträgerspezifischen Vor-

Einführung

schriften gewählten Strukturen, sondern muß sich nach den Sachpunkten ausrichten, die dazu im Anhang zur genannten Richtlinie aufgeführt sind.

Hieraus resultiert eine zweite Feststellung. Nicht nur Aufgaben, sondern auch die Ausbildung deutscher Gefahrgutbeauftragter und EU-Sicherheitsberater sind anders.

Aus dieser Feststellung ergibt sich ein Problem; es besteht darin, ohne wesentliche negative Auswirkungen deutsche Gefahrgutbeauftragte in den Stand eines EU-Sicherheitsberaters zu bringen.

Die Richtlinie läßt hier den Mitgliedstaaten noch Freiräume. Das heißt, einengende Regelungen fehlen nicht zuletzt auch deshalb, weil die Gremien der Europäischen Union davon ausgegangen sind, daß es in den Mitgliedstaaten der Gemeinschaft die Person des EU-Sicherheitsberaters noch nicht gibt.

Für Deutschland ergibt sich die Notwendigkeit, unter Nutzung vorhandener Freiräume Gefahrgutbeauftragte ohne negative persönliche Auswirkungen zu EU-Sicherheitsberatern zu machen.

Spätestens ab 1. Januar 1997 könnten bei dem hier geltenden dreijährigen Schulungsrhythmus die deutschen Gefahrgutbeauftragten ungewollt Beeinträchtigungen erleiden. Sie werden zwangsläufig mit der Gültigkeit ihrer Bescheinigung in den Zeitraum hineinragen, von dem ab die Richtlinie 96/35/EG gilt.

Eine besondere Schwierigkeit stellt nicht nur der unterschiedliche sachliche Schulungsansatz, sondern insbesondere auch die Forderung dar, daß der EU-Schulungsnachweis nur nach Bestehen einer Prüfung ausgehändigt wird. Deutsche Gefahrgutbeauftragte sind zwar geschult, jedoch nicht geprüft.

Somit muß darüber nachgedacht werden, wie der deutsche Gefahrgutbeauftragte unter Honorierung seines bisher bereits erworbenen Wissens im schulischen Bereich, insbesondere aber auch seiner praktischen Erfahrungen, die Tätigkeit eines EU-Sicherheitsberaters in seinem Unternehmen auch ab 1. Januar 2000 wahrnimmt.

Vorgesehen ist, mit einem verkürzten Schulungsansatz und einer Prüfung, die in ihrem Umfang im Vergleich zu der normalen Grundschulung um 50 % reduziert ist, deutschen Gefahrgutbeauftragten, die nach dem 1. Januar 1997 eine Schulung besuchen, die EU-Schulungsbescheinigung auszuhändigen.

IV.

Zusammenfassend ist festzustellen, daß die Problematik der Überführung deutscher Gefahrgutbeauftragter in die Position des „EU-Sicherheitsberaters" erkannt ist und auch Lösungsansätze hierfür erarbeitet worden sind.

Die Gefahrgutbeauftragtenverordnung wird in gewisser Weise auch noch von einer weiteren Rechtsinitiative der Europäischen Union in diesem Bereich berührt. Es handelt sich um den Entwurf eines Vorschlages zum Erlaß einer Richtlinie des Rates über die Schulung und Prüfung der Sicherheitsberater für die Beförderung gefährlicher Güter auf Straße, Schiene oder Binnenwasserstraße.

Die Europäische Kommission hat sich anläßlich der Beschlußfassung des Rates über die Richtlinie 96/35/EG dazu verpflichtet, eine solche Regelung bis spätestens zum 31. Dezember 1997 vorzulegen. Der Arbeitsentwurf der Kommission ist zwischenzeitlich dreimal – zum Teil kontrovers – beraten worden. Fest steht, daß die Kommission ihre Bemühungen zur Erzielung eines Kompromisses und damit zur Einleitung des Ratsverfahrens intensivieren wird, um der eigenen Terminzusage gegenüber dem Rat zu entsprechen. Voraussichtlich wird es in Bälde bei der Kommission ein weiteres Expertengespräch geben. Danach ist nach derzeitigem Kenntnisstand mit der Einleitung des Ratsverfahrens zu rechnen. Schwergewicht wird die Festlegung einheitlicher Bedingungen in Europa für die Prüfung haben.

Die Neufassung der Gefahrgutbeauftragtenverordnung ist so abgefaßt, daß sie auch durch diesen Rechtsakt der Gemeinschaft nicht wesentlich berührt würde. Kritisch könnte dies allenfalls im Bereich der Prüfung werden, und zwar dann, wenn die Kommission Anforderungen festlegen würde, die erheblich über denen in Deutschland liegen würden. Aus dem Verlauf der bisherigen Sitzungen läßt sich allerdings ableiten, daß auch in dieser Beziehung der von Deutschland gewählte Ansatz gute Aussicht hat, auch nach Verabschiedung dieser Richtlinie weiter Bestand haben zu können.

II. Schulungen und Prüfungen für Gefahrgutbeauftragte und andere am Gefahrguttransport Beteiligte

1. Allgemein

Schulungen und Prüfungen für alle beim Gefahrguttransport Beteiligte sind zwischenzeitlich zu einem der wichtigsten internationalen Themen bei der Weiterentwicklung der Gefahrgutrechtsvorschriften geworden.

Es gibt praktisch keine gefahrgutspezifische Vorschrift – sieht man vom Eisenbahnverkehr ab –, in der derzeit keine entsprechenden Anforderungen erhoben werden.

Die UN-Empfehlungen für den Transport gefährlicher Güter enthalten in der gültigen 10. Ausgabe in Kapitel 1.3 Trainingsanforderungen, die für alle Personen gelten sollen, die beim Transport gefährlicher Güter beteiligt sind. Die entsprechenden Anforderungen befinden sich in den Empfehlungen in den Vereinten Nationen bereits seit Ende 1980. Sie waren früher in Kapitel 1.45 unter dem Stichwort „Training of dangerous Goods Transportworkers" enthalten. Materiell hat sich seither im Rahmen der UN-Empfehlungen nichts verändert.

Betrachtet man jedoch die Entwicklung in den einzelnen verkehrsträgerspezifischen Vorschriften, so ist hinsichtlich des ADR festzustellen, daß aufgrund der Erkenntnisse nach der Tankwagenkatastrophe in Los Alfaques Anforderungen für Fahrzeugführer bestimmter Straßengefahrgutbeförderungseinheiten eingeführt worden sind. Man geht heute davon aus, daß seit 1980 allein in Deutschland mehr als 150 000 Fahrzeugführer für den Straßentransport gefährlicher Güter geschult worden sind.

Eine ähnlich lange Tradition haben Schulungs-(Trainings-)Anforderungen im Bereich der luftverkehrsspezifischen Vorschriften. Hier war es zunächst die IATA (International Air Transport Association), die von Mitarbeitern der Airlines und von Frachtagenten besondere Kenntnisse durch Schulung (Training) forderte. Auch nach den für internationalen Luftverkehr gültigen Rechtsvorschriften der ICAO-TI (Technical Instruction) gab es schon vor 1997 Schulungs-(Trainings-)Anforderungen. Ab 1. Januar 1997 sind diese sehr zielgerichtet hinsichtlich der betroffenen Personen ausgestaltet und fordern zusätzlich das Bestehen einer Prüfung.

Im Binnenschiffsverkehr werden Ausbildungsanforderungen in Rn. 10 315 des ADNR ebenfalls seit mehr als einem Jahrzehnt erhoben. Der betreffende Sachkundige muß hierzu eine Fachprüfung abgelegt haben.

Schulungen und Prüfungen für Gefahrgutbeauftragte

Schon jetzt kann festgestellt werden, daß es spätestens ab dem Jahre 2001 auch für den Eisenbahnverkehr im Rahmen des RID und für den Seeverkehr im Rahmen des IMDG-Code entsprechende Schulungs-(Trainings-)Anforderungen mit einer Prüfungspflicht geben wird.

Unabhängig von den Regelungen in den internationalen verkehrsträgerspezifischen Gefahrgutvorschriften liegt seit dem 12. Dezember 1989 die Verordnung über die Bestellung von Gefahrgutbeauftragten und die Schulung der beauftragten Personen in Unternehmen und Betrieben (Gefahrgutbeauftragtenverordnung – GbV) vor. Diese nur innerstaatlich geltende Vorschrift fordert in § 5, daß Personen, die in eigener Verantwortung Pflichten des Unternehmers nach den Gefahrgutvorschriften erfüllen, Kenntnisse haben müssen, die durch zu wiederholende Schulung zu vermitteln sind. Diese Vorschrift gilt in Deutschland seit 1. Oktober 1991 unabhängig davon, ob auf der Straße, mit der Eisenbahn, mit See- oder Binnenschiffen oder mit Luftfahrzeugen gefährliche Güter befördert werden.

Gleichzeitig ist mit dieser Verordnung die Person des
„Gefahrgutbeauftragten"
eingeführt worden. Auch an diese Person werden Schulungs-(Trainings-)Anforderungen seit 1991 gestellt.

Durch die positiven Auswirkungen der innerstaatlichen Vorschriften in der Gefahrgutbeauftragtenverordnung auf die Sicherheitslage hat Deutschland 1991 gegenüber der Europäischen Kommission eine Initiative ergriffen, um für die Gemeinschaft durch Erlaß eines Rechtsaktes auch in anderen Staaten gleiche Regelungen einzuführen. Dies ist durch die Richtlinie 96/35/EG des Rates vom 3. Juni 1996 über die Bestellung und berufliche Befähigung von Sicherheitsberatern für die Beförderung gefährlicher Güter auf Straße, Schiene oder Binnenwasserstraße geschehen. Die Mitgliedstaaten der Europäischen Union müssen auf Basis dieser Richtlinie nationale Vorschriften bis zum 1. Januar 2000 einführen.

Deutschland hat die vorgenannte Richtlinie bereits umgesetzt. Am 26. März 1998 ist die erste Verordnung zur Änderung der Gefahrgutbeauftragtenverordnung erlassen worden. Diese ändert die Gefahrgutbeauftragtenverordnung 1989 und führt sie an den ab 1. Januar 2000 geltenden Rechtsakt der Gemeinschaft heran.

Die geänderte Gefahrgutbeauftragtenverordnung tritt für den deutschen Rechtsbereich am 1. Januar 1999 in Kraft. Sie enthält Übergangsvorschriften, die es ermöglichen sollen, den Gefahrgutbeauftragten, die in Deutschland nach der Gefahrgutbeauftragtenverordnung 1989 geschult worden sind, sachgerecht Eingang in den Rechtsstand ab 1. Januar 2000 zu verschaffen. Dabei sollen nur solche Personen in diese Regelung einbezogen

Einführung

werden, die zum Gefahrgutbeauftragten bestellt worden sind oder als solche nach altem Recht galten.

Bei der Europäischen Union wird derzeit ein weiterer Rechtsakt vorbereitet, der dazu dienen soll, die Harmonisierung der Prüfungsvorschriften für Sicherheitsberater für die Beförderung gefährlicher Güter auf Straße, Schiene oder Binnenwasserstraßen herbeizuführen. Nach dem derzeitigen Verfahrensstand ist allerdings nicht mehr mit einer kurzfristigen Inkraftsetzung dieser Richtlinie zu rechnen, da formal der gemeinsame Standpunkt des Europäischen Rates nicht mehr 1998, sondern frühestens im ersten Halbjahr 1999 festgelegt werden kann.

Deutschland hat am 1. Dezember 1998 die Gefahrgutbeauftragtenprüfungsverordnung erlassen, um sicherzustellen, daß in der bis zum 1. Januar 2000 verbleibenden Zeit die formalen Möglichkeiten geschaffen werden, um die nunmehr für Gefahrgutbeauftragte vorgeschriebene Prüfung auch durchführen zu können. Die Gefahrgutbeauftragtenprüfungsverordnung ist in der 49. Kalenderwoche im Bundesgesetzblatt Teil 1 verkündet worden. Sie tritt ebenfalls zum 1. Januar 1999 in Kraft.

2. Rn. 10 316 ADR

Die Rn. 10 316 in der ab 1. Januar 1999 für die Straßenbeförderung gefährlicher Güter in Kraft tretenden Fassung – verbunden mit einer Übergangsfrist zum 30. Juni 1999 – führt erstmalig im Rahmen einer internationalen verkehrsträgerspezifischen Gefahrgutvorschrift zu einer vollen Umsetzung der in den UN-Empfehlungen in Kapitel 3.12 enthaltenen Vorgaben.

Bewertet man den vorliegenden Text in der durch die ADR-Neufassungsverordnung vom 12. Oktober 1998 bekannt gemachten Fassung, so stellen sich allein bei einer Auslegung nach dem Wortlaut verschiedene Fragen.

Einmal betreffen diese die Verwendung des Begriffes „Unterweisung". Hier dürfte man zu unterstellen haben, daß dies eine Untermenge des Oberbegriffes „Schulung" ist. Vorgaben für die Durchführung der Unterweisung also in didaktischer Beziehung fehlen. Das gilt in gleicher Weise für eine Eingrenzung hinsichtlich der für die Unterweisungen in Betracht kommenden Personen. Zunächst ist davon auszugehen, daß jede Person beim Fahrzeughalter oder Absender sowie darüber hinaus auch bei anderen Unternehmen, wenn die Personen Be- und Entladungen durchführen, zu unterweisen ist. Was jedoch unter „Sonstigem betroffenen Personal" zu verstehen ist, bleibt offen; insbesondere deshalb, weil es von der Art des Unternehmens her nicht eingeschränkt ist. Nicht festgelegt wird ferner, wer die Unterweisung in den betroffenen Unternehmen durchführt. In Deutschland könnte hierfür nach GbV 1989 der Gefahrgutbeauftragte, aber auch jede beauftragte Person in Betracht kommen. Ab 1. Januar 1999 ist in

Schulungen und Prüfungen für Gefahrgutbeauftragte

Deutschland bei Berücksichtigung der Anlage 1 zur Gefahrgutbeauftragtenverordnung 1998 der Gefahrgutbeauftragte eindeutig für die Schulung in diesem Bereich zuständig.

Der Umfang der Unterweisung wird durch Vorgaben in Rn. 10 316 Abs. 2 bestimmt. Entsprechend den einzelnen wahrgenommenen Verantwortlichkeiten und Aufgaben muß hiervon für jeden Personenkreis die Unterweisung spezifisch festgelegt werden. Nur hinsichtlich der allgemeinen Einführung und der Sicherheitsunterweisung ist es vorstellbar, auch Personen mit unterschiedlichen Verantwortlichkeiten und Aufgaben in die gleiche Unterweisung einzubeziehen.

Da ohnehin bestimmt ist, die vermittelten Unterweisungsinhalte zu beschreiben, dürfte an erster Stelle die Aufgabe stehen, die Unterweisungsinhalte schriftlich zu fixieren. Besonders schwierig dürften diese Vorschriften schon allein deshalb umzusetzen sein, weil in den hier in Betracht kommenden Mitarbeiterkreisen von einer starken Fluktuation auszugehen ist. Legt man den Absatz 3 streng aus, müßte spätestens ab 1. Juli 1999 jede Person vor Aufnahme einer Tätigkeit beim Transport gefährlicher Güter auf der Straße nachweisen, daß sie für die vorgesehenen Verantwortlichkeiten und zu übernehmenden Aufgaben unterwiesen worden ist.

Offen bleibt, in welchen Abständen die Unterweisung durch Auffrischungskurse zu ergänzen ist. Da hier doch ausdrücklich auf Rechtsänderungen Bezug genommen wird, erscheint es ausreichend, jeweils den Änderungsrhythmus – d. h., das sind zur Zeit zwei Jahre – zu berücksichtigen. Auch Auffrischungskurse sollten schriftlich von den vermittelten Sachinhalten fixiert und sowohl dem beteiligten Personal in Form einer Bescheinigung ausgehändigt wie auch zu den Unterlagen des betreffenden Unternehmens genommen werden.

Diese neuen Vorschriften erfordern erhebliche organisatorische Anstrengungen auf seiten der Unternehmen. Diese sind sicherlich auch kostenaufwendig, insbesondere bei Einschaltung externer Schulungsunternehmen. Bei einer realistischen Abschätzung des in Betracht kommenden Personenkreises dürften hier mit Sicherheit 100 000 Personen – wohl eher mehr – von diesen neuen Schulungsanforderungen betroffen sein. Von heute an gerechnet steht in den Unternehmen nicht mehr viel Zeit zur Verfügung, um den Anforderungen dieser neuen Vorschrift gerecht zu werden.

3. Prüfungsaufgaben für Gefahrgutbeauftragte

Die Prüfungsaufgaben für Gefahrgutbeauftragte ergeben sich aus einer Sammlung, die das Bundesministerium für Verkehr, Bau- und Wohnungswesen im März im Bundesanzeiger bekanntgegeben hat. Grundlage der Bekanntmachung ist ein Vorschlag des Deutschen Industrie- und Handels-

Einführung

tages, den dieser nach Vorarbeit in zahlreichen Arbeitskreisen unter Leitung von Vertretern der Industrie- und Handelskammern und gleichzeitiger Beteiligung der von den entsprechenden Vorschriften betroffenen Wirtschaftskreise einschließlich der Vertreter der Schulungsunternehmen erarbeitet hat.

Die Prüfungsaufgaben (offene Fragen, Multiple-choice-Fragen und Fallstudien) werden für jeden Prüfungsteilnehmer auf einem Prüfungsbogen zusammengefaßt. Die in der Prüfung nachzuweisenden Kenntnisse lassen sich besonders eindrucksvoll dadurch darstellen, daß konkrete Prüfungsaufgaben exemplarisch für jeden Verkehrsträger behandelt werden.

Ob und in welchem Umfang die in Deutschland tätigen Gefahrgutbeauftragten der Prüfungspflicht unterliegen, ergibt sich aus § 7 b der Gefahrgutbeauftragtenverordnung 1998. Festzustellen ist, daß Gefahrgutbeauftragte, die im Besitz einer Schulungsbescheinigung sind, deren Gültigkeit um nicht mehr als 6 Monate nach Durchführung einer Fortbildungsschulung überschritten ist, auch ohne Prüfung in den Besitz der nach der Gefahrgutbeauftragtenverordnung 1998 vorgeschriebenen Schulungsnachweise gelangen können.

4. Schulungen und Prüfungen nach ICAO

Die entsprechenden Vorschriften ergeben sich aus Teil 6 Kapitel 1 Abschnitt 1.2.4 der Technical Instructions for the Safe Transport of Dangerous Goods by Air (ICAO-TI). Sie werden der Einfachheit halber in der noch bis zum 31. Dezember 1998 gültigen Fassung des Wortlauts behandelt, der sich aus den IATA-Gefahrgutvorschriften – und zwar Abschnitt 1.5 – ergibt.

Hier ist zunächst einmal festgelegt, welche allgemeinen und spezifischen Kenntnisse die beim Transport gefährlicher Güter mit Luftfahrzeugen Beteiligten nachweisen müssen. Besonders deutlich wird dies aus einer Tabelle, wo für die einzelnen Bereiche unter besonderer Berücksichtigung der Tätigkeiten der verschiedenen Personen die Ausbildungsanforderungen festgelegt werden.

Diese seit 1. Januar 1997 geltenden Schulungsanforderungen müssen durch eine Prüfung abgeschlossen werden. Die danach ausgestellte Bescheinigung (Ausbildungsaufzeichnung) muß nach 24 Monaten aktualisiert werden. Offen bleibt, ob auch nach der Wiederholungsschulung eine Prüfung abzulegen ist.

Diese sehr restriktiven Schulungsanforderungen nach Luftverkehrsvorschriften haben dazu geführt, daß die Schulung auch im Rahmen der Gefahrgutbeauftragtenprüfungsverordnung als ausreichend akzeptiert wird. Nicht dagegen gilt dies jedoch für die Prüfung. Personen, die im Luftverkehr tätig sind und eine Ausbildung und Prüfung nach den ICAO-Vorschriften erhalten haben, müssen gleichwohl, wenn sie der Tätigkeit eines Gefahrgutbeauftragten im Luftverkehr nachgehen wollen, sich nochmals einer Prüfung, wie sie im vorhergehenden Abschnitt 3. abgehandelt wurde, für diese Tätigkeit gesondert unterziehen.

5. Schulung und GGVSee

§ 11 der Gefahrgutverordnung See fordert für den Schiffsführer und den für die Ladung verantwortlichen Offizier derzeit für Schiffe, die die deutsche Flagge führen, eine aufgabenbezogene Schulung, die alle 5 Jahre zu wiederholen ist. Im IMDG-Code wird es voraussichtlich ab 1. Januar 2001 in einem neuen Abschnitt 28 Schulungsanforderungen für alle Transportbeteiligten geben.

6. Zusammenfassung

In den Gefahrgutrechtsvorschriften gibt es derzeit sehr stark voneinander abweichende Schulungs-(Trainings-)Anforderungen mit Prüfungen. Künftig wird verstärkt Aufmerksamkeit darauf zu richten sein, diese unterschiedlichen Anforderungen auf Basis der Anforderungen in den UN-Empfehlungen „Transport gefährlicher Güter" zu harmonisieren, d. h. sowohl in der Sache wie auch im formalen Umfeld gleiche Bedingungen festzulegen. Dies ist um so wichtiger, als häufig durch den immer schwieriger werdenden Arbeitsmarkt bedingt Tätigkeitswechsel erfolgen. Damit ist auch im Gefahrgutbereich langfristig sicherzustellen, daß eine einmal wahrgenommene Schulung auch in anderen Funktionen als ausreichend bzw. zumindest als Basis anerkannt wird.

Sollte man eine Zeitprognose zur Erledigung dieser wichtigen Aufgabe stellen, so muß festgestellt werden, daß wegen der Schwierigkeit der Materie mehr als fünf Jahre vergehen werden, um hier letztendlich zu einheitlichen Anforderungen zu kommen.

Teil B
Texte

I. Gefahrgutbeauftragtenrichtlinie

Richtlinie 96/35/EG des Rates
vom 3. Juni 1996

über die Bestellung und die berufliche Befähigung von Sicherheitsberatern für die Beförderung gefährlicher Güter auf Straße, Schiene oder Binnenwasserstraßen

(ABl. Nr. L 145 vom 19. 6. 1996, S. 10)

DER RAT DER EUROPÄISCHEN UNION –

gestützt auf den Vertrag zur Gründung der Europäischen Gemeinschaft, insbesondere auf Artikel 75,

auf Vorschlag der Kommission [1],

nach Stellungnahme des Wirtschafts- und Sozialausschusses [2],

nach dem Verfahren des Artikels 189 c des Vertrags [3],

in Erwägung nachstehender Gründe:

Die Beförderung gefährlicher Güter im innerstaatlichen und grenzüberschreitenden Verkehr hat im Laufe der Jahre erheblich zugenommen, wodurch das Unfallrisiko größer geworden ist.

Einige Unfälle bei Gefahrguttransporten können auf eine unzureichende Kenntnis der damit verbundenen Risiken zurückgeführt werden.

Im Rahmen der Verwirklichung des Verkehrsbinnenmarkts sind Maßnahmen zur besseren Verhütung der mit der Gefahrgutbeförderung verbundenen Risiken erforderlich.

Die Richtlinie 89/391/EWG des Rates vom 12. Juni 1989 über die Durchführung von Maßnahmen zur Verbesserung der Sicherheit und des Gesundheitsschutzes der Arbeitnehmer bei der Arbeit [4] sieht keine Maßnahmen gegen die mit dem Gefahrguttransport verbundenen Risiken vor.

Von den Unternehmen, die gefährliche Güter befördern, sowie von den Unternehmen, die Gefahrgut im Zusammenhang mit dieser Beförderung

---

[1] ABl. Nr. C 185 vom 17. 7. 1991, S. 5, und ABl. Nr. C 233 vom 11. 9. 1992, S. 5.
[2] Stellungnahme vom 27. November 1991 (ABl. Nr. C 40 vom 17. 2. 1992, S. 46).
[3] Stellungnahme des Europäischen Parlaments vom 15. Mai 1992 (ABl. Nr. C 150 vom 15. 6. 1992, S. 332), gemeinsamer Standpunkt des Rates vom 6. Oktober 1995 (ABl. Nr. C 297 vom 10. 11. 1995, S. 13) und Beschluß des Europäischen Parlaments vom 17. Januar 1996 (ABl. Nr. C 32 vom 5. 2. 1996, S. 49).
[4] ABl. Nr. L 183 vom 29. 6. 1989, S. 1.

verladen oder entladen, muß verlangt werden, daß sie unabhängig davon, ob es sich um die Beförderung auf der Straße, der Schiene oder auf Binnenwasserstraßen handelt, die Regeln zur Verhütung der mit dem Gefahrguttransport verbundenen Risiken beachten. Damit dieses Ziel leichter erreicht wird, ist vorzusehen, daß entsprechend geschulte Sicherheitsberater für die Gefahrgutbeförderung bestellt werden.

Mit der Schulung sollen die Sicherheitsberater die Kenntnis der wesentlichen Rechts- und Verwaltungsvorschriften für die Gefahrgutbeförderung erwerben.

Die Mitgliedstaaten müssen einen gemeinsamen Mindestrahmen für die Schulung festlegen, die durch das Ablegen einer Prüfung nachgewiesen wird.

Die Mitgliedstaaten müssen einen Schulungsnachweis nach Gemeinschaftsmuster ausstellen, mit dem die berufliche Befähigung der Sicherheitsberater bescheinigt wird, so daß die Inhaber dieses Nachweises ihre Tätigkeit in der gesamten Gemeinschaft ausüben können.

Die berufliche Befähigung der Sicherheitsberater trägt zur Verbesserung der Qualität der dem Kunden erbrachten Dienstleistung bei. Sie trägt außerdem dazu bei, soweit wie möglich die Risiken von Unfällen zu verringern, die irreversible Umweltschäden und schwere körperliche Schäden von Personen, die mit Gefahrgut in Berührung kommen, zur Folge haben können –

HAT FOLGENDE RICHTLINIE ERLASSEN:

Artikel 1 Ziel

Die Mitgliedstaaten ergreifen gemäß den Bestimmungen dieser Richtlinie die erforderlichen Maßnahmen, damit jedes Unternehmen, dessen Tätigkeit die Gefahrgutbeförderung auf Straße, Schiene oder Binnenwasserstraßen oder das mit dieser Beförderung zusammenhängende Verladen oder Entladen umfaßt, bis zum 31. Dezember 1999 einer oder mehrere Sicherheitsberater für die Gefahrgutbeförderung benennt, deren Aufgabe darin besteht, die Risiken verhüten zu helfen, die sich aus solchen Tätigkeiten für Personen, Sachen und die Umwelt ergeben.

Artikel 2 Begriffsbestimmungen

Im Sinne dieser Richtlinie bezeichnet der Begriff

a) „Unternehmen" jede natürliche Person, jede juristische Person mit oder ohne Erwerbszweck, jede Vereinigung oder jeden Zusammenschluß von Personen ohne Rechtspersönlichkeit mit oder ohne Erwerbszweck sowie jede staatliche Einrichtung, unabhängig davon, ob diese über eine eigene Rechtspersönlichkeit verfügt oder von einer Behörde mit Rechtspersönlichkeit abhängt, die die Beförderung, das Verladen oder das Entladen gefährlicher Güter vornimmt;

b) „Sicherheitsberater für die Gefahrgutbeförderung", nachstehend „Gefahrgutbeauftragter" genannt, jede vom Leiter eines Unternehmens benannte Person, die die Aufgaben und Funktionen nach Artikel 4 wahrnimmt und Inhaber des Schulungsnachweises nach Artikel 5 ist;
c) „gefährliche Güter/Gefahrgut" die als solche in Anhang A der Richtlinie 94/55/EG des Rates vom 21. November 1994 zur Angleichung der Rechtsvorschriften der Mitgliedstaaten für den Gefahrguttransport auf der Straße [5] festgelegten Güter;
d) „betroffene Tätigkeiten" die Beförderung gefährlicher Güter auf Straße, Schiene oder Binnenwasserstraßen – mit Ausnahme nationaler Binnenwasserstraßen ohne Verbindung zu den Binnenwasserstraßen der anderen Mitgliedstaaten – oder das mit dieser Beförderung zusammenhängende Verladen und Entladen.

Artikel 3 Befreiungen

Die Mitgliedstaaten können vorsehen, daß diese Richtlinie nicht für Unternehmen gilt,

a) deren betroffene Tätigkeiten sich auf die Beförderung gefährlicher Güter mit Transportmitteln erstrecken, die den Streitkräften gehören oder der Verantwortung der Streitkräfte unterstehen, oder
b) deren betroffene Tätigkeiten sich auf begrenzte Mengen je Beförderungseinheit erstrecken, die unterhalb der in den Randnummern 10 010 und 10 011 des Anhangs B der Richtlinie 94/55/EG festgelegten Grenzwerte liegen, oder
c) deren Haupt- oder Nebentätigkeit nicht in der Beförderung gefährlicher Güter oder im mit dieser Beförderung zusammenhängenden Verladen oder Entladen besteht, sondern die gelegentlich innerstaatliche Gefahrguttransporte oder das damit zusammenhängende Verladen oder Entladen vornehmen, wenn mit diesen Tätigkeiten nur eine sehr geringe Gefahr oder Umweltbelastung verbunden ist.

Artikel 4 Aufgaben und Benennung des Gefahrgutbeauftragten

(1) Der Gefahrgutbeauftragte hat unter der Verantwortung des Unternehmensleiters im wesentlichen die Aufgabe, im Rahmen der betroffenen Tätigkeiten des Unternehmens nach Mitteln und Wegen zu suchen und Maß-

---

[5] ABl. Nr. L 319 vom 12. 12. 1994, S. 7.

nahmen zu veranlassen, die die Durchführung dieser Tätigkeiten unter Einhaltung der geltenden Bestimmungen und unter optimalen Sicherheitsbedingungen erleichtern. Seine den Tätigkeiten des Unternehmens entsprechenden Aufgaben sind in Anhang I festgelegt.

(2) Die Funktion des Gefahrgutbeauftragten kann auch vom Leiter des Unternehmens, von einer Person mit anderen Aufgaben in dem Unternehmen oder von einer dem Unternehmen nicht angehörenden Person wahrgenommen werden, sofern diese tatsächlich in der Lage ist, die Aufgaben des Gefahrgutbeauftragten zu erfüllen.

(3) Das Unternehmen teilt der zuständigen Behörde oder der hierzu vom Mitgliedstaat benannten Stelle auf Verlangen den Namen seines Gefahrgutbeauftragten mit.

Artikel 5 Schulungsnachweis

(1) Der Gefahrgutbeauftragte muß Inhaber eines für den oder die betreffenden Verkehrsträger gültigen Schulungsnachweises nach Gemeinschaftsmuster sein, nachstehend „Nachweis" genannt. Dieser wird von der zuständigen Behörde oder der hierzu vom Mitgliedstaat benannten Stelle ausgestellt.

(2) Zur Erlangung des Nachweises muß der Bewerber eine Schulung erhalten, die durch das Bestehen einer von der zuständigen Behörde des Mitgliedstaats anerkannten Prüfung nachgewiesen wird.

(3) Mit der Schulung sollen dem Bewerber in erster Linie eine ausreichende Kenntnis über die Risiken von Gefahrgutbeförderungen, eine ausreichende Kenntnis der Rechts- und Verwaltungsvorschriften für die betroffenen Verkehrsträger sowie eine ausreichende Kenntnis der in Anhang I festgelegten Aufgaben vermittelt werden.

(4) Die Prüfung muß mindestens die in Anhang II aufgeführten Sachgebiete umfassen.

(5) Der Nachweis wird entsprechend dem Muster in Anhang III ausgestellt.

(6) Der Nachweis wird von allen Mitgliedstaaten anerkannt.

Artikel 6 Geltungsdauer des Nachweises

Der Nachweis hat eine Geltungsdauer von fünf Jahren. Seine Geltungsdauer wird automatisch um jeweils fünf Jahre verlängert, wenn der Inhaber des Nachweises im letzten Jahr vor dessen Ablaufen an einer ergänzenden Schulung teilgenommen oder einen Test bestanden hat, die von der zuständigen Behörde anerkannt werden.

Artikel 7 Unfallbericht

Der Gefahrgutbeauftragte trägt dafür Sorge, daß nach einem Unfall, der sich während einer von dem jeweiligen Unternehmen durchgeführten Beförderung oder während des von dem Unternehmen vorgenommenen Verladens oder Entladens ereignet und bei dem Personen, Sachen oder die Umwelt zu Schaden gekommen sind, nach Einholung aller sachdienlichen Auskünfte ein Unfallbericht für die Unternehmensleitung oder gegebenenfalls für eine örtliche Behörde erstellt wird.

Dieser Unfallbericht ersetzt nicht die Berichte der Unternehmensleitung, die in den Mitgliedstaaten entsprechend sonstigen internationalen, gemeinschaftlichen oder innerstaatlichen Rechtsvorschriften zu erstellen sind.

Artikel 8 Anpassung der Richtlinie

Die Änderungen, die erforderlich sind, um diese Richtlinie an den wissenschaftlichen und technischen Fortschritt auf den in ihren Geltungsbereich fallenden Gebieten anzupassen, werden nach dem Verfahren des Artikels 9 erlassen.

Artikel 9

(1) Die Kommission wird von dem durch Artikel 9 der Richtlinie 94/55/EG eingesetzten Ausschuß für den Gefahrguttransport, nachstehend „Ausschuß" genannt, unterstützt, der sich aus Vertretern der Mitgliedstaaten zusammensetzt und in dem der Vertreter der Kommission den Vorsitz führt.

(2) Der Vertreter der Kommission unterbreitet dem Ausschuß einen Entwurf der zu treffenden Maßnahmen. Der Ausschuß gibt seine Stellungnahme zu diesem Entwurf innerhalb einer Frist ab, die der Vorsitzende unter Berücksichtigung der Dringlichkeit der betreffenden Frage festsetzen kann. Die Stellungnahme wird mit der Mehrheit abgegeben, die in Artikel 148 Absatz 2 des Vertrags für die Annahme der vom Rat auf Vorschlag der Kommission zu fassenden Beschlüsse vorgesehen ist. Bei der Abstimmung im Ausschuß werden die Stimmen der Vertreter der Mitgliedstaaten gemäß dem vorgenannten Artikel gewogen. Der Vorsitzende nimmt an der Abstimmung nicht teil.

(3) a) Die Kommission erläßt die beabsichtigten Maßnahmen, wenn sie mit der Stellungnahme des Ausschusses übereinstimmen.

b) Stimmen die beabsichtigten Maßnahmen mit der Stellungnahme des Ausschusses nicht überein oder liegt keine Stellungnahme vor, so unterbreitet die Kommission dem Rat unverzüglich einen Vorschlag für die zu treffenden Maßnahmen. Der Rat beschließt mit qualifizierter Mehrheit.

Hat der Rat nach Ablauf einer Frist von drei Monaten nach der Befassung des Rates keinen Beschluß gefaßt, so werden die vorgeschlagenen Maßnahmen von der Kommission erlassen.

Artikel 10

Diese Richtlinie berührt nicht die Vorschriften im Bereich der Sicherheit und des Schutzes der Gesundheit von Arbeitnehmern am Arbeitsplatz nach der Richtlinie 89/391/EWG sowie den dazu ergangenen Durchführungsrichtlinien.

Artikel 11

(1) Die Mitgliedstaaten erlassen die erforderlichen Rechts- und Verwaltungsvorschriften, um dieser Richtlinie bis zum 31. Dezember 1999 nachzukommen. Sie setzen die Kommission unverzüglich davon in Kenntnis.

Wenn die Mitgliedstaaten diese Vorschriften erlassen, nehmen sie in den Vorschriften selbst oder durch einen Hinweis bei der amtlichen Veröffentlichung auf diese Richtlinie Bezug. Die Mitgliedstaaten regeln die Einzelheiten der Bezugnahme.

(2) Die Mitgliedstaaten teilen der Kommission den Wortlaut der wichtigsten innerstaatlichen Rechtsvorschriften mit, die sie auf dem unter diese Richtlinie fallenden Gebiet erlassen.

Artikel 12

Diese Richtlinie ist an die Mitgliedstaaten gerichtet.

Geschehen zu Luxemburg am 3. Juni 1996.

Anhang I

Verzeichnis der Aufgaben des Gefahrgutbeauftragten nach Artikel 4 Absatz 1

Der Gefahrgutbeauftragte nimmt insbesondere folgende Aufgaben wahr:
- Überwachung der Einhaltung der Vorschriften für die Gefahrgutbeförderung;
- Beratung des Unternehmens bei den Tätigkeiten im Zusammenhang mit der Gefahrgutbeförderung;
- Erstellung eines Jahresberichts für die Unternehmensleitung oder gegebenenfalls für eine örtliche Behörde über die Tätigkeiten des Unternehmens in bezug auf die Gefahrgutbeförderung. Die Berichte sind fünf Jahre lang aufzubewahren und den einzelstaatlichen Behörden auf Verlangen vorzulegen.

Zu den Aufgaben des Gefahrgutbeauftragten gehört insbesondere auch die Überprüfung des nachstehenden Vorgehens bzw. der nachstehenden Verfahren hinsichtlich der betroffenen Tätigkeiten:
- Verfahren, mit denen die Einhaltung der Vorschriften zur Identifizierung des beförderten Gefahrguts sichergestellt werden soll;
- Vorgehen des Unternehmens, um beim Kauf von Beförderungsmitteln den besonderen Erfordernissen in bezug auf das beförderte Gefahrgut Rechnung zu tragen;
- Verfahren, mit denen das für die Gefahrgutbeförderung oder für das Verladen oder das Entladen verwendete Material überprüft wird;
- ausreichende Schulung der betreffenden Arbeitnehmer des Unternehmens und Vermerk über diese Schulung in der Personalakte;
- Durchführung geeigneter Sofortmaßnahmen bei etwaigen Unfällen oder Zwischenfällen, die unter Umständen die Sicherheit während der Gefahrgutbeförderung oder während des Verladens oder des Entladens gefährden;
- Durchführung von Untersuchungen und, sofern erforderlich, Erstellung von Berichten über Unfälle, Zwischenfälle oder schwere Verstöße, die während der Gefahrgutbeförderung oder während des Verladens oder des Entladens festgestellt wurden;
- Einführung geeigneter Maßnahmen, mit denen das erneute Auftreten von Unfällen, Zwischenfällen oder schweren Verstößen verhindert werden soll;
- Berücksichtigung der Rechtsvorschriften und der besonderen Anforderungen der Gefahrgutbeförderung bei der Auswahl und dem Einsatz von Subunternehmern oder sonstigen Dritten;

- Überprüfung, ob das mit der Gefahrgutbeförderung oder dem Verladen oder dem Entladen des Gefahrguts betraute Personal über ausführliche Arbeitsanleitungen und Anweisungen verfügt;
- Einführung von Maßnahmen zur Aufklärung über die Gefahren bei der Gefahrgutbeförderung oder beim Verladen oder Entladen des Gefahrguts;
- Einführung von Maßnahmen zur Überprüfung des Vorhandenseins der im Beförderungsmittel mitzuführenden Papiere und Sicherheitsausrüstungen sowie der Vorschriftsmäßigkeit dieser Papiere und Ausrüstungen;
- Einführung von Verfahren zur Überprüfung der Einhaltung der Vorschriften für das Verladen und Entladen.

Gefahrgutbeauftragtenrichtlinie

Anhang II
Verzeichnis der in Artikel 5 Absatz 4 genannten Sachgebiete

Für die Erlangung des Schulungsnachweises sind Kenntnisse mindestens in den nachstehend aufgeführten Sachgebieten erforderlich:
I. Allgemeine Maßnahmen der Verhütung von Risiken und Sicherheitsmaßnahmen:
   - Kenntnisse über Unfallfolgen im Zusammenhang mit der Beförderung gefährlicher Güter;
   - Kenntnisse der wichtigsten Unfallursachen.
II. Verkehrsträgerbezogene Bestimmungen in einzelstaatlichen und gemeinschaftlichen Rechtsvorschriften sowie in internationalen Übereinkommen, die insbesondere folgende Bereiche betreffen:
   1. Klassifizierung der gefährlichen Güter:
      - Verfahren zur Klassifizierung von Lösungen und Mischungen,
      - Aufbau der Stoffaufzählungen,
      - Gefahrenklassen und Klassifizierungskriterien,
      - Eigenschaften der beförderten gefährlichen Güter und Gegenstände,
      - Physikalische und chemische sowie toxikologische Eigenschaften;
   2. Allgemeine Verpackungsvorschriften sowie Anforderungen für Tanks und Tankcontainer:
      - Verpackungsarten sowie Verpackungskodierung und -kennzeichnung,
      - Anforderungen an die Verpackungen und Vorschriften für die Prüfung,
      - Zustand der Verpackungen und regelmäßige Kontrolle;
   3. Beschriftung und Gefahrzettel:
      - Aufschriften auf den Gefahrzetteln,
      - Anbringung und Entfernung der Gefahrzettel,
      - Kennzeichnung und Bezettelung;
   4. Vermerke im Beförderungspapier:
      - Angaben im Beförderungspapier,
      - Konformitätserklärung des Versenders;
   5. Versandart und Abfertigungsbeschränkungen:
      - geschlossene Ladung,
      - Beförderung in loser Schüttung,

- Beförderung in großen Behältern für Schüttgut,
- Beförderung in Containern,
- Beförderung in festverbundenen oder Aufsetztanks;
6. Beförderung von Fahrgästen;
7. Zusammenladeverbote und Vorsichtsmaßnahmen bei der Zusammenladung;
8. Trenngebote;
9. begrenzte Mengen und freigestellte Mengen;
10. Handhabung und Sicherung der Ladung:
    - Verladen und Entladen (Ladefaktor),
    - Stauen und Trennen;
11. Reinigung bzw. Lüftung vor dem Verladen und nach dem Entladen;
12. Fahrpersonal bzw. Besatzung: Ausbildung;
13. Mitzuführende Papiere:
    - Beförderungspapier,
    - schriftliche Weisungen,
    - Zulassungsbescheinigung des Fahrzeugs,
    - Bescheinigung über die Schulung der Fahrzeugführer,
    - Sachkundenachweis für die Binnenschiffahrt,
    - Kopie der etwaigen Ausnahme oder Abweichung,
    - sonstige Papiere;
14. Sicherheitsanweisungen: Durchführung der Anweisungen sowie Schutzausrüstung für den Fahrer;
15. Überwachungspflichten: Halten und Parken;
16. Verkehrs- bzw. Fahrregeln und -beschränkungen;
17. Freiwerden umweltbelastender Stoffe aufgrund eines Betriebsvorgangs oder eines Unfalls;
18. Anforderungen an die Beförderungsmittel.

Gefahrgutbeauftragtenrichtlinie

Anhang III

Muster des Schulungsnachweises nach Artikel 5 Absatz 5

EG-Schulungsnachweis des Gefahrgutbeauftragten

Nummer des Schulungsnachweises: ....

Nationalitätszeichen des ausstellenden Mitgliedstaats: ....

Name: ....

Vorname(n): ....

Geburtsdatum und Geburtsort: ....

Staatsangehörigkeit: ....

Unterschrift des Inhabers: ....

Gültig bis .... (Datum) für Gefahrgut befördernde Unternehmen sowie Unternehmen, die das Verladen oder Entladen im Zusammenhang mit Gefahrgutbeförderungen durchführen:

☐ im Straßenverkehr

☐ im Eisenbahnverkehr

☐ im Binnenschiffsverkehr

Ausgestellt durch: ....

Datum: ....

Unterschrift: ....

Verlängert bis: ....

durch: ....

Datum: ....

Unterschrift: ....

II. Gefahrgutbeauftragtenverordnung – GbV

**Verordnung
über die Bestellung von Gefahrgutbeauftragten und die Schulung der
beauftragten Personen in Unternehmen und Betrieben
(Gefahrgutbeauftragtenverordnung – GbV)**

in der Fassung der Bekanntmachung vom 26. März 1998 (BGBl. I S. 648)

§ 1 Bestellung von Gefahrgutbeauftragten

(1) Unternehmer und Inhaber eines Betriebes, die an der Beförderung gefährlicher Güter mit Eisenbahn-, Straßen-, Wasser- oder Luftfahrzeugen beteiligt sind, müssen mindestens einen Gefahrgutbeauftragten schriftlich bestellen. Werden mehrere Gefahrgutbeauftragte bestellt, so sind deren Aufgaben nach Anlage 1 schriftlich festzulegen.

(2) Die Funktion des Gefahrgutbeauftragten kann

1. von einem Mitarbeiter des Unternehmens oder Betriebes, dem auch andere Aufgaben übertragen sein können,
2. von einer dem Unternehmen oder Betrieb nicht angehörenden Person oder
3. vom Unternehmer oder Inhaber eines Betriebes

wahrgenommen werden. Nimmt der Unternehmer oder Inhaber eines Betriebes die Funktion des Gefahrgutbeauftragten selbst wahr, ist eine schriftliche Bestellung nicht erforderlich.

(3) Der Unternehmer oder Inhaber des Betriebes muß im Unternehmen oder Betrieb und auf Verlangen auch der zuständigen Überwachungsbehörde den Namen des Gefahrgutbeauftragten bekanntgeben.

(4) Die zuständige Überwachungsbehörde kann anordnen, daß Unternehmer oder Inhaber von Betrieben, die von der Bestellung eines Gefahrgutbeauftragten nach § 1 b befreit sind, einen Gefahrgutbeauftragten bestellen müssen, wenn im Unternehmen oder Betrieb wiederholt oder schwerwiegend gegen Vorschriften verstoßen wurde, deren Einhaltung nach dem Gesetz über die Beförderung gefährlicher Güter oder nach den aufgrund dieses Gesetzes erlassenen Rechtsvorschriften dem Unternehmer oder Inhaber des Betriebes obliegt.

(5) Die zuständige Überwachungsbehörde kann die zur Einhaltung dieser Verordnung erforderlichen Anordnungen treffen. Sie kann insbesondere die Abberufung des bestellten Gefahrgutbeauftragten und die Bestellung eines

anderen Gefahrgutbeauftragten verlangen, wenn die Voraussetzungen des Absatzes 4 vorliegen.

§ 1a Begriffsbestimmungen

Im Sinne dieser Verordnung sind

1. Unternehmer oder Inhaber von Betrieben an der Beförderung gefährlicher Güter beteiligt, wenn ihnen nach den für die Beförderung gefährlicher Güter mit Eisenbahn-, Straßen-, Wasser- und Luftfahrzeugen geltenden Vorschriften Verantwortlichkeiten zugewiesen sind;
2. „Sicherheitsberater für die Beförderung gefährlicher Güter" die Gefahrgutbeauftragten;
3. „Gefahrgutbeauftragte" die vom Unternehmer oder Inhaber eines Betriebes bestellten Personen oder die Unternehmer oder die Inhaber eines Betriebes selbst, die Aufgaben nach § 1c wahrzunehmen haben und Inhaber eines gültigen Schulungsnachweises nach § 2 sind;
4. „gefährliche Güter" solche, die in den für die Beförderung gefährlicher Güter mit Eisenbahn-, Straßen-, Wasser- und Luftfahrzeugen geltenden Vorschriften als gefährlich festgelegt sind;
5. „beauftragte Personen" solche, die im Auftrag des Unternehmers oder Inhabers eines Betriebes in eigener Verantwortung deren Pflichten nach den Gefahrgutvorschriften zu erfüllen haben;
6. „sonstige verantwortliche Personen" solche, denen nach den Vorschriften für die Beförderung gefährlicher Güter unmittelbar Aufgaben zur eigenverantwortlichen Erledigung übertragen worden sind, insbesondere Fahrzeugführer, Schiffsführer, ausgenommen Unternehmer und Inhaber von Betrieben.

§ 1b Befreiungen

(1) Die Vorschriften dieser Verordnung über die Bestellung von Gefahrgutbeauftragten gelten nicht für Unternehmer und Inhaber eines Betriebes,

1. deren Tätigkeiten sich auf freigestellte Beförderungen gefährlicher Güter auf Schiene, Straße, Binnenwasserstraßen, See und in der Luft beschränken oder auf Beförderungen in begrenzten Mengen, die nicht über den in Rn. 10011 der Anlage B des ADR festgelegten Grenzen liegen, beziehen,
2. wenn sie in einem Kalenderjahr an der Beförderung von nicht mehr als 50 Tonnen netto gefährlicher Güter, bei radioaktiven Stoffen nur der Blätter 1 bis 4, für den Eigenbedarf in Erfüllung betrieblicher Aufgaben beteiligt sind oder
3. die gefährliche Güter lediglich empfangen.

(2) § 1 Abs. 4 bleibt unberührt.

§ 1c Aufgaben des Gefahrgutbeauftragten

(1) Der Gefahrgutbeauftragte wird unter der Verantwortung des Unternehmers oder Inhabers eines Betriebes tätig. Seine Aufgabe besteht darin, darauf hinzuwirken, daß geeignete Maßnahmen zur Einhaltung der Vorschriften zur Beförderung gefährlicher Güter für den jeweiligen Verkehrsträger ergriffen werden. Der Gefahrgutbeauftragte muß die den Tätigkeiten des Unternehmens oder Betriebes entsprechenden Aufgaben nach Anlage 1 beachten. Der Gefahrgutbeauftragte ist verpflichtet, Aufzeichnungen über seine Überwachungstätigkeit unter Angabe des Zeitpunktes der Überwachung, der Namen der überwachten Personen und der überwachten Geschäftsvorgänge zu führen.

(2) Der Gefahrgutbeauftragte hat die Aufzeichnungen nach Absatz 1 mindestens fünf Jahre aufzubewahren. Diese Aufzeichnungen sind der zuständigen Überwachungsbehörde auf Verlangen in Schriftform zur Prüfung vorzulegen.

§ 1d Unfallbericht

(1) Der Gefahrgutbeauftragte hat dafür zu sorgen, daß nach einem Unfall, der sich während einer vom Unternehmen oder vom Betrieb durchgeführten Beförderung oder bei einem vom Unternehmen oder vom Betrieb vorgenommenen Be- oder Entladen ereignet und bei dem Personen, Tiere, Sachen oder die Umwelt durch Freisetzen der gefährlichen Güter zu Schaden gekommen sind, nach Eingang aller sachdienlichen Auskünfte unverzüglich ein Unfallbericht erstellt wird.

(2) Der Unfallbericht soll dem Muster nach Anlage 2 entsprechen.

(3) Gefahrgutbeauftragte nach § 1 Abs. 2 Nr. 1 und 2 müssen den Unfallbericht dem Unternehmer oder Inhaber des Betriebes vorlegen. Der Unternehmer oder Inhaber des Betriebes muß auf Verlangen der für die Überwachung seines Betriebes zuständigen Behörde nach § 9 des Gesetzes über die Beförderung gefährlicher Güter einen Unfallbericht zuleiten. Der Unfallbericht muß jedoch keine Angaben enthalten, die den Unternehmer oder Betriebsinhaber oder deren verantwortliche Personen belasten.

§ 2 Anforderungen an Gefahrgutbeauftragte

(1) Als Gefahrgutbeauftragter darf nur tätig werden, wer Inhaber eines für den oder die betreffenden Verkehrsträger gültigen Schulungsnachweises nach Anlage 3 oder 4 ist. Der Schulungsnachweis wird von einer Industrie- und Handelskammer erteilt, wenn der Betroffene an einem Grundlehrgang nach § 3 teilgenommen und die Prüfung nach § 5 mit Erfolg abgelegt hat.

(2) Die Schulung erfolgt im Rahmen eines von der zuständigen Industrie- und Handelskammer anerkannten Lehrgangs. Der Schulungsveranstalter muß geeignet und leistungsfähig sein. Erkennt die Industrie- und Handelskammer einen Lehrgang an, gibt sie den Schulungsveranstalter öffentlich bekannt. Mehrere Industrie- und Handelskammern können Vereinbarungen zur gemeinsamen Erledigung ihrer Aufgabe nach Satz 1 schließen. Führen Industrie- und Handelskammern selbst Lehrgänge durch, gelten diese als anerkannt im Sinne des Satzes 1.

(3) Der Schulungsnachweis nach Anlage 3 berechtigt zur Wahrnehmung der Aufgaben des Gefahrgutbeauftragten für den oder die kenntlich gemachten Verkehrsträger Straße, Schiene, Binnenwasserstraßen in allen Mitgliedstaaten der Europäischen Union. Der Schulungsnachweis nach Anlage 4 berechtigt zur Wahrnehmung der Aufgaben des Gefahrgutbeauftragten für den oder die kenntlich gemachten Verkehrsträger See, Luft in Deutschland. Schulungsnachweise nach den Anlagen 3 und 4 mit einem Vermerk nach § 4 Abs. 4 gelten nur in Deutschland.

(4) Der Schulungsnachweis gilt fünf Jahre, beginnend mit dem Tag der bestandenen Prüfung. Die Geltungsdauer wird jeweils um weitere fünf Jahre verlängert, wenn der Inhaber des Schulungsnachweises in den letzten zwölf Monaten vor Ablauf der Geltungsdauer

1. an einer Fortbildungsschulung nach § 4 Abs. 2 teilgenommen und eine Prüfung nach § 5 Abs. 6 oder
2. eine Prüfung nach § 5 Abs. 7

bestanden hat. Der Schulungsnachweis wird um drei Jahre verlängert, wenn der Inhaber des Schulungsnachweises an einer Fortbildungsschulung nach § 4 Abs. 2 teilgenommen hat. Wird die Geltungsdauer der Bescheinigung um mehr als sechs Monate überschritten, muß erneut ein Schulungsnachweis nach § 2 Abs. 1 Satz 2 vorgelegt werden.

(5) Der Schulungsnachweis muß der zuständigen Überwachungsbehörde auf Verlangen vorgelegt werden.

§ 3 Schulungsanforderungen

(1) Die Schulungen können in Form mündlicher oder schriftlicher Lehrgänge oder in einer Kombination aus mündlicher und schriftlicher Form durchgeführt werden.

(2) Die Grundlehrgänge umfassen einen allgemeinen Teil und einen oder mehrere besondere Teile, in denen die jeweils erforderlichen Kenntnisse für den Straßen-, Schienen-, Binnenschiffs-, See- und Luftverkehr vermittelt werden.

(3) Die in den Grundlehrgängen zu behandelnden Sachgebiete ergeben sich aus den Anlagen 1 und 5.

(4) Fortbildungslehrgänge dienen der Vertiefung des Wissens und der Vermittlung von Neuerungen. Sie werden auf Grundlage der Sachgebiete in den Anlagen 1 und 5 durchgeführt. Dazu soll den Teilnehmern insbesondere Gelegenheit zum Einbringen praktischer Beispiele und zum Erfahrungsaustausch gegeben werden.

(5) Die Grund- und Fortbildungslehrgänge können im besonderen Teil beschränkt werden, wenn für den vorgesehenen Teilnehmerkreis nur Kenntnisse aus einer Klasse der Gefahrgutvorschriften, z. B. radioaktive Stoffe (Klasse 7), maßgebend sind.

§ 4 Dauer der Schulungen

(1) Die Dauer der Grundlehrgänge beträgt mindestens zehn Unterrichtseinheiten für den allgemeinen und 20 Unterrichtseinheiten für einen besonderen Teil für einen Verkehrsträger im Sinne des § 1 Abs. 1. Für jeden weiteren Verkehrsträger ist der Zeitansatz nach Satz 1 für den besonderen Teil um zehn Unterrichtseinheiten zu erhöhen.

(2) Die Dauer eines Fortbildungslehrganges beträgt mindestens 50 vom Hundert der Zeitansätze des Absatzes 1.

(3) Eine Unterrichtseinheit beträgt 45 Minuten. In den Lehrgängen sollen an einem Tag nicht mehr als acht Unterrichtseinheiten erteilt werden. Die Zahl der Unterrichtseinheiten darf jedoch nicht mehr als zehn betragen.

(4) Die Zeitansätze für den besonderen Teil für einen Verkehrsträger können um höchstens 50 vom Hundert herabgesetzt werden, wenn die Lehrgänge nur eine Klasse der Gefahrgutvorschriften umfassen sollen. Dies ist im Schulungsnachweis nach § 2 zu vermerken.

§ 5 Prüfungen

(1) Am Ende der Grundlehrgänge hat der Schulungsteilnehmer eine Prüfung abzulegen.

(2) Der Schulungsteilnehmer hat in der Prüfung nachzuweisen, daß er über die Kenntnisse, das Verständnis und die Fähigkeiten verfügt, die für die Tätigkeit eines Gefahrgutbeauftragten erforderlich sind. Näheres regelt das Bundesministerium für Verkehr durch eine Prüfungsordnung, die mit Zustimmung des Bundesrates als Rechtsverordnung erlassen wird.

(3) Die Prüfungen werden von den Industrie- und Handelskammern schriftlich durchgeführt.

(4) Die Prüfungsaufgaben sind der Prüfungsordnung nach Absatz 2 zu entnehmen. Sie können unterschiedliche Schwierigkeitsgrade umfassen.

(5) Die Prüfung gilt als bestanden, wenn mindestens 50 vom Hundert der in der Prüfungsordnung festgelegten Höchstpunktzahl erreicht wurde. Die Prüfung darf einmal ohne nochmalige Schulung wiederholt werden.

(6) Ein Fortbildungslehrgang kann mit einer Prüfung nach Maßgabe der Absätze 4 und 5 abgeschlossen werden. Die Höchstpunktzahl ist in diesem Fall um die Hälfte zu reduzieren.

(7) Wird eine Prüfung ohne Fortbildungslehrgang durchgeführt, gelten die Absätze 4, 5 und Absatz 6 Satz 2 entsprechend.

§ 6 Sonstige Schulungen

(1) Beauftragte Personen oder sonstige verantwortliche Personen im Sinne des § 1 a Nr. 5 und 6 müssen ausreichende Kenntnisse über die für ihren Aufgabenbereich maßgebenden Vorschriften über die Beförderung gefährlicher Güter haben. Diese Kenntnisse müssen durch zu wiederholende Schulungen vermittelt werden. Dies gilt nicht, wenn eine ausdrückliche Schulungsverpflichtung in anderen Rechtsvorschriften für die Beförderung gefährlicher Güter vorgeschrieben ist. Eine Schulung nach Satz 2 kann vom Gefahrgutbeauftragten durchgeführt werden.

(2) Über die Schulung ist eine Bescheinigung auszustellen, aus der der Zeitpunkt, die Dauer und der Inhalt der Schulung hervorgehen muß. Diese Bescheinigung ist der zuständigen Überwachungsbehörde auf Verlangen zur Prüfung vorzulegen.

§ 7 Pflichten der Unternehmer oder Inhaber von Betrieben

(1) Der Gefahrgutbeauftragte im Sinne des § 1 Abs. 2 Nr. 2 darf wegen der Erfüllung der ihm übertragenen Aufgaben nicht benachteiligt werden.

(2) Unternehmer und Inhaber von Betrieben haben dafür zu sorgen, daß

1. der Gefahrgutbeauftragte

    a) vor seiner Bestellung im Besitz eines gültigen und auf die Tätigkeiten des Unternehmens oder Betriebes abgestellten Schulungsnachweises nach § 2 ist,

    b) alle zur Wahrnehmung seiner Tätigkeit erforderlichen sachdienlichen Auskünfte und Unterlagen erhält, soweit sie die Beförderung gefährlicher Güter betreffen,

    c) die notwendigen Mittel zur Aufgabenwahrnehmung erhält,

    d) jederzeit seine Vorschläge und Bedenken unmittelbar der entscheidenden Stelle im Unternehmen oder Betrieb vortragen kann,

e) zu vorgesehenen Vorschlägen auf Änderung oder Anträgen auf Abweichungen von den Vorschriften über die Beförderung gefährlicher Güter Stellung nehmen kann,

f) alle Aufgaben, die ihm nach § 1 c Abs. 1 übertragen worden sind, ordnungsgemäß erfüllen kann;

2. der Jahresbericht nach Anlage 1 Nr. 4 mindestens fünf Jahre aufbewahrt und der zuständigen Überwachungsbehörde auf Verlangen vorgelegt wird;

3. beauftragte Personen und sonstige verantwortliche Personen im Besitz einer für ihre Aufgabenbereiche ausgestellten Schulungsbescheinigung nach § 6 Abs. 2 Satz 1 sind.

§ 7a Ordnungswidrigkeiten

Ordnungswidrig im Sinne des § 10 Abs. 1 Nr. 1 des Gesetzes über die Beförderung gefährlicher Güter handelt, wer vorsätzlich oder fahrlässig

1. entgegen § 1 Abs. 1 einen Gefahrgutbeauftragten nicht, nicht in der vorgeschriebenen Weise oder nicht rechtzeitig bestellt oder deren Aufgaben nicht festlegt,

2. einer vollziehbaren Anordnung nach § 1 Abs. 4 oder 5 zuwiderhandelt,

3. entgegen § 1 c Abs. 1 Satz 3 in Verbindung mit Nummer 4 Satz 1 der Anlage 1 einen Jahresbericht nicht oder nicht rechtzeitig erstellt,

4. entgegen § 1 c Abs. 1 Satz 4 eine Aufzeichnung nicht, nicht richtig oder nicht vollständig führt,

5. entgegen § 1 d Abs. 1 nicht dafür sorgt, daß ein Unfallbericht unverzüglich erstellt wird,

6. entgegen § 1 d Abs. 3 Satz 2 der Überwachungsbehörde einen Unfallbericht nicht zuleitet,

7. entgegen § 7 Abs. 2 Nr. 1 Buchstabe a nicht dafür sorgt, daß der Gefahrgutbeauftragte im Besitz eines dort genannten Schulungsnachweises ist,

8. entgegen § 7 Abs. 2 Nr. 2 nicht dafür sorgt, daß der Jahresbericht und der Unfallbericht mindestens fünf Jahre aufbewahrt und auf Verlangen der zuständigen Überwachungsbehörde vorgelegt werden oder

9. entgegen § 7 Abs. 2 Nr. 3 nicht dafür sorgt, daß beauftragte und sonstige verantwortliche Personen im Besitz einer dort genannten Schulungsbescheinigung sind.

§ 7b Übergangsvorschriften

(1) Gefahrgutbeauftragte, die nach Inkrafttreten dieser Verordnung im Besitz einer gültigen Schulungsbescheinigung nach der Gefahrgutbeauftragtenverordnung vom 12. Dezember 1989 (BGBl. I S. 2185) sind, dürfen

die Tätigkeit eines Gefahrgutbeauftragten nach dieser Verordnung bis zum Ende des in der Schulungsbescheinigung angegebenen Geltungsdatums ausüben.

(2) Gefahrgutbeauftragten nach Absatz 1 darf der Schulungsnachweis nach Anlage 3 oder 4 ausgehändigt werden, wenn sie bis zum Ablauf der Geltungsdauer ihrer Schulungsbescheinigung, spätestens bis zum 31. Dezember 1999,

1. an einem Fortbildungslehrgang nach § 4 Abs. 2 teilgenommen oder
2. eine Prüfung nach § 5 Abs. 5 oder 6 bestanden

haben.

(3) Bis zum 31. Dezember 1999 darf nach den Vorschriften der §§ 1 und 3 bis 5 der Gefahrgutbeauftragtenverordnung vom 12. Dezember 1989 (BGBl. I S. 2185) verfahren werden.

(4) Gefahrgutbeauftragten darf der Schulungsnachweis nach Anlage 4 dieser Verordnung für den Seeschiffsverkehr ausgehändigt werden, wenn sie an einem Grund- oder Fortbildungslehrgang nach § 4 Abs. 1 oder 2 teilgenommen haben.

§ 7c Geltung für öffentliche Rechtsträger

Für Bund, Länder und Gemeinden und sonstige juristische Personen des öffentlichen Rechts sowie für Truppen oder Truppenteile, die sich aufgrund völkerrechtlicher Vereinbarung in der Bundesrepublik Deutschland aufhalten, gelten § 1 Abs. 1 bis 3 und die §§ 1a bis 7 und § 7b sinngemäß. Sie können für ihren Aufgabenbereich eigene Schulungen veranstalten, die Prüfung selbst durchführen und die Schulungsnachweise selbst ausstellen.

§ 8 (Inkrafttreten)

Texte

Anlage 1
(zu § 1c Abs. 1)

Aufgaben des Gefahrgutbeauftragten

Der Gefahrgutbeauftragte nimmt insbesondere folgende Aufgaben wahr:

1. Überwachung der Einhaltung der Vorschriften für die Gefahrgutbeförderung,

2. unverzügliche Anzeige von Mängeln, die die Sicherheit beim Transport gefährlicher Güter beeinträchtigen, an den Unternehmer oder Inhaber des Betriebes,

3. Beratung des Unternehmens oder des Betriebes bei den Tätigkeiten im Zusammenhang mit der Gefahrgutbeförderung,

4. Erstellung eines Jahresberichtes über die Tätigkeiten des Unternehmens in bezug auf die Gefahrgutbeförderung innerhalb eines halben Jahres nach Ablauf des Geschäftsjahres. Der Jahresbericht sollte insbesondere enthalten:

   a) Art der gefährlichen Güter unterteilt nach Klassen,

   b) Menge der gefährlichen Güter in einer der folgenden vier Stufen

      – bis 5 t,

      – mehr als 5 t bis 50 t,

      – mehr als 50 t bis 1000 t,

      – mehr als 1000 t,

   c) Zahl und Art der Unfälle mit gefährlichen Gütern, über die ein Unfallbericht nach Anlage 2 erstellt worden ist,

   d) sonstige Angaben, die nach Auffassung des Gefahrgutbeauftragten für die Beurteilung der Sicherheitslage wichtig sind.

   Die Berichte sind fünf Jahre lang aufzubewahren und den zuständigen Überwachungsbehörden auf Verlangen vorzulegen.

5. Zu den Aufgaben des Gefahrgutbeauftragten gehört insbesondere auch die Überprüfung des Vorgehens hinsichtlich der folgenden betroffenen Tätigkeiten:

   – Verfahren, mit denen die Einhaltung der Vorschriften zur Identifizierung des beförderten Gefahrguts sichergestellt werden soll,

   – Vorgehen des Unternehmens, um beim Kauf von Beförderungsmitteln den besonderen Erfordernissen in bezug auf das beförderte Gut Rechnung zu tragen,

   – Verfahren, mit denen das für die Gefahrgutbeförderung oder für das Verladen oder das Entladen verwendete Material überprüft wird,

   – ausreichende Schulung der betreffenden Arbeitnehmer des Unternehmens und Vermerk über diese Schulung in der Personalakte,

   – Durchführung geeigneter Sofortmaßnahmen bei etwaigen Unfällen oder Zwischenfällen, die unter Umständen die Sicherheit während der Gefahrgutbeförderung oder während des Verladens oder des Entladens gefährden,

   – Durchführung von Untersuchungen und, sofern erforderlich, Erstellung von Berichten über Unfälle, Zwischenfälle oder schwere Verstöße, die während der Gefahrgutbeförderung oder während des Verladens oder des Entladens festgestellt wurden,

   – Einführung geeigneter Maßnahmen, mit denen das erneute Auftreten von Unfällen, Zwischenfällen oder schweren Verstößen verhindert werden soll,

   – Berücksichtigung der Rechtsvorschriften und der besonderen Anforderungen der Gefahrgutbeförderung bei der Auswahl und dem Einsatz von Subunternehmen oder sonstigen Dritten,

   – Überprüfung, ob das mit der Gefahrgutbeförderung oder dem Verladen oder dem Entladen des Gefahrguts betraute Personal über ausführliche Arbeitsanleitungen und Anweisungen verfügt,

   – Einführung von Maßnahmen zur Aufklärung über die Gefahren bei der Gefahrgutbeförderung oder beim Verladen oder Entladen des Gefahrguts,

   – Einführung von Maßnahmen zur Überprüfung des Vorhandenseins der im Beförderungsmittel mitzuführenden Papiere und Sicherheitsausrüstungen sowie der Vorschriftsmäßigkeit dieser Papiere und Ausrüstungen,

   – Einführung von Verfahren zur Überprüfung der Einhaltung der Vorschriften für das Verladen und Entladen.

Die Aufgaben nach den Nummern 2 und 3 entfallen für Gefahrgutbeauftragte, die Unternehmer oder Betriebsinhaber sind.

GbV

BGB1 __8051__ GefahrgutbeauftragtenVO

Anlage 2
(zu § 1d Abs. 2)

Muster eines Unfallberichtes

1. Datum des Unfalls .... 2. Uhrzeit: ....
3. Ort (z. B. Straße, Kilometer): ....
4. Betroffene gefährliche Güter: ....
5. UN-Nr.: .... oder
6. Bezeichnung des Gutes/der Güter: ....
7. Art der betroffenen Verpackungen (Großpackmittel (IBC)): ....
8. Zugelassene Verpackungen (Großpackmittel (IBC)):

   ☐ ja ☐ nein

   UN-Verpackungs-/IBC-Code ....
9. Art der betroffenen Beförderungseinheit (z.B. Kfz, Güterwagen, Binnen- oder Seeschiff, Container, festverbundener Tank (Tankfahrzeug), Aufsetztank, Tankcontainer, Eisenbahnkesselwagen)
10. Kurze Darstellung des Unfalls

    a) Hergang (genaue Beschreibung der Schäden):

    b) Mögliche Ursache (z.B. technisches und/oder menschliches Versagen und/oder Witterungsbedingungen):

    c) Vorschläge für Maßnahmen/Vorkehrungen, um solche Unfälle künftig zu vermeiden:

11. Menge der freigesetzten gefährlichen Güter .... kg l

    bei radioaktiven Stoffen zusätzlich die Aktivität in Bq: ....

    und das chemische Symbol des Radionuklids: ....
12. Art des Ereignisses

    ☐ Stofffreisetzung

    ☐ Brand

    ☐ Explosion

    ☐ Explosion mit Folgebrand
13. Tote/Verletzte als Folge der freigesetzten gefährlichen Güter

    ☐ nein ☐ ja
14. Sonstige Angaben:

Ort:

Datum:

Unterschrift

Texte

BGB1___8051___GefahrgutbeauftragtenVO

Seite__8

Anlage 3
(zu § 2 Abs. 1)

EG-Schulungsnachweis des Gefahrgutbeauftragten

Nummer des Schulungsnachweises: ....

Nationalitätszeichen des ausstellenden Mitgliedstaates: ....

Name: ....

Vorname(n): ....

Geburtsdatum und Geburtsort: ....

Staatsangehörigkeit: ....

Unterschrift des Inhabers: ....

Gültig bis: .... (Datum) für Unternehmen und Betriebe, die an der Beförderung gefährlicher Güter beteiligt sind

☐ im Straßenverkehr

☐ im Eisenbahnverkehr

☐ im Binnenschiffsverkehr

Ausgestellt durch: ....

Datum: ....

Unterschrift: ....

Verlängert bis: ....

durch: ....

Datum: ....

Unterschrift: ....

Verlängert bis: ....

durch: ....

Datum: ....

Unterschrift: ....

GbV

BGB1 __ 8051 __ GefahrgutbeauftragtenVO Seite_9

Anlage 4
(zu § 2 Abs. 1)

Schulungsnachweis des Gefahrgutbeauftragten

Nummer des Schulungsnachweises: ....
Nationalitätszeichen des ausstellenden Mitgliedstaates: ....
Name: ....
Vorname(n): ....
Geburtsdatum und Geburtsort: ....
Staatsangehörigkeit: ....
Unterschrift des Inhabers: ....

Gültig bis: .... (Datum) für Unternehmen und Betriebe, die an der Beförderung gefährlicher Güter beteiligt sind (gegebenenfalls mit Angaben zur Beschränkung auf bestimmte Bereiche)

☐ im Seeschiffsverkehr
☐ im Luftverkehr

Ausgestellt durch: ....
Datum: ....
Unterschrift: ....

Verlängert bis: ....
durch: ....
Datum: ....
Unterschrift: ....

Verlängert bis: ....
durch: ....
Datum: ....
Unterschrift: ....

Texte

BGB1__8051__GefahrgutbeauftragtenVO Seite__10

Anlage 5
(zu § 3 Abs. 3)

**Verzeichnis der Sachgebiete,
deren Kenntnis in einer Prüfung nachzuweisen sind**

Für die Erlangung des Schulungsnachweises sind Kenntnisse mindestens in den nachstehend aufgeführten Sachgebieten erforderlich:

I. Allgemeine Maßnahmen der Verhütung von Risiken und Sicherheitsmaßnahmen:

   - Kenntnisse über Unfallfolgen im Zusammenhang mit der Beförderung gefährlicher Güter
   - Kenntnis der wichtigsten Unfallursachen

II. Verkehrsbezogene Bestimmungen in einzelstaatlichen und gemeinschaftlichen Rechtsvorschriften sowie in internationalen Übereinkommen, die insbesondere folgende Bereiche betreffen:

   1. Klassifizierung der gefährlichen Güter:
      - Verfahren zur Klassifizierung von Lösungen und Mischungen
      - Aufbau der Stoffaufzählungen
      - Gefahrenklassen und Klassifizierungskriterien
      - Eigenschaften der beförderten gefährlichen Güter und Gegenstände
      - physikalische und chemische sowie toxikologische Eigenschaften

   2. Allgemeine Verpackungsvorschriften:
      - Verpackungsarten sowie Verpackungskodierung und -kennzeichnung
      - Anforderungen an die Verpackungen und Vorschriften für die Prüfung
      - Zustand der Verpackungen und regelmäßige Kontrolle

   3. Beschriftung und Gefahrzettel:
      - Aufschriften auf den Gefahrzetteln
      - Anbringung und Entfernung der Gefahrzettel
      - Kennzeichnung und Bezettelung

   4. Vermerke im Beförderungspapier:
      - Angaben im Beförderungspapier
      - Konformitätserklärung des Versenders

   5. Versandart und Abfertigungsbeschränkungen:
      - geschlossene Ladung
      - Beförderung in loser Schüttung
      - Beförderung in Containern
      - Beförderung in festverbundenen Tanks (z. B. Tankfahrzeuge, Batteriefahrzeuge), Aufsetztanks oder Tankcontainern
      - Beförderung in Kesselwagen
      - Beförderung in Schiffen (z. B. Frachtschiffe, Tankschiffe)

   6. Beförderung von Fahrgästen

   7. Zusammenladeverbote und Vorsichtsmaßnahmen bei der Zusammenladung

   8. Trenngebote

   9. Begrenzte Mengen und freigestellte Mengen

   10. Handhabung und Sicherung der Ladung:
       - Verladen und Entladen (Ladefaktor)
       - Stauen und Trennen

   11. Reinigung bzw. Lüftung vor dem Verladen und nach dem Entladen

   12. Fahrpersonal bzw. Besatzung: Ausbildung

   13. Mitzuführende Papiere:
       - Beförderungspapier
       - schriftliche Weisungen
       - Zulassungsbescheinigungen des Fahrzeugs
       - Bescheinigung über die Schulung der Fahrzeugführer
       - Sachkundenachweis für die Binnenschiffahrt
       - Kopie der etwaigen Ausnahme oder Abweichung
       - sonstige Papiere

   14. Sicherheitsanweisungen: Durchführung der Anweisungen sowie Schutzausrüstung für den Fahrer

   15. Überwachungspflichten: Halten und Parken

   16. Verkehrs- bzw. Fahrregeln und -beschränkungen

   17. Freiwerdende umweltbelastende Stoffe aufgrund eines Betriebsvorganges oder eines Unfalls

   18. Anforderungen an die Beförderungsmittel

III. Amtliche Begründung zur 1. Verordnung zur Änderung der Gefahrgutbeauftragtenverordnung (GbV)

in der Fassung vom 19. Dezember 1997

(BAnz. Nr. 244 vom 29. Dezember 1998)

Allgemeines

Mit dieser Verordnung wird die Richtlinie 96/35/EG des Rates vom 3. Juni 1996 über die Bestellung und die berufliche Befähigung von Sicherheitsberatern für die Beförderung gefährlicher Güter auf Straße, Schiene oder Binnenwasserstraße (ABL. EG Nr. L 145 Seite 10) – nachstehend als „EG-Richtlinie" (bezeichnet – in deutsches Recht umgesetzt. Nach Artikel 11 Abs. 1 der EG-Richtlinie haben die Mitgliedstaaten die zur Umsetzung erforderlichen Rechts- und Verwaltungsvorschriften so rechtzeitig zu erlassen, daß den Anforderungen in der Richtlinie bis zum 31. Dezember 1999 nachgekommen werden kann.

In Deutschland bestehen aufgrund der Verordnung über die Bestellung von Gefahrgutbeauftragten und die Schulung der beauftragten Personen in Unternehmen und Betrieben (Gefahrgutbeauftragtenverordnung – GbV) vom 12. Dezember 1989 Vorschriften, die in den wesentlichen Punkten mit den Vorgaben in der EG-Richtlinie vergleichbar sind; soweit es sich um die Beförderung gefährlicher Güter mit Seeschiffen und mit Luftfahrzeugen handelt, geht die Verordnung vom 12. Dezember 1989 allerdings über die Anforderungen in der EG-Richtlinie hinaus.

Die Gefahrgutbeauftragtenverordnung hat zu einer erheblichen Verbesserung der Sicherheit des Gefahrguttransports geführt. In ihrer Folge sind die von der Verordnung erfaßten Personen für ihren Aufgabenbereich über Ziel, Zweck und Inhalt der Sicherheitsanforderungen in den Gefahrgutrechtsvorschriften geschult worden.

Von 1990 bis 1995 sind in Deutschland etwa 32 300 Gefahrgutbeauftragte für den Straßenverkehr, 11 000 Gefahrgutbeauftragte für den Schienenverkehr, 3 100 Gefahrgutbeauftragte für den Seeverkehr, 1 600 Gefahrgutbeauftragte für den Binnenschiffsverkehr und 1 500 Gefahrgutbeauftragte für den Luftverkehr geschult worden.

Das damit für Zwecke der Überwachung in Unternehmen, die beim Gefahrguttransport beteiligt sind, zur Verfügung stehende Wissenspotential trägt wesentlich mit dazu bei, das Entstehen von Unfällen, die auf eine mangelnde Beachtung oder Unkenntnis der Sicherheitsvorschriften zurückzuführen sind, zu minimieren.

Erfahrungen mit der Einführung von Gefahrgutbeauftragten in Deutschland und Portugal waren mit ausschlaggebend für die in der EG-Richtlinie vom 3. Juni 1996 aufgenommenen Regelungen. In den anderen Staaten der Gemeinschaft gab es bis zu diesem Zeitpunkt keine vergleichbaren Vorschriften.

Die EG-Richtlinie ist in ihren Anforderungen auf die Beförderung gefährlicher Güter auf Straße, Schiene oder Binnenwasserstraßen beschränkt, so daß die Vorschriften über den Gefahrguttransport im Seeverkehr und in der Luft grundsätzlich beibehalten werden können.

Die Anforderungen in der EG-Richtlinie sowie Erkenntnisse aus den letzten 5 Jahren erfordern eine Neufassung der Verordnung. Dies gebieten darüber hinaus Gründe der Rechts- und Verwaltungsvereinfachung, da eine neue Verordnung von den Betroffenen leichter vollzogen werden kann.

Mit der vorliegenden Verordnung werden die Artikel 1 bis 7 sowie 11 der EG-Richtlinie umgesetzt. In der Begründung zu den Einzelvorschriften finden sich jeweils entsprechende Hinweise zur Umsetzung. Die Artikel 8, 9 und 10 waren nicht umzusetzen, weil sie Verfahrensvorschriften für die Kommission (Artikel 8, 9) und Unberührtheitsvorschriften (Artikel 10) enthalten. Die Neufassung der Verordnung führt unter besonderer Berücksichtigung der im Zusammenhang mit dem Verfahren bei der Europäischen Union vom Deutschen Bundestag und vom Bundesrat erhobenen Anforderungen zu einer Beibehaltung des durch die Gefahrgutbeauftragtenverordnung aus 1989 geschaffenen Sicherheitsstandards unter gleichzeitiger Umsetzung der in der EG-Richtlinie enthaltenen Anforderungen.

Die Verordnung sieht vor, daß die in Deutschland die Tätigkeit eines Gefahrgutbeauftragten ausübenden Personen, die sich im Besitz einer gültigen Schulungsbescheinigung nach der geltenden Gefahrgutbeauftragtenverordnung aus Dezember 1989 befinden, vor dem 31. Dezember 1999 in einem vereinfachten Verfahren in den Besitz der durch die EG-Richtlinie eingeführten Bescheinigung gelangen können. Da diese Bescheinigung in gewisser Weise als eine Berufszugangsvoraussetzung für den Gemeinschaftsbereich anzusehen ist, kommt dieser Regelung besondere Bedeutung zu.

Die Änderungen in der Verordnung können bei den Betroffenen zu höheren Kostenbelastungen führen. Betroffen sind alle Wirtschaftszweige, die an der Beförderung gefährlicher Güter beteiligt sind, insbesondere die gefährliche Güter herstellenden, handelnden und befördernden Unternehmen sowie Speditionen als Frachtführer. Es handelt sich um Kosten für die Prüfung, die sich auf Gefahrgutbeauftragte (Sicherheitsberater für die Beförderung gefährlicher Güter) beschränken. Geht man von einer Prüfungsgebühr von ca. 200,00 DM aus, ergeben sich bei einer angenommenen Zahl von 30 000 Gefahrgutbeauftragten Gesamtbelastungen höchstens von ca. 6 Mio. DM für die betroffenen Wirtschaftskreise jeweils in Abständen von 5 Jahren.

Alternativlösungen sind nicht möglich. Im Interesse der Erhöhung der Sicherheit und unter besonderer Berücksichtigung des Schutzes der Allgemeinheit vor Gefahren, die mit dem Transport gefährlicher Güter verbunden sind, sind die erhöhten Kosten hinzunehmen. Auswirkungen auf das Verbraucherpreisniveau sind nicht zu erwarten.

Auswirkungen auf die öffentlichen Haushalte bei Bund, Länder und Gemeinden ergeben sich insofern, als auch für die dort tätigen Gefahrgutbeauftragten mit Prüfungskosten zu rechnen ist. Die erwähnte Kostenbelastung ist jedoch auch für diesen Bereich gering (geschätzt 1 000 Gefahrgutbeauftragte x 200,00 DM Prüfungskosten ergeben eine Gesamtbelastung für die öffentlichen Haushalte von 200 000 DM jeweils in Abständen von 5 Jahren). Diese sind im Interesse der Erhöhung der Sicherheit hinnehmbar.

Da in allen Mitgliedstaaten der EU die gleichen Anforderungen gelten, entstehen den Betroffenen in Deutschland keine Wettbewerbsnachteile.

Der Wortlaut der Richtlinie 96/35/EG liegt dieser Begründung als Anlage bei.

Zu den Einzelvorschriften

Zur Bezeichnung der Verordnung:
Die neue Bezeichnung trägt der Benennung der EG-Richtlinie Rechnung.

§ 1 Bestellung von Gefahrgutbeauftragten

Zu Absatz 1:

Hier ist festgelegt, daß Unternehmer oder Inhaber eines Betriebes, die an der Beförderung gefährlicher Güter auf der Straße, mit der Eisenbahn, mit See- und Binnenschiffen und mit Luftfahrzeugen beteiligt sind, mindestens einen Gefahrgutbeauftragten schriftlich zu bestellen haben. Die Definition der Begriffe „Unternehmer" und „Inhaber" erfolgt durch § 2 Nr. 1.

Gefährliche Güter sind die flüssigen, festen und gasförmigen Stoffe und Gegenstände, die den einzelnen Klassen in den Gefahrgutvorschriften für die verschiedenen Verkehrsträger, also Anlage A des ADR, Teil II des RID, Anlage A zum ADNR, IMDG-Code, Gas- und Chemikalientankschiffs-Code, ICAO-TI, zuzuordnen sind. Dies gilt auch dann, wenn diese Stoffe und Gegenstände gleichzeitig Abfälle sind.

Die Frage, wann mehrere Gefahrgutbeauftragte zu bestellen sind, läßt sich nicht eindeutig bestimmen. Dies hängt auch damit zusammen, daß der Umfang der Hauptpflicht des Gefahrgutbeauftragten nicht zeitlich, sondern nur inhaltlich in § 4 bestimmt ist. Hier ist in besonderer Weise die Eigenverantwortlichkeit des Unternehmers oder Inhabers eines Betriebes gefordert. Werden mehrere Gefahrgutbeauftragte bestellt, müssen aus der Bestellung in örtlicher und fachlicher Hinsicht klare Aufgabenabgrenzungen vorgenommen werden.

Zu Absatz 2:

In Übereinstimmung mit dem bisherigen Recht ermöglicht Absatz 2, daß der Gefahrgutbeauftragte ein Mitarbeiter des Unternehmens oder Betriebes oder eine dem Unternehmen oder Betrieb nicht angehörende Person (externer Gefahrgutbeauftragter) sein kann. Hier ist ausdrücklich auch die Wahrnehmung der Funktion des Gefahrgutbeauftragten durch den Unternehmer oder Inhaber eines Betriebes selbst geregelt. Die in der bisherigen Gefahrgutbeauftragtenverordnung insofern enthaltene Fiktion hat zu gewissen Lücken in der Umsetzung insofern geführt, als eine Reihe von Unternehmern oder Inhaber eines Betriebes ohne Wissen mit der Wahrnehmung der Funktion des Gefahrgutbeauftragten aufgrund der Fiktion belastet waren. Es ist daher davon auszugehen, daß einige Unternehmer oder Inhaber von Betrieben nicht die vorgeschriebene Fortbildungsschulung wahrgenommen haben. Zur Übernahme der Funktion des Gefahrgutbeauftragten durch den Unternehmer oder Betriebsinhaber bedarf es jedoch einer ausdrücklichen Willenserklärung, die durch die Bekanntgabe des Namens im Unternehmen oder Betrieb ausdrücklich dokumentiert wird.

Der Begriff „Unternehmen" in Absatz 2 Nr. 2 und 3 soll verdeutlichen, daß die Bestellung nur eines Gefahrgutbeauftragten auch in Unternehmen mit mehreren unter anderem auch räumlich voneinander getrennten Betriebsstätten möglich ist. Entscheidend ist, daß das Unternehmen in der Hand einer natürlichen oder juristischen Person und die Betriebsstätten in ihrer Zweckbestimmung miteinander verbunden sind. In Artikel 2 Nr. 1 der EG-Richtlinie ist insofern folgendes bestimmt: „Unternehmen" jede natürliche Person, jede juristische Person mit oder ohne Erwerbszweck, jede Vereinigung oder jeden Zusammenschluß von Personen ohne Rechtspersönlichkeit mit oder ohne Erwerbszweck sowie jede staatliche Einrichtung, unabhängig davon, ob diese über eine eigene Rechtspersönlichkeit verfügt oder von einer Behörde mit Rechtspersönlichkeit abhängt.

Der Begriff „Betrieb" hat zwar vorwiegend arbeitsrechtliche Bedeutung. Andererseits versteht man darunter eine Organisation, in der unter einheitlicher Leitung Personen in Dienst- oder Arbeitsverhältnissen und Sachen zusammengefaßt sind. So kann ein Betrieb insbesondere im Dienstleistungsbereich hier beim Transport gefährlicher Güter berührt sein, ohne daß sich daraus Auswirkungen für ein Unternehmen insgesamt ergeben. Somit könnte den Vorschriften des Absatzes 2 auch dadurch Rechnung getragen werden, daß nur für den betreffenden Betrieb ein oder mehrere Gefahrgutbeauftragte bestellt werden.

Zu Absatz 3:

Die Bekanntgabe des Namens des Gefahrgutbeauftragten durch den Unternehmer oder Inhaber eines Betriebes muß auch dann erfolgen, wenn der Unternehmer oder Inhaber eines Betriebes die Funktion des Gefahrgutbeauftragten nach Absatz 2 selbst wahrnimmt.

Zu den Absätzen 1 bis 3:

Umsetzung der Vorschriften in Artikel 1, 1. Satzteil, Artikel 2, Buchstaben a, b und c sowie Artikel 4 Abs. 3 der EG-Richtlinie.

Zu den Absätzen 4 und 5:

Hier wird den jeweils nach Landesrecht bestimmten Behörden die Möglichkeit eingeräumt, unter bestimmten Voraussetzungen

– die Bestellung eines Gefahrgutbeauftragten auch dann, wenn der Unternehmer selbst die Pflichten des Gefahrgutbeauftragten wahrnimmt

oder

– die Bestellung eines anderen anstelle eines bestellten internen oder externen Gefahrgutbeauftragten anzuordnen.

Dies gilt auch für den Fall, daß Unternehmen oder Betriebe nach Maßgabe der Vorschriften in § 3 ausgenommen sind, einen Gefahrgutbeauftragten zu bestellen. Dies gilt insbesondere für solche Unternehmer oder Inhaber von Betrieben, die von der Art und Menge der gefährlichen Güter her besondere Gefahren für die öffentliche Sicherheit oder Ordnung, insbesondere für die Allgemeinheit, für wichtige Gemeinschaftsgüter, für Leben und Gesundheit von Menschen sowie für Tiere, andere Sachen und die Umwelt herbeiführen können.

Die Vorschriften der Absätze 4 und 5 entsprechen im wesentlichen den bisherigen Vorschriften des § 1 Abs. 2 und 3 der geltenden Gefahrgutbeauftragtenverordnung.

In der EG-Richtlinie sind entsprechende Bestimmungen nicht vorhanden. Die Mitgliedstaaten können hier entsprechend der nationalen Rechtsordnung Zugriff mit Verwaltungsmaßnahmen nehmen, wenn das Diskriminierungsverbot beachtet wird.

§ 2 Begriffsbestimmungen

Zu Nummer 1:

Diese Begriffserläuterung ermöglicht es, auf eine eigenständige Erläuterung von Einzelbegriffen wie zum Beispiel „Versenden" und „Befördern" sowie „Be- und Entladen im Zusammenhang mit der Beförderung" zu verzichten. Insbesondere auch im Hinblick auf die englische Fassung der EG-Richtlinie erscheint diese andere Vorgehensweise vertretbar.

Pflichten und Verantwortlichkeiten ergeben sich für den Straßen- und Eisenbahnverkehr jeweils aus § 9 der Gefahrgutverordnung Straße bzw. Gefahrgutverordnung Eisenbahn, für den Seeverkehr aus § 20 der Gefahrgutverordnung See und für den Binnenschiffverkehr aus § 4 der Gefahrgutverordnung Binnenschiffahrt. Hinsichtlich des Luftverkehrs ergeben sich die Verantwortlichkeiten aus den Bestimmungen über die Beförderung gefährlicher Güter einschließlich Waffen im Luftverkehr (Nachrichten für Luftfahrer – I-307/95).

Zu Nummer 2:

Notwendige Legaldefinition aus der EG-Richtlinie, um für den deutschen Rechtsbereich den eingeführten Begriff „Gefahrgutbeauftrager" beibehalten zu können.

Zu Nummer 3:

Gefahrgutbeauftragter wird man – abgesehen vom Unternehmer oder Inhaber eines Betriebes – erst durch Bestellung. Auf die Begründung zu § 2 Abs. 2 1. Absatz ist in diesem Fall besonders hinzuweisen. Die Bestellung muß schriftlich erfolgen. Sie kann nur dann erfolgen, wenn die betreffende Person im Besitz eines gültigen Schulungsnachweises ist.

Zu den Nummern 1 bis 3:

Umsetzung des Artikels 2 Buchstabe b der EG-Richtlinie.

Zu Nummer 4:

Im Sinne dieser Bestimmung gelten als Vorschriften für die Beförderung gefährlicher Güter die

- Gefahrgutverordnung Straße (GGVS) vom 12. Dezember 1996 (BGBl. I S. 1886),
- Gefahrgutverordnung Eisenbahn (GGVE) vom 12. Dezember 1996 (BGBl. I S. 1876),
- Gefahrgutverordnung See (GGVSee) in der Fassung der Bekanntmachung vom 24. August 1995 (BGBl. I S. 1077),
- Gefahrgutverordnung Binnenschiffahrt (GGVBinSch) vom 21. Dezember 1994 (BGBl. I S. 3971), zuletzt geändert durch die Verordnung vom 20. Dezember 1996 (BGBl. I S. 2178),
- Bekanntmachung des Bundesministeriums für Verkehr vom 26. September 1995 (NfL I 307/95).

Begründung zur GbV

Da in den Vorschriften des Seeschiffs- und Luftverkehrs andere Güter als gefährlich einbezogen werden, als nach der Richtlinie 94/55/EG, mußte hier eine weitergehende Festlegung erfolgen.

Umsetzung des Artikels 2 Buchstabe c der EG-Richtlinie.

Zu Nummer 5:

Die Vorschriften lehnen sich an § 9 Abs. 2 Satz 1 des Gesetzes über Ordnungswidrigkeiten an. Beauftragte Personen können Leiter eines Betriebes oder ausdrücklich Beauftragte sein. Leiter eines Betriebes ist eine Person, die den Betrieb ganz oder zum Teil leitet (Betriebsleiter). Als ausdrücklich beauftragte Personen werden solche angesehen, die durch Delegation ausdrücklich beauftragt worden sind, Aufgaben in eigener Verantwortung nach den Gefahrgutvorschriften, zum Beispiel der Gefahrgutverordnung Straße, Gefahrgutverordnung Eisenbahn, Gefahrgutverordnung See, wahrzunehmen. Dabei kann es sich auch um Aufgaben des Unternehmers bzw. Betriebsleiters handeln, die sich aus § 9 des Gesetzes über die Beförderung gefährlicher Güter als auch aus anderen Rechtsvorschriften ergeben, soweit sie für den Transport gefährlicher Güter von Bedeutung sind.

Beauftragte Personen dürfen hinsichtlich der Wahrnehmung solcher Aufgaben nicht von Weisungen des Unternehmers/Betriebsleiters abhängig sein. Sie müssen die Maßnahmen in eigener Verantwortung ergreifen können.

Die Vorschriften entsprechen im wesentlichen § 5 Abs. 1 der geltenden Gefahrgutbeauftragtenverordnung.

Zu Nummer 6:

Sonstige verantwortliche Personen sind zum Beispiel Fahrzeugführer im Straßenverkehr sowie Schiffsführer, die in den verschiedenen Gefahrgutrechtsvorschriften originär Aufgaben ausdrücklich durch die Vorschriften für die Beförderung gefährlicher Güter zu eigenverantwortlicher Erledigung zugewiesen bekommen haben.

Die Vorschriften entsprechen im wesentlichen § 3 Abs. 1 Nr. 1 der geltenden Gefahrgutbeauftragtenverordnung.

Zu den Nummern 5 und 6:

In der EG-Richtlinie sind entsprechende Vorschriften nicht vorhanden. Vgl. auch den letzten Satz in der Begründung zu § 1 Abs. 4 und 5.

§ 3 Befreiungen

Zu Absatz 1 Nr. 1:

Nach dieser Vorschrift sind nur Unternehmen und Betriebe von der Anwendung dieser Verordnung freigestellt, wenn aus den einzelnen verkehrsträgerspezifischen Vorschriften die Bestimmungen über freigestellte Beförderungen oder über die Beförderung gefährlicher Güter in begrenzten Mengen nach Rn. 10 011 Anlage B des ADR zutreffen. Die Vorschriften im einzelnen ergeben sich aus der Begründung zu § 2 Nr. 4.

Beförderungen gefährlicher Güter gelten zum Beispiel im Sinne dieser Vorschriften als freigestellt, wenn die Bedingungen der Rn. 2009 oder der a-Randnummern in Verbindung mit Randnummer 10 010 des Anhangs A und B der Richtlinie 94/55/EG,

– der Rn. 17 oder der a-Randnummern des Anhangs zur Richtlinie 96/50/EG
– der Abschnitt 18 der Allgemeinen Einleitung des IMDG-Codes
– der Abschnitte 2.7 und 10.5.9 der IATA-Gefahrgutvorschriften eingehalten werden oder
– wenn für einzelne gefährliche Güter oder Gruppen gefährlicher Güter die jeweils zutreffende Gefahrgutvorschrift nicht anzuwenden ist (vgl. z. B. Bemerkungen in den Stoffaufzählungen der einzelnen Klassen des ADR/RID sowie Eintragungen auf den Stoffseiten des IMDG-Codes).

Die eingangs genannten Vorschriften mit dem Verweis auf Rn. 10 011 der Anlage B des ADR gelten auch für Beförderungen gefährlicher Güter mit den anderen einbezogenen Verkehrsträgern.

Zu Absatz 1 Nr. 2:

Nach Artikel 3 der EG-Richtlinie ist das Befördern sowie das mit der Beförderung zusammenhängende Be- und Entladen von gefährlichen Gütern für solche Unternehmen von der Anwendung der EG-Richtlinie ausgenommen, die diese Handlung nur gelegentlich durchführen. Der Begriff „gelegentlich" ist unbestimmt und läßt für die Mitgliedstaaten Spielraum zur Konkretisierung. Für den deutschen Rechtsbereich erfolgt eine nähere Bestimmung des Wortes „gelegentlich" durch die Festlegung einer Jahresmengengrenze unter Verknüpfung mit den Handlungsbegriffen „für den Eigenbedarf in Erfüllung betrieblicher Aufgaben". Damit werden nur solche Unternehmen von der Bestellung eines Gefahrgutbeauftragten befreit, deren Tätigkeit im Zusammenhang mit Befördern sowie Be- und Entladen nicht als Haupterwerb anzusehen ist. Mögliche Gefahren für die öffentliche Sicherheit oder eine Umweltbelastung sind in diesem Falle als gering anzusehen. Konkret kann es dadurch zur Freistellung zum Beispiel von Unternehmen oder Betrieben der Landwirtschaft, des Einzelhandels (einschließlich Tankstellen) und des Handwerks kommen.

Zu Absatz 1 Nr. 1 und 2:

Umsetzung des Artikels 3 Buchstabe b) und c) der EG-Richtlinie.

Begründung zur GbV

Zu Absatz 1 Nr. 3:

Freistellung für Unternehmen oder Betriebe, die gefährliche Güter empfangen, weil dabei auf die Sicherheit beim Gefahrguttransport nicht mehr eingewirkt wird.

Zu Absatz 2:

Es ist ausdrücklich zu regeln, daß die Befreiungstatbestände dann nicht gelten, wenn nach den Vorschriften von § 1 Abs. 4 die zuständige Überwachungsbehörde die Bestellung eines Gefahrgutbeauftragten ausdrücklich angeordnet hat.

§ 4 Aufgaben des Gefahrgutbeauftragten

Zu Absatz 1:

Satz 1 stellt klar, daß der Unternehmer oder Inhaber eines Betriebes für die Bestellung des Gefahrgutbeauftragten verantwortlich ist. Die Organisationshoheit bleibt insofern unberührt. Zur Wahrnehmung der durch diese Verordnung übertragenen Aufgaben ist nicht unbedingt die Übertragung einer Weisungsbefugnis für den Gefahrgutbeauftragten notwendig. Allerdings muß die Stellung des Gefahrgutbeauftragten im Unternehmen oder Betrieb so sein, daß er die ihm in der Verordnung übertragenen Aufgaben aus seiner Stellung heraus wahrnehmen kann.

Eine Einschränkung dahingehend, daß der Gefahrgutbeauftragte nicht gleichzeitig beauftragte oder sonstige verantwortliche Person sein kann, ergibt sich nicht.

Im übrigen regelt Absatz 1, welche Aufgaben der Gefahrgutbeauftragte wahrzunehmen hat. Die wesentlichen sicherheitsrelevanten Aufgaben sind beispielhaft in der Anlage genannt.

Der Verpflichtung zur Erstellung von Aufzeichnungen kann schriftlich, aber auch durch Abspeichern in einem EDV-System entsprochen werden.

Der Gefahrgutbeauftragte kann sich zur Erfüllung seiner Aufgaben Dritter bedienen. Diese Dritten müssen für die übertragenen Aufgaben den gleichen Kenntnisstand wie der Gefahrgutbeauftragte selbst haben. Die Verantwortlichkeit des Gefahrgutbeauftragten – auch im Hinblick auf § 13 – für die delegierten Aufgaben wird dadurch nicht berührt.

Es wird davon abgesehen, eine Verpflichtung zur Aufzeichnung festgestellter Mängel festzulegen. Hiermit soll vermieden werden, daß der Gefahrgutbeauftragte durch solche Aufzeichnungen sein Unternehmen oder seinen Betrieb selbst anzeigt.

Können festgestellte Mängel durch unmittelbares Einwirken des Gefahrgutbeauftragten nicht beseitigt werden, hat dieser dem Unternehmer oder Inhaber eines Betriebes die Mängel anzuzeigen (vgl. insofern Anlage 1).

Umsetzung des Artikels 4 Abs. 1 der EG-Richtlinie.

Zu Absatz 2:

Auch wenn Angaben über die Aufgabenerledigung in EDV-Systemen gespeichert werden, besteht die Verpflichtung, auf Verlangen der zuständigen Überwachungsbehörden diese Angaben in Schriftform vorzulegen; dies erfordert dann einen Ausdruck der Daten. Für den Fall der Benutzung von EDV-Systemen kommt der Beachtung der Regelungen der Datenschutzgesetze des Bundes und der Länder besondere Bedeutung zu.

Die Vorschriften entsprechen § 3 Abs. 2 der geltenden Gefahrgutbeauftragtenverordnung.

In der EG-Richtlinie sind entsprechende Vorschriften nicht vorhanden.

§ 5 Unfallbericht

Zu den Absätzen 1 und 2:

Für die Erstellung des Unfallberichtes hat der Gefahrgutbeauftragte des Unternehmens/Betriebes Sorge zu tragen, in dessen unmittelbarem Verantwortlichkeitsbereich sich der Unfall ereignet hat; zum Beispiel gilt dies für ein Straßentransportunternehmen hinsichtlich des Unfalls während des Transportes auf der Straße.

Der Unfallbericht ist unverzüglich, das heißt ohne schuldhaftes Zögern durch den Gefahrgutbeauftragten oder eine andere beauftragte Person des betreffenden Unternehmens zu erstellen. Unfallberichtsmuster nach anderen Rechtsvorschriften können an Stelle des empfohlenen Musters treten und in diesem Fall verwendet werden. Bei alleinigen Sachschäden an der Einschließung (V, IBC, T) ohne Gefahrgutaustritt ist kein Unfallbericht zu erstellen.

Umsetzung des Artikels 7 der EG-Richtlinie.

§ 6 Schulungsnachweis

Zu Absatz 1:

Der Schulungsnachweis nach Anlage 3 berechtigt, innerhalb der Mitgliedstaaten der Europäischen Union die Tätigkeit eines Gefahrgutbeauftragten – und zwar unabhängig davon, wo er erworben wurde – auszuüben.

Für den deutschen Rechtsbereich bedeutet diese Vorschrift, daß der Schulungsnachweis nach Anlage 4 für den Seeschiffs- und/oder Luftverkehr nach Erbringen der Voraussetzungen zusätzlich erworben wird, wenn und soweit

Begründung zur GbV

Aufgaben für Gefahrguttransporte bei diesen Verkehrsträgern anfallen und die Voraussetzungen nach § 10 erfüllt sind. Dieser Schulungsnachweis berechtigt, die Tätigkeit eines Gefahrgutbeauftragten in Deutschland auszuüben.

Gefahrgutbeauftragte aus anderen Mitgliedstaaten der Gemeinschaft, die im Geltungsbereich dieser Verordnung ihre Tätigkeit für den Seeschiffs- und/oder Luftverkehr ausüben wollen, müssen sich den hier geltenden besonderen Anforderungen unterziehen.

Nehmen Inhaber oder Leiter von Betrieben die Funktion des Gefahrgutbeauftragten nach § 1 Abs. 2 selbst wahr, müssen sie ebenfalls Inhaber des für ihre Tätigkeit erforderlichen Schulungsnachweises sein.

Zu Absatz 2:

Übertragung der Berechtigung zur Aushändigung der Schulungsnachweise auf die Industrie- und Handelskammern. Dabei wird davon ausgegangen, daß die Industrie- und Handelskammern dies aufgrund einer Mustersatzung des Deutschen Industrie- und Handelstages näher regeln. Durch die Mustersatzung soll sichergestellt werden, daß einheitliche Regeln festgelegt werden.

Festlegung der Voraussetzungen für die Aushändigung des Schulungsnachweises sind die Teilnahme an einem Grundlehrgang sowie die mit Erfolg abgelegte Prüfung.

Zu Absatz 3:

Die Berechtigung, mit einem gültigen EU-Schulungsnachweis die Tätigkeit eines Gefahrgutbeauftragten in allen Mitgliedstaaten ausüben zu können, war im Hinblick auf den Geltungsbereich der EG-Richtlinie besonders zu regeln.

Zu Absatz 4:

Der Schulungsnachweis nach Anlage 4 für den Seeschiffs- und Luftverkehr hat nur Gültigkeit für die Tätigkeit von Gefahrgutbeauftragten in Unternehmen oder Betrieben, die ihren Sitz in Deutschland haben, soweit sie bei der Beförderung gefährlicher Güter mit Seeschiffen bzw. Luftfahrzeugen beteiligt sind. Diese Regelung entspricht der geltenden Gefahrgutbeauftragtenverordnung. Bei der Beratung der EG-Richtlinie ist mehrfach von seiten Deutschlands auf diese Rechtslage verwiesen worden. Die Vertreter des Rates und der Kommission haben dabei mehrfach erklärt, daß die Beibehaltung der Vorschriften in Deutschland aus Sicht der Europäischen Union zulässig ist.

Zu Absatz 5:

Eine entsprechende Regelung wird voraussichtlich in den informellen Arbeitsentwurf der EU-Schulungsrichtlinie aufgenommen werden. Die

Texte

Wahrnehmung der Tätigkeit in einem anderen Mitgliedstaat der Union muß durch die zuständige Behörde anerkannt werden.

Zu Absatz 6:

Die 5-Jahres-Frist für die Durchführung des Fortbildungslehrganges beginnt mit dem Tag des Bestehens der Prüfung nach dem Grundlehrgang bzw. dem Tag des Bestehens des Testes nach einem Fortbildungslehrgang. Wenn der Gefahrgutbeauftragte innerhalb der letzten 12 Monate vor Ablauf der 5-Jahres-Frist an einem Fortbildungslehrgang teilnimmt, hat diese Schulung Geltung für die anschließenden 5 Jahre, gerechnet vom Tag des Bestehens der Prüfung nach dem Grundlehrgang. Die Forderung, nach jeweils 5 Jahren an einem Fortbildungslehrgang teilzunehmen, bedeutet, daß sich derjenige, der sich innerhalb dieser Frist der Fortbildungsschulung nicht unterzieht, die ihm in § 4 übertragenen Aufgaben nicht mehr sachkundig wahrnehmen kann. In jedem Fall ist dies anzunehmen, wenn die 5-Jahres-Frist um mehr als 6 Monate überschritten wird. Gefahrgutbeauftragte müssen sich dann zur Erlangung der Schulungsbescheinigung erneut einem Grundlehrgang mit anschließender Prüfung unterziehen. Auch bei einer Überschreitung der 5-Jahres-Frist um nicht mehr als 6 Monate rechnet die 5-Jahres-Frist vom Tag des Bestehens der Prüfung nach dem ersten Grundlehrgang bzw. des Testes nach einem Fortbildungslehrgang. Im übrigen ergibt sich aus den allgemeinen Sicherheitsverpflichtungen, daß sich die Gefahrgutbeauftragten fortlaufend über die für ihre Arbeit relevanten Gefahrgutvorschriften informieren.

Zu Absatz 7:

Mit dieser Vorschrift wird verdeutlicht, daß der Gesetzgeber der Teilnahme an einem Fortbildungslehrgang größte Sicherheitsbedeutung beimißt. Im Vergleich zu den Regelungen nach Absatz 6 entfällt hier die Prüfung. Dies wird dadurch aufgefangen, daß die Gültigkeitsdauer des Schulungsnachweises von 5 auf 3 Jahre gemindert wird. Diese Regelung ist sicherheitlich höher zu bewerten, als wenn ein Gefahrgutbeauftragter jeweils nur nach 5 Jahren an einer Prüfung teilnimmt.

Zu Absatz 8:

Festlegung einer Vorlageverpflichtung für den Schulungsnachweis.

Zu den Absätzen 1, 5 und 7:

Umsetzung der Artikel 5 und 6 der EG-Richtlinie.

§ 7 Anforderungen an die Schulungsveranstalter

Nur wenn die Voraussetzungen nach Absatz 1 erfüllt sind, erkennt die zuständige IHK den Schulungsveranstalter an.

Begründung zur GbV

Es wird davon ausgegangen, daß die Industrie- und Handelskammern für den Geltungsbereich dieser Verordnung einheitliche Anforderungen in Satzungen aufgrund einer Mustersatzung des Deutschen Industrie- und Handelstages festlegen.

Entsprechende Bestimmungen enthält die EG-Richtlinie derzeit noch nicht.

§ 8 Schulungsanforderungen

Zu Absatz 1:

Die Bestimmungen sind so flexibel abgefaßt, daß die Lehrgänge in mündlicher Vortragsform, in einer Kombination aus mündlicher Vortragsform in Verbindung mit schriftlichem Lehrmaterial oder ausschließlich in Schriftform als Fernlehrgang durchgeführt werden können. Fernlehrgänge müssen dabei den Anforderungen des Fernunterrichtsschutzgesetzes entsprechen. Das Fernlehrmaterial muß mindestens die Sachgebiete enthalten, die in den Anlagen 1 und 5 dieser Verordnung festgelegt sind. Gegebenenfalls ist die Kenntnisvermittlung bei reinen Fernlehrgängen durch eine zwischengeschaltete Erfolgskontrolle zu überprüfen.

Zu Absatz 2:

Um sicherzustellen, daß die Lehrgänge nach gleichen Vorgaben durchgeführt werden, wird davon ausgegangen, daß der Deutsche Industrie- und Handelstag einen Musterrahmenlehrplan erstellt und daß dieser durch die Industrie- und Handelskammern im Geltungsbereich dieser Verordnung in das jeweilige Satzungsrecht nach § 6 und § 7 übernommen wird. Hierin ist zum Beispiel auch zu regeln, daß Grundlehrgänge für einzelne Verkehrsträger unter bestimmten Voraussetzungen ohne nochmalige Schulung des allgemeinen Teils nachgeholt werden können.

Zu den Absätzen 3 und 4:

Unabhängig von dem vorstehend angesprochenen Rahmenlehrplan müssen in den Grundlehrgängen – es sei denn, es trifft Absatz 5 zu – die Sachgebiete behandelt werden, die in den Anlagen 1 und 5 zu dieser Verordnung beispielhaft aufgeführt sind. Für die Fortbildungslehrgänge ist der Musterrahmenlehrplan für die Grundlehrgänge Basis. Bei der Anerkennung der Lehrpläne für Fortbildungslehrgänge haben die Industrie- und Handelskammern darauf zu achten, daß durch Übungen (ggf. in der Praxis) und Erfahrungsaustausch ein ausreichender Zeitanteil der Vertiefung des Wissens und der Vermittlung von Kenntnissen über neue Rechtsvorschriften, die seit dem Grundlehrgang in Kraft getreten sind, gewidmet wird.

Zu Absatz 5:

Mögliche Beschränkungen ergeben sich aus einer gezielten Auswahl der in den Anlagen 1 und 5 genannten Aufgaben bzw. Sachbereiche unter beson-

Texte

derer Berücksichtigung des eingeschränkten Tätigkeitsfeldes der zu schulenden Personen. Neben der beispielsweise genannten Klasse 7 (Radioaktive Stoffe) enthalten die Gefahrgutvorschriften die Klassen 1 (Explosive Stoffe und Gegenstände mit Explosivstoffen), 2 (Gase), 3 (Entzündbare flüssige Stoffe), 4.1 (Entzündbare feste Stoffe), 4.2 (Selbstentzündliche Stoffe), 4.3 (Stoffe, die in Berührung mit Wasser entzündliche Gase entwickeln), 5.1 (Entzündend [oxidierend] wirkende Stoffe), 5.2 (Organische Peroxide), 6.1 (Giftige Stoffe), 6.2 (Infektiöse Stoffe), 8 (Ätzende Stoffe) und 9 (Verschiedene gefährliche Güter), die ebenfalls als eingeschränkte Tätigkeitsfelder in Betracht kommen können. Dies gilt in gleicher Weise für Fortbildungslehrgänge, die dann allerdings mindestens die gleichen Bereiche abdecken müssen, wie sie in dem Grundlehrgang festgelegt worden sind.

Zu den Absätzen 1 bis 5:

Absatz 3 entspricht im wesentlichen den Anhängen I und II der EG-Richtlinie. Im übrigen enthält das Gemeinschaftsrecht derzeit noch keine entsprechenden Bestimmungen.

§ 9 Dauer der Schulungen

Zu Absatz 1:

Festlegung der Dauer für den Grundlehrgang unter grundsätzlicher Berücksichtigung der bisher in Deutschland gültigen Zeitansätze. Aufgrund der in Deutschland vorliegenden Erfahrungen erschien es ausreichend, lediglich den Zeitansatz für den allgemeinen Teil des Grundlehrganges um eine Unterrichtseinheit auf 10 gegenüber dem derzeit geltenden Zeitansatz zu erhöhen. Die Erhöhung des Zeitansatzes um 10 Unterrichtseinheiten für jeden weiteren Verkehrsträger gilt nur bei zeitgleicher Durchführung eines Lehrganges für mehrere Verkehrsträger. Dies erscheint im Hinblick auf die inzwischen erreichte Harmonisierung der verschiedenen Vorschriften untereinander vertretbar. Für den Bereich der Europäischen Union sind Regelungen für die Zeitdauer der Lehrgänge derzeit nicht vorgesehen.

Zu Absatz 2:

Festlegung der Dauer für den Fortbildungslehrgang mit einem um 50 % verminderten Zeitansatz des für den Grundlehrgang geltenden Wertes.

Zu Absatz 3:

Festlegung einer Zeiteinheit für die Unterrichtseinheit entsprechend dem Entwurf der EU-Schulungsrichtlinie. Die Höchstzahl der zulässigen Unterrichtseinheiten je Tag entspricht zum Beispiel auch Vorschriften im Berufsausbildungsförderungsgesetz. Sie ist nach dem erwähnten Entwurf der EU-Schulungsrichtlinie zulässig.

Zu Absatz 4:

Diese Regelung ist im Hinblick auf die von bestimmten Gefahrgutbeauftragten zu erfüllenden Aufgaben sachlich notwendig, um ausschließlich die für ihren Aufgabenbereich maßgebenden Kenntnisse zu vermitteln und damit bei ihnen eine Überforderung auszuschließen. Der informelle Arbeitsentwurf der EU-Schulungsrichtlinie enthält eine vergleichbare Regelung, allerdings mit dem ausdrücklichen Hinweis, daß sich die Tätigkeit dann nur auf dasjenige Land erstreckt, in dem die Bescheinigung mit dieser Einschränkung erteilt wurde.

§ 10 Prüfungen/Tests

Zu den Absätzen 1 und 2:

Das Bundesministerium für Verkehr erläßt mit Zustimmung des Bundesrates eine Prüfungsordnung mit einem Fragenkatalog, in dem die in den Anlagen 1 und 5 aufgeführten Aufgaben- und Sachgebiete gleichmäßig berücksichtigt werden, nach Anhörung der Industrie- und Handelskammern sowie der betroffenen Kreise.

Die Wahrnehmung der Tätigkeit eines Gefahrgutbeauftragten stellt erhebliche Anforderungen an die betroffenen Personen. Die umfängliche Aufgabenzuweisung nach § 4 in Verbindung mit Anlage 1 setzt Kenntnisse voraus, die weit über diejenigen der beim Gefahrguttransport beteiligten beauftragten oder sonstigen verantwortlichen Personen – die in der Regel nur einen bestimmten Bereich abdecken – hinausgehen. Dem tragen die allgemeinen Anforderungen für die Prüfung Rechnung. Diesen Ansprüchen kann nur mit Fallstudien und Fragen Rechnung getragen werden, die selbständiges Arbeiten mit der betreffenden Gefahrgutvorschrift zur Erarbeitung der Antworten erfordert. Dabei kann auch ein Teil der Fragen nach dem multiple-choice-Verfahren gestaltet werden, wenn dabei die allgemeinen Anforderungen in gleicher Weise sichergestellt sind, wie bei Fallstudien und Fragen.

Näheres bestimmt die vom Bundesministerium für Verkehr zu erlassende Prüfungsordnung. Zur Prüfungsordnung soll vor ihrem Erlaß bewußt die Anhörung der IHK's und der betroffenen Kreise erfolgen, um Erfahrungen der Praxis zu berücksichtigen. Die betroffenen Kreise ergeben sich insbesondere aus der Geschäftsordnung für den Gefahrgut-Verkehrs-Beirat.

Die Prüfung als Voraussetzung für den Erhalt der Schulungsbescheinigung ist als ein erheblicher Eingriff in die Freiheit der Berufswahl anzusehen. Die gesetzliche Ermächtigung hierfür ergibt sich aus § 3 Nr. 14 in Verbindung mit Nr. 9 des Gefahrgutbeförderungsgesetzes. Es ist vorgesehen, mit einer Novelle zu dem genannten Gesetz in § 3 später insofern ausdrückliche Klarstellungen vorzunehmen.

In einem Entwurf der EU-Schulungsrichtlinie sind vergleichbare Regelungen enthalten.

Zu Absatz 3:

Die ausschließliche Schriftform für die Prüfung soll ermöglichen, auf Prüfungsausschüsse zu verzichten. Die Prüfung soll möglichst zeitnah nach Durchführung der Schulung abgenommen werden. Im Hinblick auf die dargelegten erheblichen persönlichen Auswirkungen soll die Prüfung durch unabhängige Dritte, nämlich die IHK als Körperschaften des öffentlichen Rechts, und nicht von dem Schulungsunternehmen durchgeführt werden.

In einem Entwurf einer EU-Schulungsrichtlinie sind vergleichbare Regelungen vorhanden.

Zu Absatz 4:

In der Prüfungsordnung ist festzulegen, welche Höchstpunktzahl eine Prüfung für fünf Verkehrsträger umfaßt. Für jeden nicht in die Prüfung einbezogenen Verkehrsträger sind Punktabschläge festzulegen. Die Punktabschläge dürfen nur den verkehrsträgerbezogenen Teil der Prüfung betreffen. Mindestens 10 % der festzulegenden Höchstpunktzahl der für eine Prüfung gestellten Fragen muß allgemeine verkehrsträgerunabhängige Sachverhalte betreffen.

Zu Absatz 5:

Eine Wiederholung der Prüfung sollte frühestens in einem zeitlichen Abstand von 4 Wochen und spätestens 8 Wochen nach dem ersten Prüfungstermin stattfinden. Nach erneuter Schulung darf die Prüfung auch zum zweiten und dritten Male wiederholt werden.

Zu den Absätzen 1 bis 5:

Umsetzung des Artikels 5 Abs. 2 und 3 der EG-Richtlinie.

§ 11 Sonstige Schulungen

Zu Absatz 1:

Absatz 1 regelt die Schulung beauftragter und sonstiger verantwortlicher Personen im Sinne des § 2 Nr. 5 und 6. Die Pflicht zur Schulung beauftragter Personen ist unabhängig davon zu sehen, ob ein Gefahrgutbeauftragter bestellt wird oder nicht. Sie gilt auch für Unternehmen und Betriebe, die ausschließlich gefährliche Güter zum Beispiel nach a-Rn. der Anlage A zum ADR oder Rn. 10 011 der Anlage B zum ADR durchführen.

Mitarbeiter, die in den Unternehmen oder Betrieben im Gefahrguttransportbereich nur auf Anweisung tätig sind (also nicht in eigener Verantwortung), werden nicht in diese Regelung einbezogen.

Für die beauftragten und sonstigen verantwortlichen Personen werden besondere Kenntnisse aufgrund einer Schulung verlangt. Ist der Gefahrgutbeauftragte auch beauftragte oder sonstige verantwortliche Person im Sinne dieser Vorschrift, bedarf es für ihn in seiner Eigenschaft als beauftragte Person insofern keiner besonderen Schulung. Als vorgeschriebene Schulung ist zum Beispiel diejenige nach Rn. 10 315 der Anlage B des ADR und nach IATA-DGR Unterabschnitt 1.5 anzusehen.

Die Schulung der im Unternehmen oder Betrieb mit Aufgaben aus den Gefahrgutrechtsvorschriften beauftragten Personen liegt – wie in § 12 Abs. 2 Nr. 3 vorgeschrieben – auch in der Verantwortung des Unternehmers oder Betriebsinhabers.

Der Gefahrgutbeauftragte ist berechtigt, diese Schulung durchzuführen. Dies hat unter besonderer Berücksichtigung der im einzelnen Unternehmen oder Betrieb vorliegenden spezifischen Umstände zu geschehen.

Unabhängig davon, wer die Schulung durchführt, muß sie unter den Gesichtspunkten der praktischen Arbeitserledigung im Einzelunternehmen oder Einzelbetrieb erfolgen. Als gleichwertig neben der bereits erwähnten Schulung für Fahrzeugführer sind auch entsprechende Vorschriften in den anderen Gefahrgutrechtsvorschriften für bestimmte Personenkreise anzusehen.

Eine Wiederholung in bestimmten Mindestabständen erscheint hier nicht erforderlich, weil angenommen werden kann, daß die beauftragten Personen entsprechend den Erfordernissen ihrer täglichen Arbeit im Unternehmen oder Betrieb fortlaufend geschult werden. Der Zeitabstand für die Schulung beauftragter und sonstiger verantwortlicher Personen liegt in der Verantwortung des Unternehmers bzw. Betriebsleiters. Unberührt bleiben jedoch solche Rechtsvorschriften für den Gefahrguttransport, die auch in diesem Bereich ausdrücklich die Einhaltung bestimmter Fristen erfordern (zum Beispiel für den Straßenverkehr in Rn. 10 315 der Anlage B des ADR, für den Seeverkehr in § 10 a der Gefahrgutverordnung See).

Beauftragte Personen sind nicht beauftragte Personen des Gefahrgutbeauftragten, sondern vom Unternehmer oder Betriebsinhaber ausdrücklich mit der Wahrnehmung bestimmter Aufgaben ausgewählte Mitarbeiter.

Zu Absatz 2:

Die Einführung einer Bescheinigung über durchgeführte Schulungen bei beauftragten Personen soll die Überwachung der Einhaltung der Vorschriften durch die zuständigen Überwachungsbehörden erleichtern. Erfahrungen mit der geltenden Gefahrgutbeauftragtenverordnung zeigen, daß sich durch eine unterschiedliche Vorgehensweise in den Unternehmen Vollzugsdefizite ergeben können.

Diese Vorschriften entsprechen § 5 der geltenden Gefahrgutbeauftragtenverordnung.

§ 12 Pflichten der Unternehmer oder Inhaber des Betriebes

Zu Absatz 1:

Das Benachteiligungsverbot zugunsten des Gefahrgutbeauftragten gilt in gleicher Weise in Unternehmen/Betrieben wie auch im behördlichen Bereich. Damit soll erreicht werden, daß der Gefahrgutbeauftragte zum Beispiel wegen von ihm ergriffener Maßnahmen durch den Unternehmer oder Inhaber eines Betriebes nicht gekündigt, im Vergleich zu anderen Mitarbeitern in seinen sonstigen Rechten nicht beschränkt oder auf andere Weise davon abgehalten wird, die ihm übertragenen Pflichten zu erfüllen.

Zu Absatz 2 Nr. 1:

Buchstabe a fordert, daß ein Gefahrgutbeauftragter vor seiner Bestellung im Besitz des Schulungsnachweises nach Anlage 3 oder Anlage 4 ist. Gefahrgutbeauftragte, die es zum Beispiel versäumt haben, rechtzeitig an einer Fortbildungsschulung teilzunehmen und somit nicht mehr im Besitz eines gültigen Schulungsnachweises sind, entlasten den Unternehmer oder Betriebsinhaber von seiner Bestellpflicht nicht.

Die in Buchstabe b enthaltene Verpflichtung soll sicherstellen, daß dem Gefahrgutbeauftragten insbesondere die zur vorschriftsgemäßen Aufgabenerfüllung erforderlichen Auskünfte hinsichtlich der Tätigkeiten der von ihm zu überwachenden Mitarbeiter gegeben und die erforderlichen Unterlagen zur Verfügung gestellt werden. Dies beinhaltet auch, den Gefahrgutbeauftragten über die Organisationsentscheidungen für den Gefahrguttransportbereich im Unternehmen oder Betrieb umfassend zu unterrichten.

Die nach Buchstabe c vorgeschriebene Zurverfügungstellung von Mitteln zur Aufgabenwahrnehmung sind zum Beispiel Geldmittel, die Sach-, Personal-, Literatur- und Schulungsaufwand abdecken. Der Gefahrgutbeauftragte muß die für seine Aufgabenwahrnehmung erforderlichen Vorschriften und Fachzeitschriften erwerben können, um sich über die Rechtsfortentwicklung zu unterrichten.

Das Vortragsrecht für den Gefahrgutbeauftragten nach Buchstabe d gegenüber dem Unternehmer oder Betriebsleiter soll es dem Gefahrgutbeauftragten ermöglichen, unmittelbar der für Unternehmensentscheidungen zuständigen Stelle Vorschläge und Bedenken für den Gefahrguttransportbereich vortragen zu können. Dies schließt auch eine Beteiligung des Gefahrgutbeauftragten bei wesentlichen Investitionsentscheidungen für den Gefahrguttransportbereich ein.

Unternehmer oder Inhaber eines Betriebes müssen dem Gefahrgutbeauftragten nach Buchstabe e Gelegenheit geben, sich insbesondere zur sicherheitstechnischen Vertretbarkeit von Anträgen auf Änderung oder Abweichungen von den Gefahrgutvorschriften zu äußern.

Entsprechende Bestimmungen enthält die EG-Richtlinie nicht. In der geltenden Gefahrgutbeauftragtenverordnung befinden sie sich in § 4; die Vorschriften sind konkretisiert worden unter besonderer Berücksichtigung der in den letzten fünf Jahren gesammelten Erfahrungen.

Zu Absatz 2 Nr. 2:

Jahres- und Unfallberichte müssen mindestens fünf Jahre aufbewahrt werden. Auf Verlangen sind sie der zuständigen Überwachungsbehörde vorzulegen.

Umsetzung des Artikels 7 der EG-Richtlinie.

§ 13 Ordnungswidrigkeiten

Die Ordnungswidrigkeitentatbestände sind unter besonderer Berücksichtigung der festgelegten Pflichten unter folgenden Gesichtspunkten festgelegt worden:

1. Die Geldbuße als Folge einer begangenen Ordnungswidrigkeit ist nach der Rechtsprechung und Literatur als nachdrückliche Pflichtmahnung zu verstehen; sie ist darauf ausgerichtet, eine bestimmte Ordnung durchzusetzen. Sie soll den Betroffenen von weiteren Verstößen abhalten und einen durch Verstoß erzielten wirtschaftlichen Vorteil abschöpfen.
2. Zweck der Geldbuße ist es dagegen nicht, eine Tat zu sühnen; der Bereich der Ordnungswidrigkeiten umfaßt Gesetzesübertretungen, die nach allgemein gesellschaftlichen Auffassungen nicht als kriminell strafwürdig gelten.
3. Ein besonderer Aspekt für die Festsetzung einer Ordnungswidrigkeit für einen Verstoß ist, ob dadurch erhebliche Sicherheitsinteressen verletzt werden, ob die Zielrichtung der Vorschrift insgesamt in Frage gestellt wird und ob möglicherweise das Ziel der jeweiligen Einzelvorschrift ausreichend und rechtzeitig auch durch anderen Maßnahmen, zum Beispiel durch Verwaltungsanordnungen, erreicht werden kann.
4. Die nachfolgende Tabelle zeigt für bestimmte Pflichten und Verantwortlichkeiten bei Unternehmern und Leitern eines Betriebes sowie Gefahrgutbeauftragte auf, ob Gesichtspunkte für eine Bußgeldandrohung sprechen.

Texte

Bewertung von Verstößen des Unternehmers/Inhaber eines Betriebes gegen die in § 1, § 11 und § 12 festgelegten Pflichten

1	2	3	4	5	6	7
Vorschrift	Handlung	bisher OWI	Relevanz	wirtschaftl. Vorteil	Anordnung zielführend	Ordnungswidrigkeit in GbV
§ 1 Abs. 1	Schriftliche Bestellung mindestens eines Gb	nein wg. Fiktion	hoch	ja	zu spät	ja
§ 1 Abs. 3	Namen im Unternehmen/Betrieb bekanntgeben	nein	eher niedrig	kaum	ja	nein
§ 1 Abs. 4	Vollziehbarer Anordnung Folge leisten (Bestellung Gb)	ja	hoch	ja	entfällt	ja
§ 1 Abs. 5	Vollziehbarer Anordnung Folge leisten (alle Verpflichtungen der GbV)	ja	hoch	ja	entfällt	ja
§ 11 Abs. 2	Schulungsbescheinigung auf Verlangen der Behörde vorlegen	nein	mittel	möglicherweise ja	ja	nein
§ 12 Abs. 1	Gb benachteiligen	nein	hoch	ja	ja	nein
§ 12 Abs. 2 Nr. 1 Buchstabe a	Als Unternehmer nicht dafür sorgen, daß vor der Bestellung eines Gb eine gültige Schulungsbescheinigung vorliegt	teilweise	hoch	ja	zu spät	ja
§ 12 Abs. 2 Nr. 1 Buchstabe b	Dem Gb keine sachdienlichen Auskünfte geben	nein	mittel	möglicherweise ja	ja	nein
§ 12 Abs. 2 Nr. 1 Buchstabe c	Dem Gb keine Sach- und Geldmittel zur Verfügung stellen	nein	mittel	ja	ja	nein
§ 12 Abs. 2 Nr. 2	Jahres- und Unfallbericht aufbewahren	nein	hoch	möglicherweise ja	ja	ja

Begründung zur GbV

| § 12 Abs. 2 Nr. 2 | Jahres- und Unfallbericht der Behörde vorlegen | nein | | hoch | möglicherweise ja | ja | ja |
| § 12 Abs. 2 Nr. 3 | Für Kenntnisse der beauftragten und sonstigen verantwortlichen Personen sorgen; Schulung für Gefahrgutbeauftragte in Abständen von 5 Jahren wiederholen | nein | | hoch | ja | zu spät | ja |

Bewertung von Verstößen des Gefahrgutbeauftragten gegen die in § 4, § 5 und § 6 festgelegten Pflichten

1	2	3	4	5	6	7
Vorschrift	Handlung	bisher OWI	Relevanz	wirtschaftl. Vorteil	Anordnung zielführend	Ordnungswidrigkeit in GbV
§ 4 Abs. 1 i. V. mit Anhang I	Aufgabenwahrnehmung – Überwachung – Überprüfungen vornehmen, Maßnahmen einführen	nein ja	hoch hoch	möglicherweise ja ja	ja nein	nein ja
§ 4 Abs. 1 und § 4 Abs. 2	Aufzeichnungen führen und aufbewahren	nein	mittel	gering	nachträglich nicht	theoretisch ja; mit „soll"-Formulierung aber problematisch
§ 4 Abs. 2	Aufzeichnungen der Behörde vorlegen	nein	mittel	nein	ja	nein
§ 5 Abs. 1 i. V. mit Anhang 2	Unfallbericht erstellen und dem Unternehmer vorlegen	nein	hoch	möglicherweise	zu spät	ja
§ 6 Abs. 3	Als Gb nicht an der Fortbildungsschulung Test teilnehmen	ja	hoch	ja	zu spät	ja
Anhang I	– Jahresbericht erstellen und aufbewahren – Jahresbericht der Behörde vorlegen	nein nein	mittel hoch	nein ja	ja zu spät	nein ja

Texte

Erläuterungen zur Tabelle

Entsprechend § 1 Abs. 1 des Gesetzes über Ordnungswidrigkeiten müssen die vorwerfbaren Handlungen, die mit Geldbuße bedroht sind, in der Vorschrift – hier GbV – angegeben sein. In der vorstehenden Tabelle sind die Verantwortlichkeiten, getrennt nach Unternehmer und Gefahrgutbeauftragten, aufgelistet (Spalten 1 und 2).

In Spalte 3 ist vermerkt, ob für diese Handlung zumindest sinngemäß in der bisherigen GbV schon eine Ordnungswidrigkeit festgesetzt war.

In Spalte 4, die mit „Relevanz" überschrieben ist, erfolgt eine Bewertung, ob der Durchsetzung dieser Vorschrift ein besonderes Interesse zukommt. Dieses Interesse muß sich danach richten, ob bei einem Verstoß besondere Sicherheitsinteressen verletzt sind und/oder die Verwirklichung der Zielsetzung der GbV nachhaltig beeinträchtigt wird, wenn die entsprechende Vorschrift nicht eingehalten wird.

In Spalte 5 ist in einigen Fällen angemerkt, ob sich ein besonderer wirtschaftlicher Vorteil ergibt, wenn die Vorschrift nicht eingehalten wird.

In Spalte 6 ist eingetragen, ob das Ziel der jeweiligen Vorschrift ohne erheblichen Nachteil und auch rechtzeitig zum Beispiel durch Anordnung gemäß § 1 Abs. 4 und 5 erreicht werden kann.

Aus den Ergebnissen der vorangehenden Spalten wird dann in Spalte 7 abgeleitet, ob eine Ordnungswidrigkeit festgesetzt werden mußte.

Entsprechende Bestimmungen enthält die EG-Richtlinie nicht.

§ 14 Übergangsvorschriften

Diese Vorschriften ermöglichen es den in Deutschland auf Grund der geltenden Gefahrgutbeauftragtenverordnung tätigen Personen, in den Besitz der Schulungsbescheinigung unter Berücksichtigung der gemeinschaftsrechtlichen Vorschriften der Richtlinie 96/35/EG zu gelangen, die im Gegensatz zur Schulungsbescheinigung nach geltendem Recht eine EU-weite Tätigkeit für den Gefahrgutbeauftragten ermöglicht. Dabei erschien es vertretbar, diesem Personenkreis eine Sonderregelung sowohl mit der alleinigen Teilnahme an einer Fortbildungsschulung mit der Verknüpfung einer kürzeren Geltungsdauer als auch Erleichterungen hinsichtlich des Bestehens einer Prüfung/eines Tests zuzugestehen; hierbei ist insbesondere berücksichtigt worden, daß die überwiegende Zahl der in Deutschland tätigen rd. 30 000 Gefahrgutbeauftragten zwischenzeitlich neben der Grundschulung eine weitere Fortbildungsschulung absolviert hat und somit Kenntnisse aufweisen dürfte, die denen eines erstmals für diesen Bereich geschulten Personenkreises zumindest vergleichbar sind.

Umsetzung des Artikels 5 Abs. 2 der EG-Richtlinie.

§ 15 Geltung für öffentliche Rechtsträger

Sachlich unveränderte Übernahme des bisherigen § 1 Abs. 4 der geltenden Gefahrgutbeauftragtenverordnung mit der notwendigen Klarstellung für die durch den Begriff „Streitkräfte" erfaßten Truppen. Die Bundeswehr wird durch Satz 1 erfaßt.

Artikel 3 Buchstabe a der EG-Richtlinie wird insofern nicht umgesetzt.

§ 16 Inkrafttreten, Außerkrafttreten

Zu Absatz 1:

Für Gefahrgutbeauftragte müssen die Vorschriften über die Schulung und Prüfung am Tage nach der Verkündung in Kraft treten, um diesem Personenkreis ausreichend Zeit zum Erwerb der Schulungsbescheinigung zuzugestehen. Außerdem sollen damit Engpässe bei den Schulungsunternehmen vermieden werden.

Zu Absatz 2:

Für das Inkrafttreten der Verordnung ist zur Umstellung der betroffenen Unternehmen und Betriebe eine ausreichend bemessene Übergangsregelung vorgesehen.

Anlage 1 –
Verzeichnis der Aufgaben des Gefahrgutbeauftragten

Das Verzeichnis entspricht dem Anhang I zur EG-Richtlinie.

1. Als „Überwachungen durch Gefahrgutbeauftragte" werden alle Überprüfungen der Tätigkeiten beauftragter und sonstiger verantwortlicher Personen, sowie der Personen, die für die beauftragten und sonstigen verantwortlichen Personen nicht eigenverantwortlich tätig werden, soweit diese Pflichten und Aufgaben nach den Vorschriften über die Beförderung gefährlicher Güter zu erfüllen haben, angesehen.
2. Überwachungen durch Gefahrgutbeauftragte müssen in Anlehnung an § 130 des Gesetzes über Ordnungswidrigkeiten gehörig sein. Dies bedeutet:
   – Der Gefahrgutbeauftragte darf nicht nur gelegentlich die zu überwachenden Personen aufsuchen, die Betriebs- und Arbeitsabläufe beobachten und sonst nach dem rechten sehen.
   – Die Überwachung muß so ausgeübt werden, daß die betriebsbezogenen gefahrgutrechtlichen Pflichten und Verantwortlichkeiten aller Voraussicht nach eingehalten werden.

- Der Umfang der Überwachung wird in erster Linie durch folgende Kriterien bestimmt:
  1. Qualifikation der zu überwachenden Personen,
  2. Zahl und zeitliche Einsätze der zu überwachenden Personen auf dem Gebiet „Gefahrgutbeförderung",
  3. Bedeutung der zu beachtenden Vorschrift.

Soweit Unternehmer oder Inhaber eines Betriebes ein Qualitäts- oder Umweltmanagement-System eingeführt haben, das den Bereich Transport gefährlicher Güter einschließt, kann dies bei der Überwachung insbesondere der Festlegung der Zeitintervalle nach dieser Verordnung mit berücksichtigt werden.

Die Beachtung dieser Kriterien gestattet es, auf eine ausdrückliche Festlegung der numerischen Häufigkeit der Überwachung durch den Gefahrgutbeauftragten zu verzichten und damit Spielraum für eine angemessene Berücksichtigung örtlicher und/oder betriebsbezogener Besonderheiten zu geben. Die Vorschriften entsprechen im wesentlichen § 3 Abs. 1 Nr. 1 der geltenden Gefahrgutbeauftragtenverordnung.

Konkretisiert wurden die in den Jahresbericht aufzunehmenden Angaben. Aus dem Jahresbericht müssen die relevanten Daten für die Betriebsstätte des Unternehmens ersichtlich sein. Die Mengenangaben im Jahresbericht können im Jahresbericht auch auf andere Art dargestellt werden, zum Beispiel für radioaktive Stoffe durch Angabe der Aktivitätsmenge.

Für den deutschen Rechtsbereich wurde aus der geltenden Gefahrgutbeauftragtenverordnung ausdrücklich die unverzügliche Anzeige eines Mangels (vgl. insofern § 3 Abs. 1 Nr. 4 der geltenden Gefahrgutbeauftragtenverordnung) mit übernommen. Diese Vorschrift ist von besonderer sicherheitsrelevanter Bedeutung, da festgestellte Mängel ohne schuldhaftes Zögern dem Unternehmer oder Betriebsleiter anzuzeigen sind. Als Mängel, die die Sicherheit beim Transport gefährlicher Güter beeinträchtigen, sind Verstöße gegen Vorschriften des öffentlichen Rechts, die beim Transport gefährlicher Güter beachtet werden müssen, anzusehen. Hierzu zählen Vorschriften des Gefahrguttransportrechts, deren Einhaltung der Gefahrgutbeauftragte zu überwachen hat; aber auch die gelegentlich dieser Überwachung festgestellten Verstöße gegen andere bei Gefahrgutbeförderungen einzuhaltenden Sicherheitsvorschriften (z. B. Vorschriften der Straßenverkehrs-Zulassungs-Ordnung oder der Verordnung [EWG] Nr. 3820/85 über die Harmonisierung bestimmter Sozialvorschriften im Straßenverkehr) im Zusammenhang mit Verstößen gegen gefahrgutrechtliche Vorschriften gehören zu den Mängeln, die anzuzeigen sind.

Ein vom Gefahrgutbeauftragten festgestellter Mangel, der – ohne daß dieser dem Unternehmer angezeigt wurde – behoben wird, weil der Gefahrgutbeauftragte die im Unternehmen Betroffenen bewegen konnte, diesen abzu-

Begründung zur GbV

stellen, verliert seine Eigenschaft als Mangel. Damit entfällt die Notwendigkeit, aber auch die Verpflichtung, den Unternehmer unverzüglich zu unterrichten, damit dieser den vorher festgestellten Mangel abstellt. Stellt der Gefahrgutbeauftragte bei einer weiteren Überwachung der Einhaltung der Vorschriften durch dieselben beauftragten oder sonstigen verantwortlichen Personen gleiche Mängel fest, muß er den Unternehmer unverzüglich unterrichten, weil es insoweit offensichtlich nicht möglich war, die Mängel nachhaltig durch seine unmittelbare Einwirkung abzustellen.

Mängel, die ausschließlich bereits abgeschlossene (beendete) Beförderungen betreffen und keine Bedeutung für weitere Beförderungen haben, beeinträchtigen die Sicherheit beim Transport gefährlicher Güter nicht mehr. Auch hier erübrigt sich folglich eine Unterrichtung des Unternehmers oder Betriebsleiters. Aus einer solchen Feststellung leitet sich jedoch für den Gefahrgutbeauftragten die Verpflichtung ab, die Einhaltung der Vorschriften, deren Mißachtung den Mangel in der Vergangenheit darstellten, besonders eingehend zu überwachen.

Anlage 2 –
Muster eines Unfallberichtes

Die Einführung erscheint zweckmäßig, insbesondere für eine einheitliche Bewertung des Unfallgeschehens und damit als eine Basis für die Weiterentwicklung der Gefahrgutvorschriften. Das Muster wird nur empfohlen (vgl. insofern auch die Begründung zu § 5).

In der EG-Richtlinie ist ein derartiges Muster nicht vorhanden.

Anlage 3 –
EG-Schulungsnachweis des Gefahrgutbeauftragten

Entspricht den Vorgaben in Artikel 5 Abs. 5 und Anhang III der EG-Richtlinie. Im übrigen vgl. Begründung zu § 6 Abs. 1.

Anlage 4 –
Schulungsnachweis für Gefahrgutbeauftragte des See- und/oder Luftverkehrs

Dieses Muster ist für den deutschen Rechtsbereich erforderlich, da der EU-Schulungsnachweis nach Anlage 3 in diesem Fall nicht verwendet werden darf.

Anlage 5 –
Verzeichnis der Sachgebiete, deren Kenntnisse in einer Prüfung nachzuweisen sind

Entspricht Artikel 5 Abs. 4 und Anhang II der EG-Richtlinie.

Die Sachgebiete sind nur beispielhaft, was durch die Verwendung der Worte „mindestens" und „insbesondere" erreicht wird. Gegebenenfalls sind unter Berücksichtigung der in den Betrieben im Zusammenhang mit dem Gefahrguttransport eintretenden Verantwortlichkeiten weitere Sachgebiete zu berücksichtigen. Im besonderen gilt dies für die Verkehrsträger „Seeschiffahrt" und den „Luftverkehr". Ferner sind die nebenrechtlichen Bekanntmachungen, insbesondere RS 002, RE 001, TRT und TRV bei der Erstellung der Prüfungsfragen mit zu berücksichtigen.

IV. Auslegungshinweise zur GbV 1998

(BAnz. Nr. 244 vom 29. Dezember 1998, S. 17 750)

1 Zu § 1 (Bestellung von Gefahrgutbeauftragten)
1.1 Absatz 1 Satz 1

Bestellung mehrerer Gefahrgutbeauftragter

Grundsätzlich muß jeder Unternehmer/Inhaber eines Betriebes (im folgenden: Unternehmer) einen Gefahrgutbeauftragten bestellen, soweit nicht der Unternehmer dessen Funktion selbst wahrnimmt (§ 1 Abs. 2 Nr. 3). Wann mehrere Gefahrgutbeauftragte erforderlich sind (vor allem, wenn das Unternehmen aus mehreren Niederlassungen, Filialbetrieben usw. besteht), läßt sich nicht eindeutig nach der GbV bestimmen. Das hängt damit zusammen, daß der Zeitumfang der Überwachung (Hauptpflicht des Gefahrgutbeauftragten nach Anlage 1 Nr. 1) nicht im einzelnen bestimmt ist. Die Begründung zu Anlage 1 der GbV ist zu beachten. Die Bestimmung der Anzahl der Gefahrgutbeauftragten liegt somit in der Eigenverantwortlichkeit des Unternehmers.

1.2 Absätze 4 und 5

Behördliche Anordnung der Bestellung von Gefahrgutbeauftragten

Die Bestimmung in Absatz 4 „... kann anordnen, ... einen Gefahrgutbeauftragten zu bestellen" und die Bestimmung in Absatz 5 „... die Bestellung eines anderen Gefahrgutbeauftragten verlangen" schließen nicht aus, daß die zuständige Überwachungsbehörde auch die Bestellung mehrerer Gefahrgutbeauftragter anordnen kann, insbesondere wenn die Größe des Betriebes und die Zahl oder Menge der beförderten Güter dies erfordern. Dies gilt jedoch ausschließlich dann, wenn in den betroffenen Unternehmen bereits mehrere Gefahrgutbeauftragte bestellt waren.

2 Zu § 1a (Begriffsbestimmungen)
2.1 Nummer 1

Unternehmer

Welche Unternehmer unter § 1 a Nr. 1 fallen können, ergibt sich insbesondere

1. für alle Verkehrsträger aus § 9 Abs. 5 des Gefahrgutbeförderungsgesetzes,
2. für den Eisenbahnverkehr aus §§ 4 und 9 GGVE,

Texte

3. für den Straßenverkehr aus §§ 4, 7 und 9 GGVS,
4. für den Binnenschiffsverkehr aus § 4 GGVBinSch,
5. für den Seeverkehr aus §§ 4 und 21 GGVSee und
6. für den Luftverkehr aus § 27 Luftverkehrsgesetz in Verbindung mit §§ 76 ff. Luftverkehrs-Zulassungsverordnung der Bekanntmachung des Luftfahrt-Bundesamtes vom 26. September 1995 (Nachrichten für Luftfahrer Teil I – 307/95).

3 Zu § 1b (Befreiungen)

3.1 Absatz 1 Nr. 1

Befreiungen allgemein

Nach Artikel 1 der Richtlinie 96/35/EG besteht die Aufgabe des Sicherheitsberaters für die Gefahrgutbeförderung (Gefahrgutbeauftragten) darin, die Risiken verhüten zu helfen, die sich aus der Beförderung gefährlicher Güter und dem damit zusammenhängenden Verladen oder Entladen für Personen, Sachen und die Umwelt ergeben. Soweit Artikel 3 Buchstabe b der Richtlinie 96/35/EG Befreiungen von der Bestellung eines Gefahrgutbeauftragten für die Fälle, wie sie in § 1 b Abs. 1 Nr. 1 geregelt sind, zuläßt, kann dies nur begründet sein, wenn insoweit die sich ergebenden Risiken so gering sind, daß ein Gefahrgutbeauftragter insbesondere zur Überwachung der Einhaltung der Vorschriften nicht erforderlich ist, oder seine Bestellung als unangemessen angesehen werden muß, weil die mit der Bestellung eines Gefahrgutbeauftragten verbundenen Kosten außer Verhältnis zu den mit seiner Einsetzung erstrebten Zielen der Risikoverhütung stehen (Grundsatz der Verhältnismäßigkeit). Dieser Grundsatz ist bei dem Hinweis Nr. 3.2 berücksichtigt worden.

3.2 Absatz 1 Nr. 1 (1. Alternative)

Tätigkeiten, die sich auf freigestellte Beförderungen gefährlicher Güter beziehen

Deutschland hat die Artikel 1, 2 Buchstabe d der Richtlinie 96/35/EG so umgesetzt, daß nicht „Tätigkeiten", sondern die Zuweisung einer Verantwortlichkeit nach den in Deutschland geltenden Gefahrguttransportvorschriften die Unternehmer verpflichtet, einen Gefahrgutbeauftragten zu bestellen (§ 1 Abs. 1 S. 1, § 1 a Nr. 1 GbV). Deshalb wird die Regelung, daß die Vorschriften der GbV über die Bestellung von Gefahrgutbeauftragten nicht für Unternehmer gelten, deren Tätigkeiten sich auf freigestellte Beförderungen beziehen, so ausgelegt, daß ein Unternehmer von der Bestellung eines Gefahrgutbeauftragten befreit ist, wenn sich seine an sich nach den Gefahrguttransportvorschriften bestehenden Verantwortlichkeiten auf freigestellte Beförderungen beziehen. Freigestellt in diesem Sinne bedeutet, daß die Beförderung eines gefährlichen Gutes ausdrücklich von Vorschriften über die Beförderung gefährlicher Güter ausgenommen ist.

Beispiele:
1. Bem. 1 zu Rn. 2301 Ziffer 31 c) zu 1987 Alkohole der Anlage A des ADR
2. Bem. 2 zu Rn. 401 Ziffer 1 3c) des RID
3. Bem. 2 zu Rn. 6901 Ziffer 50c) der Anlage A des ADNR
4. Bem. (3. Unterabsatz) auf Seite 2102 des IMDG-Code deutsch
5. Teil 1 Kapitel 2 Abschnitt 2.5 der ICAO-TI

Ist das der Fall, können zwangsläufig keine Verantwortlichkeiten für die Einhaltung dieser Vorschriften bestehen.

Des weiteren fallen unter den Begriff der freigestellten Beförderungen die nach

– Rn. 2009 oder den a-Randnummern (z. B. Rn. 2301a) der Anlage A des ADR,
– Rn. 17 oder den a-Randnummern (z. B. Rn. 301a) des RID,
– dem Abschnitt 18 der Allgemeinen Einleitung des IMDG-Code deutsch oder
– des Teils 1 Kapitel 2 Abschnitt 2.5 und des Teils 2 Kapitel 7 Abschnitt 7.9 der ICAO-TI

durchgeführten Beförderungen mit dem jeweiligen der Vorschrift zugeordneten Verkehrsmittel.

3.3 Absatz 1 Nr. 1 (2. Alternative)

Tätigkeiten, die sich auf Beförderungen in begrenzten Mengen beziehen, die nicht über den in Rn. 10011 der Anlage B des ADR festgelegten Grenzen liegen

Zur Auslegung des Begriffs „Tätigkeiten" wird auf den Hinweis Nr. 3.2 verwiesen. Ausgehend von dieser Auslegung sind demnach Unternehmer von der Bestellung eines Gefahrgutbeauftragten befreit, wenn sich ihre an sich nach den Gefahrguttransportvorschriften bestehenden Verantwortlichkeiten auf Beförderungen in begrenzten Mengen beziehen. Da die entsprechende Befreiungsregelung in § 1b Abs. 1 Nr. 1 2. Alternative nur auf die Mengen im Rahmen der Rn. 10011 der Anlage B des ADR und nicht auch auf den Verkehrsträger, auf dem diese Mengen befördert werden, abstellt, gilt sie für alle Verkehrsträgerbereiche und zwar unabhängig davon, in welcher zulässigen Beförderungsart (in Versandstücken, in Tanks, in loser Schüttung) sie transportiert werden.

Rn. 10 011 befreit im Falle der Beförderungskategorie 4 auch Beförderungen in unbegrenzten Mengen. Auch diese Mengen werden vom Befreiungstatbestand des § 1b Abs. 1 Nr. 1 2. Alternative erfaßt.

§ 1b Abs. 1 Nr. 1 2. Alternative führt nur zur Befreiung von der Verpflichtung, einen Gefahrgutbeauftragten zu bestellen. Die aus Rn. 10 011 der Anlage B des ADR resultierende Freistellung von bestimmten Vorschriften der Anlage B des ADR gilt nur für den Straßentransport gefährlicher Güter. Die Übertragung der materiellen Freistellungsregelung auf die übrigen Verkehrsträgerbereiche kommt nicht in Betracht, weil die Vorschriften für diese Verkehrsträgerbereiche eine entsprechende Freistellung nicht zulassen.

3.4 Absatz 1 Nr. 2

Beförderungen

Bezugssubjekt für die Menge von nicht mehr als 50 t netto gefährliche Güter ist der Unternehmer. Insoweit müssen die relevanten Mengen aller Niederlassungen eines Unternehmens addiert werden, um festzustellen, ob der Befreiungstatbestand des § 1b Abs. 1 Nr. 2 für den Unternehmer noch erfüllt ist. Überschreitet die so errechnete Menge 50 t im Kalenderjahr, muß mindestens ein Gefahrgutbeauftragter bestellt werden. Der Gefahrgutbeauftragte muß dann seine Aufgaben nach Anlage 1 GbV auch in den Niederlassungen „mit weniger als 50 t gefährlicher Güter" erfüllen.

3.5 Absatz 1 Nr. 2

Eigenbedarf in Erfüllung betrieblicher Aufgaben

„Gefährliche Güter für den Eigenbedarf in Erfüllung betrieblicher Aufgaben" sind solche gefährlichen Güter, die ein an der Beförderung dieser Güter Beteiligter für seine Betriebszwecke ge- oder verbraucht. Hierunter fallen zum Beispiel Gase, die ein Handwerker zum Schweißen benutzt, oder Schädlingsbekämpfungsmittel, die ein Landwirt zum Besprühen seiner Pflanzen verwendet, oder Reinigungsmittel, die ein Einzelhändler für die Warenausstattung seiner Niederlassung benötigt.

3.6 Absatz 1 Nr. 3

Lediglich empfangen

Unternehmen, die lediglich empfangen, müssen keinen Gefahrgutbeauftragten bestellen, es sei denn, daß sie darüber hinaus zum Beispiel gefährliche Güter verladen oder selbst befördern und die Befreiungstatbestände des § 1 b Nr. 1 und 2 nicht zutreffen.

4 Zu § 1c (Aufgaben des Gefahrgutbeauftragten)

4.1 Tätigkeit des Gefahrgutbeauftragten unter der Verantwortung des Unternehmers

Aus § 1c Abs. 1 Satz 1 könnte geschlossen werden, daß nicht der Gefahrgutbeauftragte, sondern der Unternehmer für die dem Gefahrgutbeauftragten durch die GbV auferlegten Tätigkeiten verantwortlich ist. Dieser Schlußfolgerung stehen jedoch die Statuierung eines Aufgabenkreises für den Gefahrgutbeauftragten als eigene Pflichten (§ 1c Abs. 1 Satz 2 bis 4 in Verbindung mit Anlage 1 und § 1d) und die Regelungen des § 7a Nr. 3 bis 5 entgegen, die selbst für den Fall fahrlässigen Handelns Verstöße gegen Pflichten des Gefahrgutbeauftragten unter Bußgeldandrohung stellen. Aus dem Gesamtzusammenhang der Vorschriften der GbV ergibt sich somit, daß § 1c Abs. 1 Satz 1 die Tätigkeit des Gefahrgutbeauftragten nicht unter der Verantwortung, sondern unter der Aufsicht des Unternehmers zum Ziel hat, soweit nicht dieser eigenhändig Aufgaben des Gefahrgutbeauftragten wahrnimmt. Diese Auslegung wird durch die Richtlinie 96/35/EG gestützt. Sie bestimmt in ihrem Artikel 4 Abs. 1 Satz 1, daß der Gefahrgutbeauftragte unter der Verantwortung des Unternehmensleiters die Aufgabe hat, nach Mitteln und Wegen zu suchen und Maßnahmen zu veranlassen, die die Durchführung der Tätigkeiten des Unternehmens im Gefahrgutbereich unter Einhaltung der geltenden Bestimmungen und unter optimalen Sicherheitsbedingungen erleichtern.

5 Zu § 5 Prüfung

5.1 Absätze 5 und 6

Ausstellung von Schulungsnachweisen

Besteht ein Schulungsteilnehmer die Prüfung nach einem Fortbildungslehrgang nicht, kann der Schulungsnachweis mit einer Gültigkeitsdauer von höchstens drei Jahren ausgestellt werden, um diese Schulungsteilnehmer gegenüber solchen Schulungsteilnehmern, die die Möglichkeiten des § 4 Abs. 4 Satz 3 wahrgenommen haben, nicht zu benachteiligen.

6 Zu § 6 (Sonstige Schulungen)

6.1 Absatz 1

Schulung

Die Forderung in § 6 nach Schulung der beauftragten und sonstigen verantwortlichen Personen besteht unabhängig von der Verpflichtung zur Bestellung eines Gefahrgutbeauftragten.

Zu den ausdrücklichen Schulungsverpflichtungen nach Absatz 1 Satz 3 zählen insbesondere die Schulungen nach Rn. 10 315, Unterweisungen nach Rn. 10 316 ADR, Rn. 10 315 ADNR und Teil 6 ICAO-TI. Solche Schulungen können auch als Schulungen nach Absatz 1 Satz 2 angesehen werden, wenn sie Kenntnisse nach Absatz 1 einschließen; dies gilt aber nicht, wenn für die Tätigkeit einer beauftragten Person inzwischen wesentliche Änderungen in den maßgebenden Vorschriften eingetreten sind.

6.2 Absatz 1 Satz 1 und 2

Schulung für Führer von Straßenfahrzeugen

Fahrzeugführer sind gemäß § 1 a Nr. 6 in Verbindung mit § 9 Abs. 4 GGVS sonstige verantwortliche Personen. Soweit sie nicht Rn. 10 315 ADR unterliegen, müssen sie im Rahmen von § 6 geschult werden. Dies trifft für folgende Fahrzeugführer, die nicht im Besitz einer entsprechenden ADR-Bescheinigung nach Anhang B.6 ADR sind, zu:

1. Führer von Beförderungseinheiten – ausgenommen solche nach Rn. 10 315 –, deren höchstzulässige Gesamtmasse nicht mehr als 3,5 t beträgt und mit denen gefährliche Güter – ausgenommen solche der Klasse 1 sowie der Klasse 7, soweit sie von Rn. 71 315 Abs. 1 Buchstabe a oder b ADR erfaßt werden – befördert werden;
2. Führer von Beförderungseinheiten – unabhängig von deren höchstlässiger Gesamtmasse – mit gefährlichen Gütern, soweit für die Beförderung Rn. 10 011 ADR in Anspruch genommen wird.

Diese Schulung ist aufgabenbezogen, das heißt ohne Beachtung der Anforderungen des ADR durchzuführen.

7 Zu § 7 Pflichten der Unternehmer oder Inhaber von Betrieben

7.1 Absatz 1 Satz 1

Benachteiligungsverbot

Das Benachteiligungsverbot soll sicherstellen, daß alle Gefahrgutbeauftragten in ihren sonstigen Rechten nicht aus Anlaß der Wahrnehmung ihrer Aufgaben beschränkt werden. Diese Vorschrift soll daher auch Gefahrgutbeauftragte nach § 1 Abs. 2 Nr. 1 schützen.

8 Zu § 7b (Übergangsvorschriften)

8.1 Absatz und 2

Gültige Schulungsbescheinigung

Auslegungshinweise zur GbV

Nach Nummer 2 des Hinweises 2.6 zur GbV vom 12. Dezember 1989 (BAnz. Nr. 99a vom 30. Mai 1990) werden Überschreitungen der 3-Jahres-Frist des § 2 Abs. 1 Satz 4 bis zu maximal 6 Monaten als unschädlich für die Sachkunde des Gefahrgutbeauftragten als Voraussetzung für dessen Qualifikation nach § 2 Abs. 1 GbV (alt) angenommen. Das bedeutete, daß die Geltungsdauer der Schulungsbescheinigung, die mit dem Tag des Abschlusses der Erstschulung beginnt, 3 Jahre dauert, faktisch auf weitere 6 Monate im Anschluß an die 3-Jahres-Frist ausgedehnt wurde. Gleiches galt für die Bescheinigungen auf Grund einer Fortbildungsschulung nach der GbV (alt).

Auch sie wurden mit einer Geltungsdauer von 3 Jahren, und zwar beginnend mit dem Ablauf der vorhergehenden 3-Jahres-Frist, ausgestellt, die ebenfalls faktisch um 6 Monate verlängert wurde. Insoweit erscheint es gerechtfertigt, von einer gültigen Schulungsbescheinigung im Sinne des § 7 b Abs. 1 und 2 GbV (neu) auszugehen, wenn die 3-Jahres-Frist in ihrer Geltungsdauer um nicht mehr als 6 Monate überschritten ist.

So endet zum Beispiel die faktische Geltungsdauer einer Schulungsbescheinigung nach GbV (alt), deren 3-Jahres-Frist am 30. November 1998 ausläuft, am 30. Mai 1999. Bis zu diesem Zeitpunkt müßten die Voraussetzungen des § 7 b Abs. 2 Nr. 1 oder 2 erfüllt werden, um einen Schulungsnachweis nach Anlage 3 oder 4 zu erhalten.

8.2 Absatz 2

Ausstellung eines Schulungsnachweises

Die Übergangsvorschrift des § 7 b Abs. 2 enthält keine Regelung über die Geltungsdauer der auf Grund dieser Vorschrift auszustellenden Schulungsnachweise. Einer solchen Regelung bedarf es auch nicht, weil sich die Ausstellung dieser Schulungsnachweise als eine Fortsetzung der bisherigen Schulungsbescheinigung in anderer Form darstellt. Sie ist somit vergleichbar mit der Verlängerung der Geltungsdauer eines Schulungsnachweises nach § 2 Abs. 4 Satz 2 und 3. Insoweit kommt nur eine Geltungsdauer der Schulungsnachweise analog dieser Vorschrift in Betracht. Das bedeutet, daß die Geltungsdauer – eines nach § 7 b Abs. 2 Nr. 1 ausgestellten Schulungsnachweises 3 Jahre und – eines nach § 7 b Abs. 2 Nr. 2 ausgestellten Schulungsnachweises 5 Jahre beträgt. Für die Ausstellung sind analog § 2 Abs. 1 Satz 2 die Industrie- und Handelskammern zuständig.

Aushändigung der Schulungsnachweise

Die Übergangsvorschriften in § 7 b Abs. 2 lassen zu, Gefahrgutbeauftragten, die am 1. Januar 1999 im Besitz einer gültigen Schulungsbescheinigung nach der Gefahrgutbeauftragtenverordnung vom 12. Dezember 1989 (GbV alt) sind, einen Schulungsnachweis auszuhändigen, wenn sie die hier genannten Voraussetzungen erfüllen. Sie greifen nicht ein, wenn Personen lediglich Inhaber einer Schulungsbescheinigung nach GbV alt, nicht aber nach § 1 GbV alt zum Gefahrgutbeauftragten bestellt waren oder als solche galten.

Als Ausnahmevorschrift zu § 2 Abs. 1 GbV neu, nach der ein Schulungsnachweis nur nach Teilnahme an einer Grundschulung und bestandener Grundprüfung ausgestellt werden darf, unterliegt die Übergangsvorschrift der Beschränkung nicht extensiv ausgelegt zu werden. Das bedeutet, daß sie nur unter Berücksichtigung ihres Sinn und Zwecks angewandt werden darf. Dieser war darauf gerichtet, zum Zeitpunkt des Inkrafttretens der GbV neu den in Deutschland auf Grund der GbV alt tätigen Gefahrgutbeauftragten, die eine umfassende Schulung – wenn auch ohne anschließende Prüfung – erhalten hatten, nahtlos in die GbV neu zu überführen. Personen, die ausschließlich eine Schulungsbescheinigung nach GbV alt mit dem Ziel der Inanspruchnahme der Übergangsregelung nach Absatz 2 nach dem 26. März 1999 erworben haben, ohne als Gefahrgutbeauftragter in Deutschland tätig geworden zu sein, müssen sich deshalb den Mißbrauch der Übergangsregelung und deshalb Verwirklichung des Anspruchs auf Ausstellung der Schulungsnachweise nach GbV neu vorhalten lassen.

Die für die Aushändigung der Schulungsnachweise zuständigen Stellen sind gehalten, die vorstehenden Feststellungen, die im übrigen mit der amtlichen Begründung zur GbV neu übereinstimmen, zu berücksichtigen.

9 Zur Anlage 1 (Aufgaben des Gefahrgutbeauftragten)

9.1 Nummer 1

Überwachung der Einhaltung der Vorschriften für die Gefahrgutbeförderung

Die Gefahrgutbeauftragtenverordnung vom 12. Dezember 1989 (GbV alt) bestimmte in ihrem § 3 Abs. 1 Nr. 1, daß der Gefahrgutbeauftragte die Einhaltung der Vorschriften über die Beförderung gefährlicher Güter durch die beauftragten Personen und die sonstigen verantwortlichen Personen nach den Vorschriften über die Beförderung gefährlicher Güter im Unternehmen oder Betrieb zu überwachen hat. Nach Anlage 1 Nr. 1 der GbV (neu) erstreckt sich die Überwachung des Gefahrgutbeauftragten auf die Einhaltung der Vorschriften für die Gefahrgutbeförderung schlechthin. Das bedeutet einerseits, daß nicht nur wie nach der GbV alt die beauftragten und sonstigen verantwortlichen Personen (von denen nach der Amtlichen Begründung die Unternehmer ausgenommen waren), sondern alle Personen, die mit der Erfüllung von Gefahrguttransportvorschriften befaßt sind, zu überwachen sind, und zwar unabhängig davon, ob sie eigenverantwortlich tätig werden oder nicht. Insoweit unterliegt auch der Unternehmer, der seine

Verantwortlichkeiten nach den Gefahrguttransportvorschriften selbst wahrnimmt oder im Falle des Unternehmers als juristischer Person (z. B. AG, GmbH) oder als einer Personenhandelsgesellschaft (OHG, KG) deren gesetzlicher oder organschaftlicher Vertreter (Vorstand einer AG, Geschäftsführer einer GmbH, geschäftsführender Gesellschafter), der solche Unternehmerpflichten wahrnimmt, der Überwachung durch den Gefahrgutbeauftragten. Da andererseits der Gefahrgutbeauftragte seine Position vom Unternehmer erhält, sei es durch Bestellung, sei es durch Wahrnehmung von Gefahrgutbeauftragtenaufgaben durch den Unternehmer selbst, beschränkt sich seine Tätigkeit, ohne daß es einer ausdrücklichen Einschränkung bedarf, jeweils auf den Bereich des Unternehmens.

9.2 Nummer 2

Mängel, die die Sicherheit beim Transport gefährlicher Güter beeinträchtigen

1. Mängel sind Verstöße gegen Vorschriften des öffentlichen Rechts, die beim Transport gefährlicher Güter beachtet werden müssen. Zu diesen Vorschriften zählen alle Vorschriften des Gefahrguttransportrechts, deren Einhaltung der Gefahrgutbeauftragte zu überwachen hat. Aber auch die gelegentlich dieser Überwachung festgestellten Verstöße gegen andere bei Gefahrgutbeförderungen einzuhaltende Sicherheitsvorschriften (z. B. Vorschriften der StVZO oder der Verordnung (EWG) Nr. 3820/85 über die Harmonisierung bestimmter Sozialvorschriften im Straßenverkehr) im Zusammenhang mit Verstößen gegen gefahrgutrechtliche Vorschriften gehören zu den Mängeln im Sinne des Satzes 1.

2. Ein vom Gefahrgutbeauftragten festgestellter Mangel, der – ohne daß dieser dem Unternehmer angezeigt wird – behoben wird, weil der Gefahrgutbeauftragte die im Unternehmen Betroffenen bewegen konnte, diesen abzustellen, verliert seine Eigenschaft als Mangel. Damit entfällt die Notwendigkeit, aber auch die Verpflichtung, den Unternehmer unverzüglich zu unterrichten, damit dieser dem vorher festgestellten Mangel abhilft. Stellt der Gefahrgutbeauftragte bei einer weiteren Überwachung der Einhaltung der Vorschriften durch dieselben beauftragten Personen oder sonstigen verantwortlichen Personen gleiche Mängel fest, muß er den zuständigen Disziplinarvorgesetzten informieren und prüfen, ob der Mangel auf diese Weise zuverlässig abgestellt wurde. Verbleiben Zweifel, ist der Unternehmer unverzüglich zu unterrichten, weil es insoweit offensichtlich nicht möglich war, die Mängel durch Einwirkung des Gefahrgutbeauftragten abzustellen.

3. Mängel, die ausschließlich bereits abgeschlossene (beendete) Beförderungen betreffen und keine Bedeutung für weitere Beförderungen haben, beeinträchtigen die Sicherheit beim Transport gefährlicher Güter nicht mehr. Auch hier erübrigt sich folglich eine Unterrichtung des Unter-

nehmers im Sinne der Anlage 1 Nr. 2 GbV. Aus der Feststellung dieses Mangels leitet sich jedoch die Verpflichtung für den Gefahrgutbeauftragten ab, die Einhaltung der Vorschriften, deren Mißachtung den Mangel in der Vergangenheit darstellte, künftig besonders eingehend zu überwachen.
4. Können festgestellte Mängel durch unmittelbares Einwirken des Gefahrgutbeauftragten nicht beseitigt werden, hat dieser dem Unternehmer die Mängel im Sinne der Anlage 1 Nr. 2 GbV anzuzeigen.

10 Zu den Anlagen 3 und 4
EG-Schulungsnachweis/Schulungsnachweis für Gefahrgutbeauftragte

1. Muster der Schulungsnachweise

Die Schulungsnachweise sollen den folgenden Mustern entsprechen:

Auslegungshinweise zur GbV

EG-Schulungsnachweis des Gefahrgutbeauftragten

Nummer des Schulungsnachweises: Gb 175 1000

Nationalitätszeichen des ausstellenden Mitgliedstaates: (D)

Name: Mustermann
Vorname(n): Hans
Geburtsdatum und Geburtsort: 16.06.1955 in Stuttgart
Staatsangehörigkeit: deutsch

Unterschrift des Inhabers: *Musterman*

Gültig bis 25.01.2004 für Unternehmen und Betriebe, die an der Beförderung gefährlicher Güter beteiligt sind

im Straßenverkehr
im Eisenbahnverkehr
im Binnenschiffverkehr

Ausgestellt durch: IHK Region Stuttgart
Datum: 25.01.1999

Unterschrift/Siegel:

Verlängert bis:
durch:
Datum:

Unterschrift/Siegel:

Verlängert bis:
durch:
Datum:

Unterschrift/Siegel:

Texte

Schulungsnachweis des Gefahrgutbeauftragten

Nummer des Schulungsnachweises: Gb 175 1001

Nationalitätszeichen des ausstellenden Mitgliedstaates: (D)

Name: Mustermann
Vorname(n): Hans
Geburtsdatum und Geburtsort: 16.06.1955 in Stuttgart
Staatsangehörigkeit: deutsch

Unterschrift des Inhabers: *Mustermann*

Gültig bis 26.01.2004 für Unternehmen und Betriebe, die an der Beförderung gefährlicher Güter beteiligt sind

im Seeschiffsverkehr
im Luftverkehr

Ausgestellt durch: IHK Region Stuttgart
Datum: 26.01.1999

Unterschrift/Siegel:

Verlängert bis:
durch:
Datum:

Unterschrift/Siegel:

Verlängert bis:
durch:
Datum:

Unterschrift/Siegel:

2. Vermerke über Beschränkungen

Sind die Grund- oder Fortbildungslehrgänge nach § 3 Abs. 5 in Verbindung mit § 4 Abs. 4 im besonderen Teil beschränkt worden, finden nach § 3 Abs. 6 der Gefahrgutbeauftragtenprüfungsverordnung vom 1. Dezember 1998 (BGBl. I S. 3514) inhaltlich entsprechend beschränkte Prüfungen statt. Gilt diese Prüfung nach § 5 Abs. 5 als bestanden, muß die Industrie- und Handelskammer im auszustellenden Schulungsnachweis neben der zutreffenden Bezeichnung des Verkehrsträgers die Beschränkung angeben (z. B. „gilt nur für radioaktive Stoffe der Klasse 7").

Texte

V. Gefahrgutbeauftragtenprüfungsverordnung – PO Gb

**Verordnung
über die Prüfung von Gefahrgutbeauftragten
(Gefahrgutbeauftragtenprüfungsverordnung – PO Gb)
Vom 1. Dezember 1998 (BGBl. I S. 3514)**

Auf Grund des § 3 Abs. 1 Satz 1 Nr. 9, 13 und 14 sowie Absatz 2 des Gesetzes über die Beförderung gefährlicher Güter vom 6. August 1975 (BGBl. I S. 2121), Nummer 14 eingefügt durch Artikel 36 Buchstabe a des Gesetzes vom 28. Juni 1990 (BGBl. I S. 1221), Nummer 9, 13 und 14 sowie Absatz 2 zuletzt geändert durch Artikel 1 Nr. 4 des Gesetzes vom 6. August 1998 (BGBl. I S. 2037), in Verbindung mit Artikel 56 des Zuständigkeitsanpassungs-Gesetzes vom 18. März 1975 (BGBl. I S. 705) und dem Organisationserlaß vom 27. Oktober 1998 (BGBl. I S. 3288) verordnet das Bundesministerium für Verkehr, Bau- und Wohnungswesen:

§ 1 Geltungsbereich

Diese Gefahrgutbeauftragtenprüfungsverordnung gilt für die Durchführung von Prüfungen zur Erlangung eines Schulungsnachweises nach § 2 in Verbindung mit § 5 der Gefahrgutbeauftragtenverordnung in der Fassung der Bekanntmachung vom 26. März 1998 (BGBl. I S. 648).

§ 2 Prüfungsarten

Prüfungen nach § 1 sind solche, die nach Teilnahme

1. an einem Grundlehrgang nach § 5 Abs. 1 der Gefahrgutbeauftragtenverordnung (Grundprüfung) oder
2. an einem Fortbildungslehrgang nach § 5 Abs. 6 der Gefahrgutbeauftragtenverordnung oder ohne vorhergehendem Fortbildungslehrgang nach § 5 Abs. 7 der Gefahrgutbeauftragtenverordnung (Fortbildungsprüfung)

durchgeführt werden.

§ 3 Grundsätze für alle Prüfungen

(1) Eine Prüfung kann für einen oder gleichzeitig für höchstens drei Verkehrsträger abgenommen werden. Die Prüfungen sind schriftlich in deutscher Sprache durchzuführen. Die Benutzung der einschlägigen Vor-

schriftentexte für die Beförderung gefährlicher Güter als Hilfsmittel ist zulässig.

(2) Die Prüfungsaufgaben bestehen aus der Beantwortung von mindestens 20 offenen Fragen und mindestens fünf miteinander verknüpften Fragen nach einer Aufgabenbeschreibung (Fallstudie). Abweichend von Satz 1 dürfen bis zu höchstens 25 Prozent der offenen Fragen im Verhältnis 1 zu 2 durch multiple-choice-Fragen ersetzt werden. Diese Fragen müssen vier Antwortvorschläge, wovon einer richtig sein muß, enthalten.

(3) Beim Erstellen der Fragen sind die Anlage 5 zu § 3 Abs. 3 der Gefahrgutbeauftragtenverordnung sowie für den Straßen-, Eisenbahn-, Binnenschiffs-, Seeschiffs- und Luftverkehr geltenden Vorschriften zu berücksichtigen. Zusätzlich sind Fragen insbesondere zum Gefahrgutbeförderungsgesetz, zu der Gefahrgutbeauftragtenverordnung sowie zu anderen Rechtsvorschriften, die einen unmittelbaren Zusammenhang zum Gefahrgutrecht aufweisen, zu stellen. Werden in die gleiche Prüfung mehrere Verkehrsträger einbezogen, müssen für die jeweiligen Verkehrsträger die Fragen nach Satz 1 zu mindestens 50 Prozent verkehrsträgerübergreifend gestellt werden.

(4) Den Fragen sind je nach Schwierigkeitsgrad eine Punktzahl von 1, 2, 3 oder 4 zuzuweisen. Multiple-choice-Fragen sind mit einem Punkt zu bewerten.

(5) Die Fragen sind aus einer Sammlung auszuwählen, die vom Bundesministerium für Verkehr öffentlich bekanntgegeben wird. Sie sind für jeden Prüfungsteilnehmer in einem Prüfungsbogen zusammenzufassen. Auf dem Prüfungsbogen ist die erreichbare höchste Punktzahl und die Mindestpunktzahl für das Bestehen der Prüfung anzugeben.

(6) Die Prüfungen nach Absatz 1 sind inhaltlich zu beschränken, wenn die Grund- oder Fortbildungslehrgänge nach § 3 Abs. 5 in Verbindung mit § 4 Abs. 4 der Gefahrgutbeauftragtenverordnung im besonderen Teil beschränkt wurden.

(7) Die Prüfungen sind nicht öffentlich. Die Prüfungsteilnehmer sind vor Beginn über den Ablauf der Prüfung zu informieren. Die aufsichtsführende Person stellt zu Beginn der Prüfungen die Identität der Teilnehmer durch Einsicht in den Personalausweis oder Reisepaß fest. Fehlt es nach ihrer Überzeugung an der Identität, darf der Prüfungsteilnehmer nicht zur Prüfung zugelassen werden.

(8) Die Industrie- und Handelskammer muß auf der Lehrgangsbestätigung die Teilnahme an der Prüfung vermerken.

Texte

§ 4 Zulassung zur Prüfung

(1) Zur Grundprüfung ist von der Industrie- und Handelskammer zuzulassen, wer eine Lehrgangsbestätigung über die Teilnahme an einem Grundlehrgang nach § 3 Abs. 2 der Gefahrgutbeauftragtenverordnung vorlegt.

(2) Zur Fortbildungsprüfung ist von der Industrie- und Handelskammer zuzulassen, wer einen Schulungsnachweis nach Anlage 3 oder 4 der Gefahrgutbeauftragtenverordnung für die gleichen Verkehrsträger vorlegt, für die der Schulungsnachweis verlängert werden soll. Die Geltungsdauer des Schulungsnachweises darf um nicht mehr als sechs Monate überschritten sein.

(3) Wer nachweist, daß er für den Verkehrsträger Luftverkehr an einer Schulung für die Personalkategorie 3 gemäß Teil 6 Kapitel 1 Abschnitt 1.2.4 der Technical Instructions for the Safe Transport of Dangerous Goods by Air (ICAO-TI, Doc 9284-AN/905) der International Civil Aviation Organization, Montreal, teilgenommen hat, kann abweichend von den Absätzen 1 und 2 zu den Prüfungen zugelassen werden.

§ 5 Grundprüfung

(1) Die Höchstpunktzahl für die Grundprüfung, die sich nur auf einen Verkehrsträger erstreckt, beträgt 60. Davon entfallen 50 Punkte auf offene und multiple-choice-Fragen und zehn Punkte auf die miteinander verknüpften Fragen nach einer Aufgabenbeschreibung. Die Höchstpunktzahl erhöht sich um jeweils 16 Punkte für jeden weiteren Verkehrsträger, der in die gleiche Prüfung einbezogen wird; diese verteilen sich auf zehn Punkte für die Fragen und sechs Punkte für die Aufgabenbeschreibung.

(2) Die Prüfungsdauer beträgt 90 Minuten für einen Verkehrsträger. Sie erhöht sich um jeweils 45 Minuten für jeden weiteren Verkehrsträger.

(3) Die Grundprüfung darf einmal ohne nochmalige Schulung wiederholt werden.

(4) Wer eine Grundprüfung bestanden hat, darf innerhalb von sechs Monaten nach dem Bestehen der Prüfung für weitere Verkehrsträger an der Grundprüfung teilnehmen, wenn er eine Lehrgangsbestätigung über die Teilnahme an einem Grundlehrgang für diese Verkehrsträger vorlegt. Diese Prüfung ist für einen Verkehrsträger auf offene und multiple-choice-Fragen mit einer Höchstpunktzahl von 40 zu beschränken. Absatz 1 Satz 3 gilt entsprechend.

§ 6 Fortbildungsprüfung

(1) Die Höchstpunktzahl für die Fortbildungsprüfung, die sich auf nur einen Verkehrsträger erstreckt, beträgt 30. Davon entfallen 25 Punkte auf

offene und multiple-choice-Fragen und fünf Punkte auf die miteinander verknüpften Fragen nach der Aufgabenbeschreibung. Die Höchstpunktzahl erhöht sich um jeweils acht Punkte für jeden weiteren Verkehrsträger, der in die gleiche Prüfung einbezogen wird.

(2) Die Prüfungsdauer beträgt 45 Minuten für einen Verkehrsträger. Sie erhöht sich um jeweils 20 Minuten für jeden weiteren Verkehrsträger, der in die gleiche Prüfung einbezogen wird.

(3) Die Fortbildungsprüfung darf einmal ohne nochmalige Schulung wiederholt werden. Erst- und Wiederholungsprüfung müssen vor Ablauf der Geltungsdauer des Schulungsnachweises nach § 2 Abs. 4 der Gefahrgutbeauftragtenverordnung abgelegt werden.

§ 7 Zuständigkeiten

Die Industrie- und Handelskammer ist zuständig für die Durchführung der Prüfungen in ihrem Bezirk. Sie setzt Ort und Zeitpunkt der Prüfung fest. Die nach Satz 1 zuständige Industrie- und Handelskammer kann mit anderen Industrie- und Handelskammern Vereinbarungen zur Erledigung ihrer Aufgaben bei der Durchführung der Prüfungen nach den §§ 5 oder 6 schließen.

§ 8 Rücktritt und Ausschluß von der Prüfung

(1) Ein Rücktritt von der Prüfung ist nur bis zum Beginn der Prüfung zulässig. Er ist der Industrie- und Handelskammer unverzüglich zu erklären. Genehmigt die Industrie- und Handelskammer den Rücktritt, so gilt die Prüfung als nicht abgelegt.

(2) Wer Täuschungshandlungen unternimmt sowie den Prüfungsablauf erheblich stört, kann von der weiteren Teilnahme an der Prüfung ausgeschlossen werden. Bei Ausschluß gilt die Prüfung als nicht bestanden.

§ 9 Niederschrift

Über die Prüfung fertigt die Industrie- und Handelskammer eine Niederschrift insbesondere mit folgenden Angaben an:

1. Name, Vorname, gegebenenfalls Geburtsname sowie Anschrift des Prüfungsteilnehmers,
2. Datum, Uhrzeit und Ort der Prüfung,
3. Name der aufsichtsführenden Person,
4. einbezogene Bereiche,
5. Ermittlung der Punktzahl in den einzelnen Prüfungsleistungen,
6. Erklärung über das Bestehen oder Nichtbestehen der Prüfung,
7. Name und Unterschrift des Prüfers.

§ 10 Schulungsnachweis

(1) Die Industrie- und Handelskammer stellt den Schulungsnachweis gemäß Anlage 3 oder 4 der Gefahrgutbeauftragtenverordnung aus, wenn die Grundprüfung bestanden ist oder, wenn die Voraussetzungen des § 7b Abs. 2 oder 4 der Gefahrgutbeauftragtenverordnung vorliegen.

(2) Die Industrie- und Handelskammer verlängert den Schulungsnachweis nach Absatz 1 um fünf Jahre, wenn die Fortbildungsprüfung nach § 6 bestanden wurde. Sind die Voraussetzungen des § 2 Abs. 4 Satz 3 der Gefahrgutbeauftragtenverordnung erfüllt, wird die Geltungsdauer des vorgelegten Schulungsnachweises durch die Industrie- und Handelskammer um drei Jahre verlängert.

§ 11 Nichtbestehen der Prüfung

Ist eine Prüfung gemäß § 5 der Gefahrgutbeauftragtenverordnung nicht bestanden oder gilt eine Prüfung nach § 8 Abs. 2 als nicht bestanden, erhält der Teilnehmer hierüber einen schriftlichen Bescheid. Dieser ist mit einer Rechtsbehelfsbelehrung zu versehen.

§ 12 Inkrafttreten, Außerkrafttreten

(1) Diese Verordnung tritt am 1. Januar 1999 in Kraft.

(2) Diese Verordnung tritt außer Kraft, sobald das Bundesministerium für Verkehr auf Grund besonderer gesetzlicher Ermächtigung eine Verordnung erlassen hat, in der die Industrie- und Handelskammern für zuständig erklärt werden, die Prüfungen durchzuführen, Bescheinigungen zu erteilen und die Ausgestaltung der Prüfungen im einzelnen durch Satzungen zu regeln.

Der Bundesrat hat zugestimmt.

Bonn, den 1. Dezember 1998

Der Bundesminister
für Verkehr, Bau- und Wohnungswesen
Franz Müntefering

VI. Amtliche Begründung zur Gefahrgutbeauftragtenprüfungsverordnung

vom 1. Dezember 1998

Entsprechend der Gefahrgutbeauftragtenverordnung in der Fassung der Bekanntmachung vom 26. März 1998 wird für Gefahrgutbeauftragte in Deutschland das Verfahren für die Durchführung von Prüfungen zur Erlangung eines Schulungsnachweises geregelt. Die Tätigkeit eines Gefahrgutbeauftragten darf danach nur ausgeübt werden, wenn die betreffende Person Inhaber eines Schulungsnachweises ist, der entsprechend der Tätigkeit (Verantwortlichkeiten) des Unternehmens für die betreffenden Verkehrsträger Straße, Schiene, Binnenschiff, See- oder Luftverkehr gilt.

Der Schulungsnachweis wird erstmalig nach einer Grundschulung erteilt, nach deren Abschluß eine Prüfung mit Erfolg abgelegt worden ist. Der Schulungsnachweis hat eine Gültigkeit von fünf Jahren.

Aus der Richtlinie 96/35/EG des Rates vom 3. Juni 1996 über die Bestellung und die berufliche Befähigung von Sicherheitsberatern für die Beförderung gefährlicher Güter auf Straße, Schiene oder Binnenwasserstraßen (ABl. EG Nr. L 145 S. 1 vom 19. Juni 1996) ergibt sich zwingend, daß vor einer Verlängerung des Schulungsnachweises eine Fortbildungsschulung oder eine weitere Prüfung abgelegt werden muß. Für Deutschland ist darüber hinaus vorgesehen, auch nach Teilnahme an einer Fortbildungsschulung mit Prüfung den Schulungsnachweis verlängern zu können.

Wer nur an einer Fortbildungsschulung teilnimmt, erhält für den nach der Grundschulung mit Prüfung erworbenen Schulungsnachweis nur eine Verlängerung von drei Jahren. Diese Regelung trägt der Sicherheitsauffassung Rechnung, daß die Neuerungen in den Gefahrgutrechtsvorschriften sowie die Vertiefung der vorhandenen Erkenntnisse mit Erfolg nur im Rahmen einer Schulung mit abschließender Prüfung vermittelt werden können.

Die Europäische Kommission hat in einem weiteren Richtlinienvorschlag für die Prüfung der Gefahrgutbeauftragten Minimalanforderungen festgelegt. Dieser soll sicherstellen, daß in der Gemeinschaft für die Aushändigung des Schulungsnachweises nach der Richtlinie 96/35/EG gleiche Mindestanforderungen gelten und bestimmte Verfahrensgrundsätze eingehalten werden.

In Deutschland muß bei derzeit vorhandenen mehr als 42 000 geschulten Gefahrgutbeauftragten die Verfahrensregelung für die Durchführung der Prüfungen der Gefahrgutbeauftragten möglichst frühzeitig vorliegen, da die Schulungs- und Prüfungskapazitäten sonst nicht ausreichen würden, die große Zahl der vorhandenen Gefahrgutbeauftragten bis zum 1. Januar 2000 auf das europäische Recht umzustellen.

Die Gefahrgutbeauftragtenprüfungsverordnung berücksichtigt den Vorschlag der Europäischen Kommission für eine Richtlinie des Rates zur Harmonisierung der Prüfungsvorschriften für Sicherheitsberater für die Beförderung gefährlicher Güter auf Straße, Schiene oder Binnenwasserstraßen. Bei den Einzelvorschriften ist auf die Artikel des Vorschlages verwiesen, soweit dies zutreffend ist.

In Deutschland soll die Zuständigkeit für die Durchführung der Prüfungen bei den Industrie- und Handelskammern liegen. Dies entspricht einer Absprache mit der betroffenen Wirtschaft und trägt dem Selbstverantwortungsprinzip in besonderem Maße Rechnung. Diese Absprache ist im Zusammenhang mit der 1. Verordnung zur Änderung der Gefahrgutbeauftragtenverordnung getroffen worden. Sie bedeutet, daß die Verfahrensvorschriften für die Prüfung langfristig durch Satzungsrecht der Industrie- und Handelskammern geregelt werden sollen. Hierfür bedarf es jedoch einer ausdrücklichen Ermächtigung im Gesetz über die Beförderung gefährlicher Güter zur Übertragung derartiger Aufgaben auf die Industrie- und Handelskammern. Dies soll mit der ersten Novelle zum Gesetz über die Beförderung gefährlicher Güter erfolgen. Von dem Inkrafttreten der Novelle kann nach heutigem Kenntnisstand noch bis Ende 1998 ausgegangen werden. In einer dann zu erlassenden Zuständigkeitsverordnung wäre auch insofern die Satzungshoheit für die Industrie- und Handelskammern für die Durchführung der Prüfungen zu regeln. Daraus ergibt sich, daß diese Prüfungsordnung voraussichtlich spätestens im Jahre 2002 außer Kraft treten kann, wenn die rechtsformalen Voraussetzungen geschaffen und entsprechendes Satzungsrecht bei allen Industrie- und Handelskammern vorliegt.

Mit dieser Verordnung kann es bei den Betroffenen – also den Gefahrgutbeauftragten bzw. den Unternehmen, für die ein Gefahrgutbeauftragter tätig ist, wenn sie diese Tätigkeit nach Inkrafttreten der Gefahrgutbeauftragtenprüfungsverordnung aufnehmen, – zu Kostenbelastungen über Prüfungsgebühren kommen. Betroffen sind die Wirtschaftsunternehmen einschließlich des behördlichen Bereiches, die nach den Gefahrgutrechtsvorschriften Verantwortlichkeiten wahrnehmen und demgemäß einen Gefahrgutbeauftragten zu bestellen haben. Die Prüfungsgebühren ergeben sich aus § 3 Abs. 6 und 7 des Gesetzes zur vorläufigen Regelung des Rechtes der Industrie- und Handelskammern in Verbindung mit dem Satzungsrecht der einzelnen Kammern. Geht man von einer Prüfungsgebühr von ca. 200 DM aus, ergeben sich bei einer angenommenen Zahl von 3 500 jährlich neu hinzukommenden Gefahrgutbeauftragten Gesamtbelastungen von höchstens 700 000 DM.

Begründung zur PO Gb

Alternativlösungen sind nicht vorstellbar. Im Interesse der Erhöhung der Sicherheit und unter besonderer Berücksichtigung des Schutzes der Allgemeinheit vor Gefahren, die mit dem Transport gefährlicher Güter verbunden sind, müssen die erhöhten Kosten hingenommen werden. Auswirkungen auf das Verbraucherpreisniveau sind nicht zu erwarten.

Die Auswirkungen auf die öffentlichen Haushalte bei Bund, Ländern und Gemeinden ergeben sich insofern, als auch für die dort tätigen Gefahrgutbeauftragten mit entsprechenden Prüfungskosten zu rechnen ist. Die erwähnte Kostenbelastung ist jedoch auch für diesen Bereich gering (geschätzt 100 neue Gefahrgutbeauftragte jährlich x 200 DM Prüfungskosten ergeben eine Gesamtbelastung für die öffentlichen Haushalte von 20 000 DM. Auswirkungen auf die Stellenpläne im Bereich der öffentlichen Verwaltung sind nicht erkennbar.

Zu den Einzelvorschriften

Zu § 1 – Geltungsbereich

Gefahrgutbeauftragte benötigen für die Wahrnehmung ihrer Tätigkeit einen Schulungsnachweis nach Anlage 3 oder Anlage 4 der Gefahrgutbeauftragtenverordnung. Der EG-Schulungsnachweis nach Anlage 3 gilt für Gefahrgutbeauftragte, die in Unternehmen dieser Tätigkeit nachgehen, wenn Verantwortlichkeiten nach den Vorschriften für den Transport gefährlicher Güter im Straßen-, Eisenbahn- und Binnenschiffsverkehr wahrzunehmen sind. Der Schulungsnachweis nach Anlage 4 gilt dagegen nur in Deutschland, weil er die Tätigkeit eines Gefahrgutbeauftragten betrifft, die in Unternehmen tätig sind, die Verantwortlichkeiten ausschließlich für den See- und Luftverkehr wahrzunehmen haben.

Die Aushändigung der Schulungsnachweise ist an das Bestehen einer Prüfung – in der Regel nach vorheriger Schulung – geknüpft.

Umsetzung der Artikel 1 und 2 des Richtlinienvorschlages.

Zu § 2 – Prüfungsarten

Aus § 5 der Gefahrgutbeauftragtenverordnung ergibt sich eine unterschiedliche Art von Prüfungen.

Es handelt sich um die Grundprüfung, an der der Teilnehmer nach einem Grundlehrgang teilnehmen muß. Grundlehrgänge können für einen oder mehrere Verkehrsträger gleichzeitig durchgeführt werden. Daraus ergibt sich auch der Umfang der in die Grundprüfung einzubeziehenden Verkehrsträger.

Die Fortbildungsprüfung findet nach Teilnahme an einem Fortbildungslehrgang oder ohne vorherige Schulung statt. Sie muß so rechtzeitig – also auch unter Berücksichtigung der Möglichkeit, die Prüfung erstmalig nicht zu bestehen – durchgeführt werden, daß vor Ablauf des Schulungsnachweises die Prüfung durchgeführt und bestanden wird. Fortbildungsprüfungen, die erst nach Ablauf der Geltungsdauer des Schulungsnachweises (Ablauf der Geltungsdauer zusätzlich sechs Monate) durchgeführt werden, dürfen nicht für die Verlängerung des Schulungsnachweises gewertet werden. Die Fortbildungsprüfung unterscheidet sich von der Grundprüfung dadurch, daß in ihr der Prüfungsumfang im Vergleich zur Grundprüfung um 50 Prozent reduziert wird.

Für die Fortbildungsprüfungen gelten die Ausführungen hinsichtlich der Beschränkung auf Sachbereiche für die Grundprüfung entsprechend.

Die Prüfungen sollen möglichst zeitnah am Ende des Grund- oder Fortbildungslehrganges durchgeführt werden.

Zu § 3 – Grundsätze für alle Prüfungen
Absatz 1:

Mit der Beschränkung auf drei Verkehrsträger soll – auch in Verbindung mit § 5 – sichergestellt werden, daß ein Prüfungskandidat mit Kenntnissen z. B. für nur drei Verkehrsträger die für das Bestehen der Prüfung erforderliche Punktzahl erreicht, obwohl er für den vierten und fünften Verkehrsträger keine Kenntnisse hat.

Die Durchführung der Prüfung in deutscher Sprache gilt auch für Prüfungsteilnehmer aus dem Ausland.

Die für die Prüfung zuständige Industrie- und Handelskammer entscheidet vor Beginn der Prüfung, welche Vorschriften für die Beförderung gefährlicher Güter als Hilfsmittel zulässig sind. Sie hat dabei die in die Prüfung einbezogenen Bereiche zu berücksichtigen. Sie entscheidet insbesondere auch darüber, ob es sich um Hilfsmittel in gedruckter Form oder in EDV-Form handelt. Sie kann zur Erzielung gleicher Voraussetzungen für alle Prüfungsteilnehmer die Hilfsmittel zur Verfügung stellen und eigene Hilfsmittel der Teilnehmer verbieten.

Absatz 2:

Die Prüfungsaufgaben bestehen aus offenen und multiple-choice-Fragen sowie miteinander verknüpften Fragen nach einer Aufgabenbeschreibung (Fallstudie). Anstelle jeder offenen Frage müssen immer zwei multiple-choice-Fragen in die Prüfungsaufgaben einbezogen werden. Wird ein zweiter oder dritter Verkehrsträger in die Prüfung einbezogen, erhöht sich die Zahl der Fragen um jeweils 20 auf maximal 60 Fragen. Die Fragen nach der Aufgabenbeschreibung (Fallstudie) erhöhen sich in diesem Fall um jeweils fünf, also maximal auf 15.

Absatz 3:

Bei den für die einzelnen Verkehrsträger geltenden Vorschriften handelt es sich im besonderen um

1. die Gefahrgutverordnung Straße, die Anlagen A und B des ADR, die EU-Richtlinie 94/55/EG mit den Anhängen A und B und 95/50/EG,
2. die Gefahrgutverordnung Eisenbahn, die Anlage zum RID und die Richtlinie 96/49/EG,
3. die Gefahrgutverordnung Binnenschiffahrt und das ADNR mit den Anlagen A und B,
4. die Gefahrgutverordnung See und den IMDG-Code,
5. die Bekanntmachung über den Transport gefährlicher Güter im Luftverkehr und die Technical Instructions for the Safe Transport of Dangerous Goods by Air (ICAO-TI, Doc 9284-AN/905 der International Civil Aviation Organization, Montreal)

in der jeweils geltenden Fassung mit den dazu vorliegenden nebenrechtlichen Bestimmungen (z. B. Richtlinien (R), Technische Richtlinien (TR) und sonstigen Bekanntmachungen).

Insbesondere sollen die Fragen allgemeine Verhütungs- und Sicherheitsmaßnahmen, Klassifizierung der gefährlichen Güter, allgemeine Verpackungsvorschriften sowie Anforderungen an Tanker und Tankcontainer, Tankwagen usw., Beschriftung und Gefahrzettel, Vermerke in den Beförderungspapieren, Handhabung und Sicherung der Ladung, Fahrpersonal bzw. Besatzung, Ausbildung, mitzuführende Papiere, Beförderungspapiere, Sicherheitsanweisungen und Anforderungen an die Beförderungsmittel betreffen.

Einschlägig sind ferner alle internationalen Übereinkommen für den Gefahrguttransport, z. B. ADR, COTIF, SOLAS. Unter anderen Rechtsvorschriften, die einen unmittelbaren Zusammenhang zum Gefahrgutrecht aufweisen, versteht man z. B. Abfall-, Atom-, Sprengstoff- und Chemikalienrecht. Der Anteil der Fragen aus den Bereichen nach Satz 2 soll nicht mehr als 10 Prozent der jeweiligen Fragen einer Prüfung umfassen.

Fragen verkehrsträgerübergreifender Art sind solche, die für mehr als einen Verkehrsträger in gleicher Weise zutreffen, z. B. Zuordnung zu Klassen, Anforderungen an Verpackungen und Tankcontainer. Damit soll sichergestellt werden, daß die Prüfungsteilnehmer auch tatsächlich nachweisen, daß sie Kenntnisse für mehr als einen Verkehrsträger haben.

Absatz 4:

Den Fragen werden unterschiedliche Punktzahlen zugeordnet. Bei der Festlegung der Punktzahl soll die Gesamtzahl der notwendigen Lösungsschritte berücksichtigt werden. Unter einem Lösungsschritt ist z. B. das Auffinden und Erfassen eines bestimmten Vorschriftenkomplexes zu verstehen. Ein Vorschriftenkomplex besteht z. B. aus einer Randnummer aus den Vorschriften für den Straßen-, Eisenbahn- und Binnenschiffstransport oder aus einer Abschnitts- oder Unterabschnittsnummer aus den Vorschriften für den See- und Lufttransport.

Sind mehrere Lösungsschritte erforderlich, ist die Punktzahl für jeden weiteren Lösungsschritt z. B. um einen Punkt zu erhöhen.

Es ist anzustreben, die Fragen mit unterschiedlichen Punktzahlen möglichst gleichmäßig unter Berücksichtigung der Gesamtpunktzahl zu verteilen.

Bei der Bewertung der Antworten auf die einzelnen Fragen ist die jeweilige Höchstpunktzahl gegebenenfalls nach dem Grad der richtigen Lösung zu reduzieren. Dabei darf nur mit ganzen Punkten bewertet werden.

Absatz 5:

Unter öffentlicher Bekanntgabe ist die Veröffentlichung der Prüfungsaufgaben (ohne Antworten) durch das Bundesministerium für Verkehr z. B. im Bundesanzeiger anzusehen. Der Zeitpunkt der Veröffentlichung wird unabhängig von dem Inkrafttreten dieser Verordnung durch das Bundesministerium für Verkehr in Abstimmung mit den Industrie- und Handelskammern festgelegt. Die öffentliche Bekanntgabe ist keine Voraussetzung für die Durchführung von Prüfungen nach dieser Prüfungsordnung.

Bei der Erstellung der Prüfungsbögen sind die Vorschriften des § 3 dieser Verordnung, die in die Prüfung einbezogenen Verkehrsträger und die Anlage 5 zu § 3 Abs. 3 der Gefahrgutbeauftragtenverordnung gleichmäßig zu berücksichtigen.

Absatz 6:

Die Grund- und Fortbildungsprüfung kann inhaltlich für einen oder mehrere Verkehrsträger auf einen bestimmten Sachbereich, gemeint ist hier eine Klasse der Gefahrgutvorschriften z. B. „3 Entzündbare Flüssigkeiten", eingeschränkt werden.

Umsetzung der Artikel 3 und 4 des Richtlinienvorschlages.

Begründung zur PO Gb

Absatz 8:

Es wird davon ausgegangen, daß nach Teilnahme an einer der in § 3 der Gefahrgutbeauftragtenverordnung geregelten Schulung die Teilnahme an einem Lehrgang bestätigt wird (Lehrgangsbestätigung).

Für Fortbildungsprüfungen nach § 5 Abs. 7 der Gefahrgutbeauftragtenverordnung gilt diese Regelung nicht, weil das Erfordernis für eine Schulung hier nicht besteht und demgemäß eine Lehrgangsbestätigung nicht vorgelegt werden kann.

Zu § 4 – Zulassung der Prüfung

Für die Anzahl der in die Grundprüfung einzubeziehenden Verkehrsträger und damit den sachlichen Umfang der Prüfung ist ausschlaggebend, an welcher Grundschulung der Teilnehmer teilgenommen hat. Hierfür ist allein die Lehrgangsbestätigung maßgeblich.

Bei den Fortbildungsprüfungen bestimmt sich der Prüfungsumfang hinsichtlich der Verkehrsträger nach den im Schulungsnachweis eingetragenen Verkehrsträgern, es sei denn, der Inhaber des Schulungsnachweises will sich auf eine geringere Anzahl von Verkehrsträgern beschränken.

Zu § 5 – Grundprüfung

Für die Grundprüfung für einen Verkehrsträger sind die Punktzahlen für den einzelnen Prüfungsbogen und die sich daraus ergebende Zahl der Fragen und miteinander verknüpften Fragen nach einer Aufgabenbeschreibung festzulegen. Werden in die gleiche Prüfung mehrere Verkehrsträger einbezogen, sind soweit als möglich verkehrsträgerübergreifende Fragen und miteinander verbundene Fragen nach der Aufgabenbeschreibung zu stellen, die die Verkehrsträger berücksichtigen, die im Schulungsnachweis angestrebt werden.

Entsprechend den Vorgaben in § 5 Abs. 1 der Gefahrgutbeauftragtenverordnung wird davon ausgegangen, daß die Grundprüfung in der Regel am Ende eines Grundlehrganges durchgeführt wird. Die hier gewählte Formulierung schließt nicht aus, daß die zuständige Industrie- und Handelskammer für mehrere Teilnehmer oder Lehrgänge eine Prüfung durchführt, die zeitlich nicht unmittelbar z. B. am Schluß eines Grundlehrganges liegen.

In § 5 Abs. 5 der Gefahrgutbeauftragtenverordnung ist festgelegt, daß eine Prüfung dann als bestanden gilt, wenn 50 Prozent der in der Gefahrgutbeauftragtenprüfungsverordnung festgelegten Höchstpunktzahl erreicht wurden.

Durch die Festlegung
– der Höchstzahl der in eine Prüfung einzubeziehenden Verkehrsträger (drei),
– einer Mindestzahl von offenen Fragen je Verkehrsträger (20),

- einer Aufgabenbeschreibung mit mindestens fünf miteinander verknüpften Fragen,
- bei Einbeziehung mehrerer Verkehrsträger einer Mindestprozentzahl für die verkehrsträgerübergreifenden Fragen,
- der unterschiedlichen Bewertung der Fragen mit den Punkten eins bis vier sowie
- der Höchstpunktzahl je Prüfung für einen Verkehrsträger

soll erreicht werden, daß die Qualifikation nur dann erworben wird, wenn tatsächlich für jeden angestrebten Verkehrsträger spezifische Kenntnisse vorhanden sind.

Beispiel für eine Prüfung, die für die Verkehrsträger Straße/Eisenbahn gelten soll:

40 offene Fragen,

Zehn Fragen nach einer Aufgabenbeschreibung,

Zusammen 76 Punkte (60 + 16).

Davon müssen mindestens 20 Fragen mit verkehrsträgerübergreifendem Ansatz (30 Punkte) und jeweils zehn Fragen für die Straße und für die Eisenbahn spezifisch gestellt werden (15 Punkte für jeden Verkehrsträger).

Nach der Aufgabenbeschreibung müssen fünf Fragen verkehrsträgerübergreifend und die restlichen Fragen spezifisch für den Straßen- oder Eisenbahnverkehr gestellt werden (16 Punkte).

Für das Bestehen dieser Prüfung müssen 38 Punkte erreicht werden. Die Beispielrechnung verdeutlicht, daß nur Prüfungsteilnehmer diese Prüfung bestehen, die verkehrsträgerspezifische Kenntnisse haben.

Die Wiederholung der Grundprüfung ist auch weitere Male zulässig, wenn der Teilnehmer vorher nochmals an einem Grundlehrgang teilgenommen hat und dies nachweisen kann.

Umsetzung des Artikels 3 des Richtlinienvorschlages.

Zu § 6 – Fortbildungsprüfung

Die Ausführungen zu § 5 gelten entsprechend, insbesondere auch hinsichtlich der Wiederholung der Fortbildungsprüfung.

Zu § 7 – Zuständigkeiten

Es wird davon ausgegangen, daß die Durchführung der Prüfung entsprechend dem hier verankerten Selbstverwaltungsprinzip der Wirtschaft praxisnah geregelt wird. Dabei sind Kostengesichtspunkte zu berücksichtigen.

Umsetzung des Artikels 4 des Richtlinienvorschlages.

Zu § 8 – Rücktritt und Ausschluß von der Prüfung

Das weitere Verfahren richtet sich nach den aus anderen Rechtsbereichen von den Kammern praktizierten Verwaltungsverfahren. Insbesondere sind die Prüfungsteilnehmer über die Folgen von Täuschungshandlungen und sonstigen Störungen zu informieren.

Zu § 9 – Niederschrift

Die Formulierung macht deutlich, daß es der Zuständigkeit der einzelnen Industrie- und Handelskammern überlassen bleibt, welche Angaben sie über die Punkte 1 bis 7 hinausgehend in die Niederschrift aufnimmt.

Zu § 10 – Schulungsnachweis

Das Muster des Schulungsnachweises ergibt sich zwingend aus der Anlage 3 oder 4 der Gefahrgutbeauftragtenverordnung. Diese Schulungsnachweise dürfen nicht miteinander verknüpft werden.

Zu § 11 – Nichtbestehen der Prüfung

§ 5 Abs. 5 der Gefahrgutbeauftragtenverordnung regelt, daß der Teilnehmer an einer Prüfung mindestens 50 Prozent der im Prüfungsbogen festgelegten Höchstpunktzahl erreichen muß, um die Prüfung zu bestehen. Geht man z. B. von einer Höchstpunktzahl bei der Grundprüfung für einen Verkehrsträger von 60 aus (vgl. Begründung zu § 5), so muß ein Teilnehmer für das Bestehen der Prüfung mindestens 30 Punkte erreichen.

Zu § 12 – Inkrafttreten, Außerkrafttreten

Die Außerkrafttretensvorschrift berücksichtigt die erste Novelle zum Gefahrgutbeförderungsgesetz. Nach dieser Novelle ist vorgesehen, die Industrie- und Handelskammern für zuständig zu erklären. Wenn die Novelle zum Gefahrgutbeförderungsgesetz in Kraft getreten ist und eine entsprechende Zuständigkeitsverordnung, mit der ausdrücklich die Durchführung des Verfahrens entsprechend dieser Prüfungsordnung geregelt würde, wird diese Prüfungsordnung durch Satzungsrecht ersetzt. Das Bundesministerium für Verkehr legt den Zeitpunkt für das Außerkrafttreten fest, wenn das entsprechende Satzungsrecht von allen Industrie- und Handelskammern in Kraft gesetzt wurde und hierüber eine entsprechende Bestätigung vorliegt. Dies erfolgt durch öffentliche Bekanntmachung z. B. im Bundesanzeiger.

Umsetzung des Artikels 6 des Richtlinienvorschlages.

VII. Sammlung der Prüfungsfragen

Inhaltsübersicht

		Seite
1.	Bekanntgabe der Prüfungsaufgaben	104
2.	Prüfungsbogen	104
3.	Bewertung der Antworten	104
4.	Prüfungsaufgaben für den **allgemeinen Teil** der Prüfung (insbesondere zum Gefahrgutbeförderungsgesetz, zur Gefahrgutbeauftragtenverordnung sowie zu Rechtsvorschriften, die einen unmittelbaren Zusammenhang zum Gefahrgutrecht aufweisen)	105
5.	Prüfungsaufgaben für den **verkehrsträgerübergreifenden** Teil der Prüfung	116
6.	Prüfungsaufgaben für den **straßenspezifischen** Teil der Prüfung	141
7.	Prüfungsaufgaben für den **eisenbahnspezifischen** Teil der Prüfung	195
8.	Prüfungsaufgaben für den **binnenschiffahrtsspezifischen** Teil der Prüfung	212
9.	Prüfungsaufgaben für den **seeschiffahrtsspezifischen** Teil der Prüfung	234
10.	Prüfungsaufgaben für den **luftfahrtspezifischen** Teil der Prüfung	247

Texte

Bekanntmachung
der bei der Prüfung von Gefahrgutbeauftragten zu verwendenden Prüfungsfragen

Vom 28. Dezember 1998
[BAnz. 1999, Nr. 63a vom 1. April 1999]

1. Hiermit gebe ich gemäß § 3 Abs. 5 der Gefahrgutbeauftragtenprüfungsverordnung vom 1. Dezember 1998 (BGBl. I S. 3514) unter 4. bis 10. die bei der Prüfung von Gefahrgutbeauftragten zu verwendenden Prüfungsaufgaben bekannt.

2. Die Industrie- und Handelskammern müssen die unter 4. bis 10. genannten Prüfungsaufgaben in einen Prüfungsbogen aufnehmen. Bei der Grundprüfung ist § 3 Abs. 1 bis 4 und § 5 Abs. 1 zu berücksichtigen. Prüfungsbögen für Fortbildungsprüfungen sind unter Berücksichtigung von § 6 zu erstellen. § 3 Abs. 1 bis 4 gelten sinngemäß.

Muster des Prüfungsbogens:

Für Prüfungen, die nach § 3 Abs. 5 in Verbindung mit § 4 Abs. 4 der Gefahrgutbeauftragtenverordnung (GbV) in der Fassung der Bekanntmachung vom 26. März 1998 (BGBl. I S. 648) inhaltlich zu beschränken sind, müssen gesonderte Prüfungsbogen erstellt werden. Hierbei dürfen nur die jeweils für den beschränkten Bereich (die Klasse) zutreffenden Prüfungsaufgaben unter 6. bis 10. verwendet werden.

Ein Prüfungsbogen darf höchstens 3 Verkehrsträger erfassen.

3. Die Bewertung der Antworten hat unter Berücksichtigung der im Bundesministerium für Verkehr, Bau- und Wohnungswesen hinterlegten Antworten zu den Prüfungsaufgaben zu erfolgen. Es darf nur die bei den Antworten festgelegte Punktzahl oder ganze Teile davon in die Bewertung einbezogen werden. Die Antworten werden auf Anforderung nur den Industrie- und Handelskammern sowie den nach Landesrecht zuständigen Behörden zur Verfügung gestellt. Sie dürfen nicht veröffentlicht oder in sonstiger Weise Unbefugten bekanntgegeben werden.

(allgemeiner Teil) Amtliche Prüfungsfragen

4. Prüfungsaufgaben für den allgemeinen Teil der Prüfung (insbesondere zum Gefahrgutbeförderungsgesetz, zur Gefahrgutbeauftragtenverordnung sowie zu Rechtsvorschriften, die einen unmittelbaren Zusammenhang zum Gefahrgutrecht aufweisen)

Punkte

1) Nennen Sie zwei auf § 3 Abs. 1 des Gefahrgutbeförderungsgesetzes beruhende Rechtsverordnungen! ❶

2) MC
Welche Verpflichtungen hat der Unternehmer/Betriebsinhaber bei einer Betriebskontrolle durch Bedienstete der ständigen Überwachungsbehörde?
   a) Er muß jede Frage der Bediensteten beantworten. ( )
   b) Er hat das Betreten der Räume seiner Speditionsabteilung zu dulden. ( )
   c) Er muß bei ihm befindliche Beförderungspapiere über die Beförderung gefährlicher Güter den Bediensteten zur Überprüfung in der Behörde mitgeben. ( )
   d) Er muß grundsätzlich die zur Erfüllung der Aufgaben der Überwachungsbehörden erforderlichen Auskünfte unverzüglich erteilen. ( )
   e) Er hat den Bediensteten der Überwachungsbehörden auf Verlangen Verpackungsmuster für eine amtliche Untersuchung zu übergeben. ( )
   f) Er muß den Bediensteten der Überwachungsbehörde Kopien der von ihm bereitgestellten bzw. verwendeten Unfallmerkblätter (Schriftliche Weisungen) zur Verfügung stellen. ( )
   g) Er muß die Personalunterlagen des Gefahrgutbeauftragten zur Verfügung stellen. ( )
   h) Er muß Kaufverträge über alle Investitionen für Gefahrgutfahrzeuge/-umschließungen vorlegen. ( ) ❶

3) Mit welchem Höchstmaß der Geldbuße sind Ordnungswidrigkeiten im Rahmen der Gefahrgutbeauftragtenverordnung bedroht? ❷

4) Nennen Sie zwei Gesetze oder Rechtsverordnungen außerhalb der Gefahrguttransportvorschriften, von deren Regelungsbereich auch gefährliche Güter erfaßt werden! ❷

5) MC
Ein Gefahrgutbeauftragter muß nicht bestellt werden, wenn ...

Texte

Punkte

a) in einem Kalenderjahr nicht mehr als 50 t netto gefährliche Güter nur für den Eigenbedarf in Erfüllung betrieblicher Aufgaben befördert werden. ( )
b) im Unternehmen gefährliche Güter lediglich empfangen werden. ( )
c) ausreichend beauftragte Personen benannt sind. ( )
d) in Absprache mit der Berufsgenossenschaft ein Gefahrgutbeauftragter nicht erforderlich ist. ( )
e) es sich um ein kommunales Unternehmen handelt. ( )
f) nur Luftfracht abgewickelt wird. ( )
g) sich in den letzten drei Jahren kein Gefahrgutunfall ereignet hat. ( )
h) alle Fahrer im Unternehmen eine gültige ADR-Bescheinigung vorweisen können. ( )
i) nur Binnenschiffe für den Gefahrguttransport eingesetzt werden. ( )
j) Gefahrgut nur in das Ausland befördert wird. ( ) ❶

6) **MC**
Wie kann der Gefahrgutbeauftragte erreichen, daß die Geltungsdauer seines EG-Schulungsnachweises verlängert wird?
a) Durch Teilnahme an einer Fortbildungsschulung. ( )
b) Durch Teilnahme an einer Fortbildungsschulung und Bestehen einer Prüfung. ( )
c) Durch Bestehen einer Prüfung ohne Fortbildungsschulung. ( )
d) Der Nachweis gilt ohne Verlängerung für die gesamte Zeit der Berufstätigkeit. ( )
e) Durch ein Bestätigungsschreiben seiner Firma über fünf Jahre ununterbrochene Tätigkeit als Gefahrgutbeauftragter an die zuständige Industrie- und Handelskammer. ( )
f) Aufgrund der Praktikerregelung braucht ein EG-Schulungsnachweis nicht verlängert zu werden. ( )
g) Der EG-Schulungsnachweis verlängert sich automatisch, solange der Gefahrgutbeauftragte in einem Unternehmen als solcher gemeldet ist. ( )
h) Er stellt einen Verlängerungsantrag mit dem Formblatt VerlAntrGbII/98/GGVS bei der zuständigen Industrie- und Handelskammer. ( )

(allgemeiner Teil) Amtliche Prüfungsfragen

Punkte

i) Er stellt einen Verlängerungsantrag mit dem Formblatt VerlAntrGbII/98/GGVS beim Ordnungsamt. ( ) ❶

7) Wie kann ein Gefahrgutbeauftragter erreichen, daß sein EG-Schulungsnachweis verlängert wird? Nennen Sie eine Möglichkeit! ❶

8) MC
Der EG-Schulungsnachweis nach GbV, Anlage 3 nach einer Grundschulung und bestandener Prüfung für den Verkehrsträger Straße hat eine Gültigkeitsdauer von ...
a) einem Jahr ( )
b) zwei Jahren ( )
c) fünf Jahren ( )
d) acht Jahren ( )
e) zehn Jahren ( )
f) für den gesamten Zeitraum der Tätigkeit als Gefahrgutbeauftragter ( ) ❶

9) MC
Unter welchen Voraussetzungen ist die Bestellung eines externen Gefahrgutbeauftragten zulässig?
a) Der externe Gefahrgutbeauftragte muß Inhaber eines gültigen Schulungsnachweises sein. ( )
b) Nur wenn im Unternehmen ein geeigneter Bewerber nicht gefunden werden konnte. ( )
c) Wenn der Betriebsrat zugestimmt hat. ( )
d) Nur wenn das vorgeschriebene Mindestalter von 25 Jahren erreicht ist. ( )
e) Ein externer Gefahrgutbeauftragter muß über Führerschein und ADR-Bescheinigung verfügen. ( )
f) Die Bestellung des Gefahrgutbeauftragten muß der IHK gemeldet werden und im Handelsregister eingetragen sein. ( ) ❶

10) MC
Welches ist eine der Aufgaben des Gefahrgutbeauftragten nach der GbV?
a) Überwachung der Einhaltung der Vorschriften ( )
b) Anzeige von Mängeln, die die Sicherheit beim Transport gefährlicher Güter beeinträchtigen ( )
c) Beratung des Unternehmers im Zusammenhang mit allen Fragen der Gefahrgutbeförderung ( )

Texte

Punkte

d) Erstellen eines Jahresberichts ( )
e) Presseorgan für sein Unternehmen im Gefahrgutbereich zu erstellen ( )
f) Informationsanlaufstelle für Polizei und sonstige Behörden ( )
g) Erstellung der Jahresmeldung an das Kraftfahrtbundesamt ( )
h) Selbständige Durchführung aller Gefahrgutschulungen im Unternehmen ( )
i) Aufbau einer Gefahrgutdatenbank ( )
j) Ausbildung der Fahrzeugführer nach Rn. 10 315 ADR ( )
k) Bezug mindestens einer Gefahrgut-Fachzeitschrift ( )
l) Jährliche Teilnahme an einer Gefahrgut-Fachtagung ( ) ❶

11) Nennen Sie drei Aufgaben des Gefahrgutbeauftragten nach Anlage 1 der GbV! ❸

12) **MC**
Welche Antwort ist richtig, wenn es beim Be- oder Entladen durch das Freisetzen der gefährlichen Güter zu einem Personenschaden gekommen ist?
a) Der Gefahrgutbeauftragte ist dafür verantwortlich, daß der Unfallbericht nach Eingang aller sachdienlichen Auskünfte erstellt wird. ( )
b) Der Gefahrgutbeauftragte hat den Unfallbericht selbst zu erstellen, sobald er alle sachdienlichen Hinweise ermittelt hat. ( )
c) Die Feuerwehr hat den Unfallbericht zu erstellen, da diese auch für die Weiterleitung an das Bundesamt für Umwelt verantwortlich ist. ( )
d) Der Unternehmer hat den Unfallbericht zu erstellen, damit dieser dem Unfallbericht für die Haftpflichtversicherung entspricht. ( )
e) Es muß kein Unfallbericht erstellt werden, da es sich nicht um einen Unfall im Sinne der GbV handelt. ( ) ❶

13) **MC**
Welche Antwort ist richtig, wenn es während der Beförderung zu einem Freisetzen der gefährlichen Güter gekommen ist?
a) Der Gefahrgutbeauftragte ist dafür verantwortlich, daß der Unfallbericht nach Eingang aller sachdienlichen Auskünfte erstellt wird. ( )

(allgemeiner Teil) Amtliche Prüfungsfragen

Punkte

b) Der Gefahrgutbeauftragte hat den Unfallbericht selbst zu erstellen, sobald er alle sachdienlichen Hinweise ermittelt hat. ( )
c) Die Feuerwehr hat den Unfallbericht zu erstellen, da diese auch für die Weiterleitung an das Bundesamt für Umwelt verantwortlich ist. ( )
d) Der Unternehmer hat den Unfallbericht zu erstellen, damit dieser dem Unfallbericht für die Haftpflichtversicherung entspricht. ( )
e) Es muß kein Unfallbericht erstellt werden, da es sich nicht um einen Unfall im Sinne der GbV handelt. ( ) ❶

14) MC
Wer ist vom Gefahrgutbeauftragten hinsichtlich der Einhaltung der Vorschriften für die Gefahrgutbeförderung zu überwachen?
a) Beauftragte Personen ( )
b) Sonstige verantwortliche Personen ( )
c) Vertreter der zuständigen Überwachungsbehörde ( )
d) Jeder Mitarbeiter im Unternehmen ( )
e) Jeder Auftraggeber eines Transportes ( )
f) Der Werkschutz ( ) ❶

15) MC
Über welche Rechte verfügt der Gefahrgutbeauftragte gegenüber dem Unternehmer oder Betriebsinhaber?
a) Er darf wegen der Erfüllung der ihm übertragenen Aufgaben nicht benachteiligt werden. ( )
b) Er hat ein Vortragsrecht gegenüber der entscheidenden Stelle im Unternehmen. ( )
c) Bestehen organisatorische Mängel bei der Gefahrgutabwicklung, hat der Gefahrgutbeauftragte ein Weisungsrecht gegenüber dem Unternehmer oder Betriebsinhaber. ( )
d) Er hat aufgrund seiner Stellung ein eigenständiges Informationsrecht gegenüber den Medien im Namen des Unternehmens. ( )
e) Er kann dem Unternehmer die Durchführung von Gefahrguttransporten verbieten. ( )
f) Er kann im Auftrag des Unternehmers einem Arbeitnehmer des Unternehmens, der gegen die Gefahrgutvorschriften verstößt, eine Abmahnung schicken. ( ) ❶

Texte

Punkte

16) Wie lange ist der Jahresbericht des Gefahrgutbeauftragten aufzubewahren?

17) **MC**
Der Jahresbericht des Gefahrgutbeauftragten muß erstellt werden
a) spätestens sechs Monate nach Ablauf des Geschäftsjahres ( )
b) am letzten Tag des jeweiligen Geschäftsjahres ( )
c) einen Monat nach Ablauf des Geschäftsjahres ( )
d) zwölf Monate nach Ablauf des Geschäftsjahres ( )

18) Innerhalb welchen Zeitraumes muß der Gefahrgutbeauftragte den Jahresbericht erstellen?

19) **MC**
Der Gefahrgutbeauftragte muß den Jahresbericht unaufgefordert vorlegen
a) an den Unternehmer oder Inhaber des Betriebes ( )
b) an die Berufsgenossenschaft ( )
c) an das Gewerbeaufsichtsamt ( )
d) an die Polizei ( )
e) an die Industrie- und Handelskammer ( )
f) an das zuständige Landesverkehrsministerium ( )
g) an den Betriebsrat ( )

20) **MC**
Wer ist eine beauftragte Person im Sinne der GbV?
a) Jeder, der ausdrücklich beauftragt ist, eigenverantwortlich Unternehmerpflichten wahrzunehmen ( )
b) Der Betriebsleiter ( )
c) Jeder, der mit Gefahrgut umgeht ( )
d) Der Auszubildende der Dispositionsabteilung ( )
e) Die Ehefrau des Unternehmers, wenn Sie auf 620-DM-Basis angestellt ist ( )
f) Sicherheitspersonal ( )
g) Alle Lohn- und Gehaltsempfänger des Unternehmens ( )
h) Ein Subunternehmer ( )

21) **MC**
Bezeichnen Sie eine sonstige verantwortliche Person im Sinne der GbV!
a) Ein Fahrzeugführer, der die Ladung zu sichern hat ( )
b) Der Verlader im Sinne der GGVS ( )

(allgemeiner Teil) Amtliche Prüfungsfragen

Punkte

c) Ein Disponent einer Gefahrgutspedition, der eigenverantwortlich Beförderungspapiere erstellt ( )
d) Es gibt keine sonstige verantwortliche Person. ( )
e) Der Leiter des Werkschutzes ( )
f) Ein Subunternehmer ( ) ❶

22) MC
Welche Personen sind neben Gefahrgutbeauftragten und beauftragten Personen nach der GbV außerdem noch zu schulen?
a) Fahrzeugführer, die nicht unter Rn. 10 315 ADR fallen ( )
b) Sonstige verantwortliche Personen, die nicht Unternehmer sind ( )
c) Unternehmer ( )
d) Die Personen, die auf den unmittelbar an das Firmengelände angrenzenden Grundstücken tätig sind bzw. dort ihren Wohnsitz haben. Ihnen ist außerdem ein Alarmplan auszuhändigen. ( )
e) Der Einsatzleiter der örtlichen Feuerwehr ist in die Gegebenheiten des Unternehmens einzuweisen, um im Notfall schnell reagieren zu können. ( )
f) Der Leiter des Werkschutzes ( ) ❶

23) MC
Welche Personen sind nach der GbV neben Gefahrgutbeauftragten, beauftragten Personen und Fahrzeugführern zum sicheren Umgang mit Gefahrgütern zu schulen?
a) Fahrzeugführer, die nicht unter Rn. 10 315 ADR fallen ( )
b) Personen, die unter Rn. 10 316 ADR fallen ( )
c) Sonstige verantwortliche Personen, die nicht Unternehmer sind ( )
d) Unternehmer ( )
e) Personen, die auf den unmittelbar an das Firmengelände angrenzenden Grundstücken tätig sind bzw. dort ihren Wohnsitz haben ( )
f) Einsatzleiter der örtlichen Feuerwehr, um im Notfall schnell reagieren zu können ( )
g) Werkschutzpersonal ( ) ❶

24) MC
Welche Aufgaben hat der Unternehmer oder Betriebsinhaber in bezug auf die beauftragten und sonstigen verantwortlichen Personen nach GbV?

Punkte

a) Er hat dafür zu sorgen, daß sie im Besitz einer für ihre Aufgabenbereiche ausgestellten Schulungsbescheinigung sind. ( )
b) Er ist verpflichtet, sie über die Inhalte des Jahresberichts zu informieren, um auch für die Zukunft einen sicheren Betriebsablauf sicherstellen zu lassen. ( )
c) Er muß ihnen jährlich zwei zusätzliche Urlaubstage genehmigen; dies ist im Manteltarifvertrag so geregelt. ( )
d) Er hat ihnen eine außertarifliche Sonderzulage zu zahlen. ( ) ❶

25) Welche Ordnungswidrigkeiten kann der Gefahrgutbeauftragte nach der GbV begehen? Geben Sie drei Antworten! ❸

26) **MC**
Wo gelten die Ausnahmen nach GGAV?
a) In Deutschland (innerstaatliche Beförderung) ( )
b) In der EU (innergemeinschaftliche Beförderung) ( )
c) Auf der Teilstrecke in Deutschland (grenzüberschreitende Beförderung) ( )
d) Geregelt in der jeweiligen Ausnahme ( )
e) Im Ausland ( )
f) Im Luftverkehr ( ) ❶

27) **MC**
Wo wird die GGAV verkündet?
a) In der GbV ( )
b) Im BGBl. Teil I ( )
c) Im Gefahrgutgesetzblatt ( )
d) Im Amtsblatt der EG ( )
e) Im „Handelsblatt" ( )
f) Im „Börsenblatt" ( ) ❶

28) **MC**
Wie lange haben Ausnahmen der GGAV Gültigkeit?
a) grundsätzlich 3 Jahre ( )
b) bis Jahresende ( )
c) unbegrenzt, wenn nicht die Geltungsdauer ausdrücklich bestimmt ist ( )
d) immer fünf Jahre ( )
e) jeweils 12 Monate ( ) ❶

(allgemeiner Teil) Amtliche Prüfungsfragen

Punkte

29) MC
Welche Bedeutung hat der Buchstabe „B" in der Überschrift der Ausnahmen der GGAV?
a) Beförderungsvorschrift ( )
b) Geltungsbereich Binnenschiffahrt ( )
c) Behältnis ist bauartgeprüft ( )
d) Anlage B der GGVS ( )
e) brennbar ( )
f) Bundesverkehrsministerium ( )
g) Anlage B des ADR ( ) ❶

30) MC
Welche Bedeutung hat der Buchstabe „M" in der Überschrift der Ausnahmen der GGAV?
a) Multilaterale Vereinbarungen ( )
b) Geltungsbereich Seeschiffahrt ( )
c) Meeresverunreinigungen ( )
d) Anlage M der GGVSee ( )
e) monatliche Geltungsdauer ( ) ❶

31) MC
Welche Bedeutung hat der Buchstabe „E" in der Überschrift der Ausnahmen der GGAV?
a) Eigenbeförderung ( )
b) Geltungsbereich Eisenbahn ( )
c) Eilbeförderung ( )
d) Anlage E der GGVE ( )
e) Expreßzustellung ( ) ❶

32) MC
Welche Bedeutung hat der Buchstabe „S" in der Überschrift der Ausnahmen der GGAV?
a) Sondervorschriften ( )
b) Anlage S der GGVSee ( )
c) Geltungsbereich Straßenverkehr ( )
d) Saug-Druck-Tankwagen ( )
e) Geltungsbereich Schienenverkehr ( )
f) Selbstzündliches Gefahrgut ( ) ❶

33) Welche Bedeutung hat der Buchstabe „B" in der Überschrift der Ausnahmen der GGAV? ❷

34) Welche Bedeutung hat der Buchstabe „M" in der Überschrift der Ausnahmen der GGAV? ❷

Texte

Punkte

35) MC
Welches der nachfolgend genannten Gesetze muß neben dem ADR speziell beim Gefahrguttransport auf der Straße beachtet werden?
a) Das Kreislaufwirtschafts- und Abfallgesetz (AbfG) ( )
b) Das Chemikaliengesetz (ChemG) ( )
c) Das Atomgesetz (AtG) ( )
d) Das Bundesimmissionsschutzgesetz ( )
e) Das Wasserhaushaltsgesetz ( )
f) Das Mutterschutzgesetz (MuSchG) ( )
g) Das Betriebsverfassungsgesetz (BetrVerfG) ( )
h) Das Berufsbildungsgesetz ( )
i) Das Bürgerliche Gesetzbuch ( )
j) Das Arbeitsförderungsgesetz ( )
k) Das Schwerbehindertengesetz ( )
l) Das Bundessozialhilfegesetz ( )
m) Das Umsatzsteuergesetz ( ) ❶

36) MC
Welche Bedeutung hat die Straßenverkehrsordnung speziell für die Beförderung gefährlicher Güter?
a) In der Straßenverkehrsordnung gibt es bestimmte Verhaltensregeln, von denen nur die Fahrer von Gefahrguttransporten betroffen sind. ( )
b) Die Straßenverkehrsordnung kennt Sonderverkehrszeichen, die speziell von Gefahrgutfahrern zu beachten sind. ( )
c) Das ADR hat eine eigene Straßenverkehrsordnung. ( )
d) In der Straßenverkehrsordnung gibt es Sondervorschriften, die nur für den Transport explosiver Güter gelten. ( )
e) Die Straßenverkehrsordnung muß lediglich von Fahrern der Klasse 1 beachtet werden. ( )
f) In der Straßenverkehrsordnung gibt es einen speziellen Paragraphen für die Beförderung gefährlicher Güter. ( )
g) Die Straßenverkehrsordnung schließt einige Gefahrgüter von der Beförderung auf der Straße aus. ( ) ❶

37) Ein Unternehmen versendet 100 t eines gefährlichen Gutes per Schiff nach Übersee. Der Gefahrgutbeauftragte des Unternehmens besitzt den EG-Schulungsnachweis für Straßen- und Binnenschiffverkehr. Ist dies ausreichend? Begründen Sie Ihre Antwort! ❷

(allgemeiner Teil) Amtliche Prüfungsfragen

Punkte

38) Wer ist dafür verantwortlich, daß beauftragte und sonstige verantwortliche Personen im Besitz einer für Ihre Aufgabebereiche ausgestellten Schulungsbescheinigung nach § 6 GbV sind? ❶

39) MC
Wer ist dafür verantwortlich, daß beauftragte Personen im Besitz einer für Ihre Aufgabenbereiche ausgestellten Schulungsbescheinigung nach § 6 GbV sind?
a) Der Gefahrgutbeauftragte ( )
b) Der Unternehmer ( )
c) Der Abteilungsleiter ( )
d) Das Gewerbeaufsichtsamt ( )
e) Die zuständige Behörde ( )
f) Die beauftragte Person selbst ( )
g) Die IHK ( )
h) Das Bundesamt für den Güterverkehr ( ) ❶

40) MC
Gefahrgutbeauftragter nach der Definition der GbV ist
a) wer 10 Jahre lang als solcher in einem oder mehreren Unternehmen bzw. selbständig als solcher beschäftigt war ( )
b) wer als solcher bestellt ist und über einen gültigen Schulungsnachweis verfügt ( )
c) wer auch ohne Bestellung über einen Schulungsnachweis verfügt ( )
d) wer in einem Fachgespräch bei einer Industrie- und Handelskammer seine Fachkenntnisse nachweist und darüber eine Bestätigung erhält ( ) ❶

41) In welchen Fällen muß ein Unternehmer keinen Gefahrgutbeauftragten bestellen? Nennen Sie zwei Möglichkeiten! ❷

42) Wie lange hat der Gefahrgutbeauftragte die Aufzeichnungen über seine Überwachungstätigkeit mindestens aufzubewahren? ❶

43) Nennen Sie zwei Punkte, die der Jahresbericht des Gefahrgutbeauftragten nach GbV enthalten soll! ❷

Texte

5. Prüfungsaufgaben für den verkehrsträgerübergreifenden Teil der Prüfung

Punkte

1) **MC**
Was ist der Flammpunkt?
Die niedrigste Temperatur einer Flüssigkeit, bei der ihre Dämpfe mit Luft ein entzündbares Gemisch bilden ( )
Die Temperatur, bei der ein Stoff sich selbst entzündet ( )
Die Temperatur, bei der ein Stoff explodiert ( )
Die niedrigste Temperatur, bei der sich ein Stoff unter erhöhter Sauerstoffzufuhr selbst entzündet ( )
Die niedrigste Temperatur einer heißen Oberfläche, an der sich ein zündfähiges Dampf-/Luftgemisch entzündet ( ) ❶

2) **MC**
Die Maßeinheit des Flammpunktes kann angegeben werden in
°C (Grad Celsius) ( )
s (Sekunde) ( )
m (Meter) ( )
kg (Kilogramm) ( )
Pa (Pascal) ( )
J (Joule) ( )
W (Watt) ( )
Bq (Bequerel) ( ) ❶

3) **MC**
Ab welchem Aktivitätsgrenzwert fällt Gefahrgut unter den Geltungsbereich der Klasse 7 der Gefahrguttransportvorschriften?
70 kBq/kg ( )
2 nCi/g/0,002 µCi/g ( )
100 Bq/g ( )
74 kBq/g ( )
4 Bq/cm^2 ( )
5 µSv ( )
10 µSv/h ( ) ❶

4) I
Ein Gegenstand der Klasse 1 hat den Klassifizierungscode
Beispiel: 1.1 A.
Welche Bedeutung hat die Unterklasse 1.1 Verträglichkeitsgruppe A.? ❷

(verkehrsträgerübergreifend) Amtliche Prüfungsfragen

Punkte

5) Beschreiben Sie die Unterklasse 1.2 mit Angabe der Randnummer! ❷

6) Welche Hauptgefahren können von den Gefahrgütern in den Gefahrgutklassen ausgehen? Nennen Sie zwei Gefahren! ❷

7) **MC**
Zu welcher Klasse gehören Stoffe oder Gegenstände mit Stoffen, die explosive Eigenschaften (Haupt- oder Nebengefahr) aufweisen?
zur Klasse 1 ( )
zur Klasse 4.1 ( )
zur Klasse 5.2 ( )
zur Klasse 3 ( )
zur Klasse 2 ( )
zur Klasse 9 ( )
zur Klasse 6.1 ( )
zur Klasse 8 ( )
zur Klasse 6.2 ( ) ❶

8) **MC**
Zu welcher Klasse gehören entzündbare flüssige Stoffe, die keine anderen gefährlichen Eigenschaften haben?
zur Klasse 3 ( )
zur Klasse 1 ( )
zur Klasse 2 ( )
zur Klasse 6.1 ( )
zur Klasse 7 ( )
zur Klasse 8 ( ) ❶

9) **MC**
Zu welcher Klasse gehören die organischen Peroxide?
zur Klasse 5.2 ( )
zur Klasse 4.2 ( )
zur Klasse 5.1 ( )
zur Klasse 6.2 ( )
zur Klasse 2 ( )
zur Klasse 7 ( ) ❶

10) **MC**
Welche gefährlichen Güter werden der Klasse 2 zugeordnet?
Gase ( )
Entzündbare flüssige Stoffe ( )
Organische Peroxide ( )

Texte

	Punkte
Sprengstoffe	( )
ätzende Stoffe	( )
entzündbare feste Stoffe	( )
giftige Stoffe	( ) ❶

11) **MC**
Welche gefährlichen Güter werden der Klasse 3 zugeordnet?

Entzündbare Flüssigkeiten mit Flammpunkt unter 23°	( )
Ätzende Flüssigkeiten mit Flammpunkt unter 23°	( )
Nicht giftige, nicht ätzende entzündbare Flüssigkeiten mit Flammpunkt bis einschließlich 61 °C	( )
Stark ätzende Stoffe mit einem Flammpunkt über 23°	( )
Entzündbare feste Stoffe	( )
Explosive Stoffe	( )
Sehr giftige Stoffe mit einem Flammpunkt über 23°	( )
Radioaktive Stoffe	( )
Gase	( ) ❶

12) **MC**
Welche gefährlichen Güter werden der Klasse 5.1 zugeordnet?

Entzündend (oxidierend) wirkende Stoffe	( )
Entzündend (oxidierend) wirkende feste und flüssige Stoffe	( )
Ungereinigte leere Verpackungen, die solche Stoffe enthalten haben	( )
Stark ätzende Stoffe mit einem Flammpunkt über 23°	( )
Entzündbare feste Stoffe	( )
Sehr giftige Stoffe mit einem Flammpunkt über 23°	( )
Radioaktive Stoffe	( )
Gase	( ) ❶

13) **MC**
Welche gefährlichen Güter werden der Klasse 6.1 zugeordnet?

Beim Einatmen sehr giftige Stoffe mit einem Flammpunkt unter 23 °C	( )
Mittel zur Schädlingsbekämpfung (Pestizide)	( )
Ansteckungsgefährliche Stoffe	( )
Gase, Radioaktive Stoffe	( )
Explosive Stoffe	( )
Erwärmte, flüssige Stoffe	( ) ❶

(verkehrsträgerübergreifend) Amtliche Prüfungsfragen

Punkte

14) **MC**
Welche gefährlichen Güter werden der Klasse 6.2 zugeordnet?
Ansteckungsgefährliche Stoffe ( )
Beim Einatmen sehr giftige Stoffe mit einem Flammpunkt
unter 23 °C ( )
Gase ( )
Radioaktive Stoffe ( )
Erwärmte, flüssige Stoffe ( ) **❶**

15) **MC**
Welche gefährlichen Güter werden der Klasse 7 zugeordnet?
Radioaktive Stoffe mit einer spezifischen Aktivität größer
70 kBq/kg ( )
Giftige Stoffe ( )
Ansteckungsgefährliche Stoffe ( )
Explosive Stoffe ( )
Erwärmte, flüssige Stoffe ( ) **❶**

16) Welche Hauptgefahr geht von Stoffen der Klasse 4.3 aus? **❷**

17) Welche beiden Zusatzgefahren (Nebengefahren) können von Stoffen der Klasse 3 ausgehen? **❷**

18) Welche gefährlichen Eigenschaften können Gase der Klasse 2 aufweisen? Nennen Sie zwei! **❷**

19) **(S, E, B)**
Die gefährlichen Eigenschaften der Gase der Klasse 2 werden mit Großbuchstaben angegeben. Geben Sie zwei Buchstaben mit Erläuterung an! **❷**

20) **MC (S, E, B)**
Welche Bedeutung haben die Kleinbuchstaben a, b oder c hinter den Ziffern bei Stoffen der Klasse 3?
Sie geben den Grad der Gefährlichkeit an. ( )
Sie weisen auf die Mischbarkeit mit Wasser hin. ( )
Sie geben Auskunft über die erforderlichen Gefahrzettel. ( )
Sie geben Auskunft über geeignete Feuerlöschmittel. ( )
Sie geben Auskunft über das zu benutzende Fahrzeug. ( ) **❶**

21) **MC (S, E, B)**
Welche Bedeutung hat der Buchstabe „a" hinter der Ziffer bei Stoffen der Klasse 3?
Sehr gefährlicher Stoff ( )
Stoff ohne Zusatzgefahr ( )

Texte

	Punkte
Ungefährlicher Stoff	( )
Weniger gefährlicher Stoff	( )
Gefährlicher Stoff	( )
Giftiger Stoff	( )
Schwach ätzender Stoff	( )
Es handelt sich um Abfall.	( ) ❶

22) MC (S, E, B)
Welche Bedeutung hat der Buchstabe „b" hinter der Ziffer bei Stoffen der Klasse 6.1?
Giftiger Stoff ( )
Schwach giftiger Stoff ( )
Ungefährlicher Stoff ( )
Sehr giftiger Stoff ( )
Gesundheitsschädlicher Stoff ( ) ❶

23) MC (S, E, B)
Welche Bedeutung hat der Buchstabe „c" hinter der Ziffer bei Stoffen der Klasse 8?
Schwach ätzender Stoff ( )
Stoff ohne Zusatzgefahr ( )
Ungefährlicher Stoff ( )
Sehr gefährlicher Stoff ( )
Weniger gefährlicher Stoff ( )
Giftiger Stoff ( )
Stark ätzender Stoff ( )
Es handelt sich um Abfall. ( ) ❶

24) MC (S, E, B)
Welche Eigenschaft hat ein Gas mit dem Kennbuchstaben (Gruppe) A?
erstickend ( )
giftig ( )
entzündbar ( )
oxidierend ( )
ätzend ( ) ❶

25) MC (S, E, B)
Welche Eigenschaft hat ein Gas mit dem Kennbuchstaben (Gruppe) O?
oxidierend ( )
giftig ( )
entzündbar ( )

	Punkte

erstickend ( )
ätzend ( ) ❶

26) MC
Entzündbare Flüssigkeiten werden unter anderem eingeteilt nach ihrem Flammpunkt. In welchem Flammpunktbereich geht von dem Stoff die größte Gefahr aus?
Unter 23 °C ( )
Von 23 °C bis 61 °C ( )
Von 61 °C bis 100 °C ( )
Über 100 °C ( )
Von 55 °C bis 100 °C ( ) ❶

27) MC
Welche Hauptgefahr/Eigenschaft muß für die Einstufung eines Stoffes in die Klasse 4.1 vorliegen?
Es muß sich um einen entzündbaren, festen Stoff handeln. ( )
Es muß sich um eine entzündbare Flüssigkeit handeln. ( )
Es muß sich um einen radioaktiven Stoff handeln, der über seinem Flammpunkt erwärmt transportiert wird. ( )
Es muß sich um einen ätzenden Stoff handeln. ( ) ❶

28) MC
Gefahrgut der Klasse 7 wird gemäß seinem Gefahrenpotential unterschiedlich eingestuft. Wie ist die Klasse 7 deshalb unterteilt?
in die Blätter 1 bis 13 ( )
in freigestellte oder zustimmungspflichtige Versandstücke ( )
nach den A1- oder A2-Werten ( )
nach der Transportkennzahl ( )
nach der Art der Abschirmung ( )
nach der spezifischen Aktivität ( )
nach der Aktivitätsmenge ( ) ❶

29) MC
Welche Hauptgefahr/Eigenschaft haben Stoffe der Klasse 4.2?
Es muß sich um einen selbstentzündlichen (selbsterhitzungsfähigen) Stoff handeln. ( )
Es muß sich um einen entzündbaren, festen Stoff handeln. ( )
Es muß sich um eine entzündbare Flüssigkeit handeln. ( )
Es muß sich um einen radioaktiven Stoff handeln, der über seinem Flammpunkt erwärmt transportiert wird. ( )
Es muß sich um einen ätzenden Stoff handeln. ( ) ❶

Texte

Punkte

30) MC
Welche Hauptgefahr/Eigenschaft haben Stoffe der Klasse 5.1?
Sie wirken entzündend (oxidierend). ( )
Sie sind selbstentzündlich. ( )
Sie sind entzündliche feste Stoffe. ( )
Sie sind radioaktiv. ( )
Sie sind pyrophor. ( ) ❶

31) (S, E, B)
Es soll
    Beispiel: Natriumhydroxidlösung (Natronlauge)
befördert werden. Wie ist der Stoff zu klassifizieren? Geben Sie UN-Nummer (Nummer zur Kennzeichnung des Stoffes), Klasse, Ziffer und Buchstabe an! ❷

32) (S, E, B)
Es soll
    Beispiel: Dieselkraftstoff
befördert werden. Wie ist der Stoff zu klassifizieren? Geben Sie UN-Nummer (Nummer zur Kennzeichnung des Stoffes), Klasse, Ziffer, Buchstabe an! ❷

33) (S, E, B)
Es soll
    Beispiel: Aceton
befördert werden. Wie ist der Stoff zu klassifizieren? Geben Sie UN-Nummer (Nummer zur Kennzeichnung des Stoffes), Klasse, Ziffer, Buchstabe an! ❷

34) (S, E, B)
Es soll
    Beispiel: Wasserstoff
transportiert werden. Wie ist der Stoff zu klassifizieren? Geben Sie UN-Nummer (Nummer zur Kennzeichnung des Stoffes), Klasse, Ziffer, Buchstabe an! ❷

35) Es wird Gefahrgut mit der Nummer zur Kennzeichnung des Stoffes
    Beispiel: UN 1090
befördert. Um welchen Stoff handelt es sich? ❶

36) Es wird
    Beispiel: UN 2031 Salpetersäure
befördert. Zu welcher Klasse gehört dieser Stoff? ❶

(verkehrsträgerübergreifend) Amtliche Prüfungsfragen

Punkte

37) Beispiel: UN 1134 Chlorbenzen/Chlorbenzol
ist ein gefährliches Gut der Klasse ... ❶

38) Beispiel: UN 1011 Butan
ist ein gefährliches Gut der Klasse ... ❶

39) Beispiel: UN 1350 Schwefel
ist ein gefährliches Gut der Klasse ... ❶

40) Beispiel: UN 1361 Kohle
ist ein gefährliches Gut der Klasse ... ❶

41) Beispiel: UN 1428 Natrium
ist ein gefährliches Gut der Klasse ... ❶

42) (S, E, B)
Welche Klassifizierung hat
Beispiel: Nitroanisol?
Geben Sie UN-Nummer (Nummer zur Kennzeichnung des Stoffes), Klasse, Ziffer, Buchstabe an! ❷

43) (S, E, B)
Welche Klassifizierung hat
Beispiel: Asbest, weiß?
Geben Sie UN-Nummer (Nummer zur Kennzeichnung des Stoffes), Klasse, Ziffer, Buchstabe an! ❷

44) (S, E, B)
Wie lautet die Klassifizierung für
Beispiel: Bromwasserstoff, wasserfrei?
Geben Sie UN-Nummer (Nummer zur Kennzeichnung des Stoffes), Klasse, Ziffer, Buchstabe an! ❷

45) Ein Stoff UN 2910 wird nach Klasse 7 Blatt 2 transportiert. Geben Sie die richtige Bezeichnung (Eintrag ins Beförderungspapier) an! ❷

46) Ein Stoff UN 2982 wird nach Klasse 7 Blatt 9 transportiert. Geben Sie die richtige Bezeichnung (Eintrag ins Beförderungspapier) an! ❷

47) Wozu dient die Transportkennzahl in Klasse 7? Nennen Sie ein Kriterium! ❷

48) Die Transportkennzahl in der Klasse 7 dient zur Bewertung von zwei verschiedenen Gefahren. Welche sind diese? ❷

Texte

Punkte

49) In welcher Randnummer finden sich die Bestimmungen zur Einstufung von Stoffen, Lösungen und Gemischen, die in der Stoffaufzählung der einzelnen Klassen nicht namentlich aufgeführt sind? ❶

50) (S, E)
In welcher Klasse ist eine Flüssigkeit bestehend aus
    Beispiel: Klasse 3, Buchstabe b/Klasse 6.1, Buchstabe b
anhand der Randnummer 2002 Abs. 8 ADR/Rn 3 Abs. 3 RID einzustufen? ❷

51) MC
Welche der folgenden Gefahreigenschaften führt zu einer Einstufung als Gefahrgut?
ätzend ( )
erbgutverändernd ( )
ozonschädigend ( )
ekelerregend ( ) ❶

52) Welcher Klasse ist eine entzündbare Flüssigkeit mit einem Flammpunkt von 35 °C ohne Zusatzgefahren zuzuordnen? ❶

53) Wofür steht die Abkürzung n.a.g.? ❶

54) (M, L)
Wofür steht die Abkürzung n.o.s.? ❶

55) MC
Welches der folgenden Kriterien ist für die Einstufung ätzender Stoffe relevant?
Einwirkung auf die Haut ( )
Einwirkung auf das Auge ( )
Einwirkung auf Glas ( )
Einwirkung auf Gummi ( ) ❶

56) Organische Peroxide der Klasse 5.2 werden aufgrund ihres Gefahrengrades in verschiedene Typen unterteilt. Wie viele Typen kennt die Klasse 5.2? ❷

57) Ab welchem Dampfdruck bei einer Temperatur von 50 °C gelten Stoffe als gasförmig? ❷

58) Beschreiben Sie die Verträglichkeitsgruppe
    Beispiel: H
der Klasse 1! ❷

59) Welcher Klasse sind Aluminiumalkyle zuzuordnen? ❶

(verkehrsträgerübergreifend) Amtliche Prüfungsfragen

Punkte

60) MC
Die Regelwerke unterteilen die Gefahrgutklassen in
Nur-Klasse ( )
Freie Klasse ( )
Geschlossene Klasse ( )
Offene Klasse ( )
Oder-Klasse ( ) ❶

61) (S, E, B)
Es soll Ferrosilicium (Kl. 4.3 Ziffer 15 c) mit 26 Masse-% Silicium in loser Schüttung befördert werden. Handelt es sich bei diesem Stoff um ein Gefahrgut gemäß ADR bzw. ADNR? ❷

62) MC Klasse 7
Es sollen radioaktive Stoffe in einem Versandstück befördert werden (Gefahrzettel 7C, Kategorie III-GELB, Transportkennzahl 10). Wie hoch darf die Dosisleistung an der äußeren Oberfläche des Versandstückes maximal sein?
5 µSv/h ( )
1 mSv/h ( )
2 mSv/h ( )
5 mSv/h ( ) ❶

63) MC Klasse 7
Es sollen radioaktive Stoffe in einem Versandstück befördert werden (Gefahrzettel 7C, Kategorie III-GELB, Transportkennzahl 10). Wie hoch darf die Dosisleistung in 1m Abstand von der äußeren Oberfläche des Versandstückes maximal sein?
10 mSv/h ( )
10 µSv/h ( )
1,0 µSv/h ( )
0,1 mSv/h ( ) ❶

64) Klasse 7
Nach welcher Blatt-Nummer ist ein Stoff der Klasse 7 mit der UN-Nr. 2912, radioaktive Stoffe mit geringer spezifischer Aktivität (LSA-I), n.a.g. zu befördern? ❷

65) (S, E, B)
Ein Versandstück enthält einen Gegenstand UN 0049 der Klasse 1 Ziffer 9.
Wie lautet der Klassifizierungscode und mit welcher Aufschrift muß das Versandstück versehen sein? ❷

Texte

Punkte

66) (S, E, B)
Zu welcher Klasse, Ziffer und Buchstabe gehört tiefgekühlter flüssiger Sauerstoff? ❷

67) Welcher Klasse werden Pestizide mit einem Flammpunkt unter 23 °C zugeordnet? ❶

68) Oberhalb welcher spezifischen Aktivität müssen radioaktive Stoffe beim Transport befördert werden? ❷

69) Erklären Sie die Bedeutung der A1-/A2-Werte für radioaktive Stoffe! ❷

70) MC
Die Klasse 7 enthält 13 Blätter. Nach welchen Gesichtspunkten wurde die Unterteilung vorgenommen?
Art und Menge der radioaktiven Stoffe ( )
Volumen und Gewicht der Versandstücke ( )
Abmessungen der Verpackung ( )
Strahlungsarten ( )
Art der Verpackungen ( ) ❶

71) Was versteht man unter dem A1-Wert? ❷

72) Was versteht man unter dem A2-Wert? ❷

73) Nennen Sie zwei Arten von IBC! ❷

74) Welche Bedeutung hat die Codierung
    Beispiel: ... 4G/Y 100/...
    auf einer Verpackung? ❸

75) MC
Eine Verpackung weist folgende Codierung auf: $\binom{u}{n}$ –1A2T/ Y300/S/98USA/VL823
Was bedeutet die Zahl 98?
Jahr der Herstellung ( )
Code für den Hersteller ( )
Seriennummer ( )
Stückzahl der Baureihe ( ) ❶

76) Welche Bedeutung hat die Codierung
    Beispiel: ... 3B1V ...
    auf einer Verpackung? ❸

77) Welche Bedeutung hat die Codierung
    Beispiel ... 1A2T ...
    auf einer Verpackung? ❸

(verkehrsträgerübergreifend) Amtliche Prüfungsfragen

Punkte

78) Nennen Sie die Codierung für Kisten aus Pappe! ❷

79) Wofür steht die Codierung
    Beispiel: ... 1B ...
    auf einer Verpackung? ❷

80) Wofür steht die Codierung
    Beispiel: ... 5H3 ...
    auf einer Verpackung? ❷

81) Eine Verpackung hat die Codierung
    Beispiel: ... 4G/X50/S/...
    Nennen Sie die Verpackungsgruppen, nach deren Bedingungen die Verpackung geprüft und zugelassen wurde! ❷

82) Eine Verpackung hat die Codierung
    Beispiel: ... 4G/X50/S/...
    Nennen Sie die höchstzulässige Bruttomasse für das Versandstück! ❷

83) Nennen Sie den maximalen Fassungsraum für Großpackmittel (IBC) für feste und flüssige Stoffe der Verpackungsgruppen II und III! ❷

84) MC (S, E, B)
    Welche Buchstaben kennzeichnen, für welche Verpackungsgruppen eines gefährlichen Gutes eine Verpackungsbauart zugelassen ist?
    A, B, C   ( )
    G, H, L   ( )
    M, N, P   ( )
    X, Y, Z   ( ) ❶

85) MC
    Die Verpackungsarten 1H und 3H müssen mit dem Herstellungsjahr und dem -monat gekennzeichnet werden. Welche Methode wird in den Vorschriften als geeignet zur Kennzeichnung des Monats angesehen?

    (Uhr-Symbol)   ( )

    99 98 97 96 95
    Jan/Feb/März/April/<u>Mai</u>/Juni/Juli/Aug/Sep/Okt/Nov/Dez ( )

Texte

Punkte

```
10 11 12  1
 9╲      ╱2
  8╲    ╱
   ╲   ╱3
  7 ╲ ╱
   6 ╳ 4
     5
```
( )

99 98 97 96 95
1 2 3 4 5 6 7 8 9 10 11 <u>12</u>   ( ) ❶

86) Wofür steht die 2 bei der Codierung
    Beispiel: ... 3A2 ...
auf einer Verpackung? ❷

87) Um welches Großpackmittel handelt es sich bei einer Codierung, die
    Beispiel: ... 31HA2 ...
lautet? ❷

88) Worauf weist die Codierung
    Beispiel: ... 6HA1 ...
auf einer Verpackung hin? ❷

89) Mit welcher Codierung ist eine Kombinationsverpackung aus Kunststoff mit einer Außenverpackung aus Sperrholz in Kistenform (Sperrholzkiste) zu kennzeichnen? ❷

90) Welcher Verpackungsgruppe ist eine entzündbare Flüssigkeit mit einem Flammpunkt von 35 °C ohne Zusatzgefahren zuzuordnen? ❷

91) Auf welchen Zeitraum ist die Verwendungsdauer für Fässer aus Kunststoff in der Regel beschränkt, soweit wegen der Art des zu befördernden Stoffes keine kürzere Verwendungsdauer in den klassenspezifischen Vorschriften vorgesehen ist? ❷

92) MC
Nennen Sie die höchstzulässige Verwendungsdauer einer Verpackung mit der Codierung 3H1!
5 Jahre ( )
1 Jahr ( )
2 Jahre ( )
10 Jahre ( )
20 Jahre ( ) ❶

(verkehrsträgerübergreifend) Amtliche Prüfungsfragen

Punkte

93) Welcher maximalen Höchstverwendungsdauer, vom Datum der Herstellung an gerechnet, unterliegen Fässer und Kanister aus Kunststoff, soweit wegen der Art des zu befördernden Stoffes keine kürzere Verwendungsdauer in den klassenspezifischen Vorschriften vorgesehen ist? ❷

94) Was bedeuten die einzelnen Angaben in der Codierung UN1A1/Y1.4/150/...? ❹

95) Was bedeuten die einzelnen Angaben in der Codierung ...3H2/Y25/S/0598/D... auf einer Verpackung? ❹

96) Darf ein Versandstück, an dem außen gefährliche Stoffe anhaften, zur Beförderung übergeben werden? ❶

97) Was versteht man unter einer zusammengesetzten Verpackung? ❷

98) Auf einem IBC aus Kunststoff ist angegeben UN/31H1/Y/0196/... Als Datum der letzten Dichtheitsprüfung/Inspektion ist 07/98 angegeben. Wie lange darf dieser IBC noch für die Beförderung gefährlicher Stoffe eingesetzt werden? ❷

99) Sie überprüfen einen IBC mit folgender Grundkennzeichnung UN31HA1/Y/0596/D/Müller/1683/10800/1200. Als zusätzliche Kennzeichnung Datum der letzten Dichtheitsprüfung 11/98, Datum der letzten Inspektion 11/98. Geben Sie das Datum der nächsten Inspektion an! ❷

100) (S, E, B)
Welche Verpackungsmethode ist für einen Gegenstand der Klasse 1 Ziffer 17, UN 0102, vorgeschrieben? ❷

101) Welche Verpackungsgruppe wird für
 Beispiel: UN 1203
 mindestens gefordert? ❶

102) Welche Verpackungsgruppe wird für
 Beispiel: UN 1805
 mindestens gefordert? ❶

103) Welche Verpackungsgruppe wird für
 Beispiel: UN 1092
 mindestens gefordert? ❶

104) Für welchen maximalen Höchstfassungsraum können flexible IBC für feste Stoffe der Verpackungsgruppe I zugelassen werden? ❶

Texte

Punkte

105) Für welchen maximalen Höchstfassungsraum können flexible IBC für flüssige Stoffe der Verpackungsgruppe III zugelassen werden? ❶

106) Auf einem IBC ist die Codierung ... 31A/Y/0798/... angebracht. Wann ist spätestens die nächste Dichtheitsprüfung durchzuführen, um den IBC weiter für Gefahrgutbeförderungen einsetzen zu können? Geben Sie den Monat und das Jahr an! ❷

107) Gelten die Sondervorschriften der Verpackungsmethode EP 30 für Stoffe des Klassifizierungscodes 1.5 D? ❶

108) (S, E, B)
Welche Sondervorschriften für die Verpackung ist für einen Gegenstand der Klasse 1 Ziffer 17 UN 0102 zu beachten? Nennen Sie die Randnummer der Sondervorschrift! ❷

109) (S, E, B)
Salpetersäure (Klasse 8 Ziffer 2a) soll in einen Kanister mit der Codierung 3H1 gefüllt werden. Die Verpackung wurde im Dezember 1998 hergestellt. Wie lange darf diese Verpackung zur Beförderung verwendet werden? ❷

110) (S, E, B)
Ethylalkohol der Klasse 3 Ziffer 3b) ist in Fässern aus Naturholz mit Spund verpackt. Ist dies zulässig? ❷

111) (S, E, B)
Müssen UN 2990 Rettungsmittel, selbstaufblasend der Klasse 9 Ziffer 6 in UN-geprüften Verpackungen verpackt werden? ❷

112) UN 1935 hat eine dermale Toxizität LD_{50} = 210 mg/kg. Welche Verpackungsgruppe ist zutreffend? ❷

113) UN 2810 hat eine dermale Toxizität LD_{50} = 40 mg/kg. Welche Verpackungsgruppe ist zutreffend? ❷

114) Welche Verpackungsgruppe trifft für eine flüssige giftige Substanz mit einer oralen Toxizität von LD_{50} bei 230 mg/kg zu? ❷

115) MC
Eine Verpackung enthält in ihrem Zulassungskennzeichen ein „Y". Für welche Verpackungsgruppen kann die Verpackung genutzt werden?
Verpackungsgruppen II, III ( )

(verkehrsträgerübergreifend) Amtliche Prüfungsfragen

Punkte
Verpackungsgruppen I, II ( )
Verpackungsgruppe I ( )
Nur für Verpackungsgruppe III ( ) ❶

116) Nennen Sie den Aktivitätsgrenzwert für feste radioaktive Stoffe in besonderer Form in freigestellten Versandstücken pro Versandstück! ❷

117) MC (S, E, B)
In welchen Zeitabständen müssen die wiederkehrenden Prüfungen von Gefäßen für
    Beispiel: UN 1006 Argon, verdichtet (Klasse 2
    Ziffer 1 A),
erfolgen?
10 Jahre ( )
2 Jahre ( )
3 Jahre ( )
5 Jahre ( ) ❶

118) (S, E, B)
In welchen Zeitabständen müssen die wiederkehrenden Prüfungen von Gefäßen für
    Beispiel: UN 1072 Sauerstoff, verdichtet (Klasse 2
    Ziffer 10),
erfolgen?
10 Jahre ( )
2 Jahre ( )
3 Jahre ( )
5 Jahre ( ) ❶

119) MC (S, E, B)
In welchen Zeitabständen müssen die wiederkehrenden Prüfungen von Gefäßen für
    Beispiel: UN 1038 Ethylen, tiefgekühlt, flüssig
    (Klasse 2 Ziffer 3 F)
erfolgen?
10 Jahre ( )
1 Jahr ( )
2 Jahre ( )
4 Jahre ( ) ❶

Texte

120) MC (S, E, B)
In welchen Zeitabständen müssen die wiederkehrenden Prüfungen von Gefäßen für
  Beispiel: UN 2901 Bromchlorid (Klasse 2, Ziffer 2 TOC)
erfolgen?
1 Jahr ( )
2 Jahre ( )
3 Jahre ( )
4 Jahre ( )

121) MC
In welchen Zeitabständen müssen die wiederkehrenden Prüfungen von Gefäßen für
  Beispiel: UN 2036 Xenon, verdichtet (Klasse 2 Ziffer 1 A),
erfolgen?
1 Jahr ( )
10 Jahre ( )
2 Jahre ( )
5 Jahre ( )

122) MC
Welcher der nachfolgenden Begriffe bezeichnet einen Verpackungstyp gemäß Klasse 7?
Industrieverpackung Typ 2 (IP2) ( )
Rollreifenfaß ( )
Eimer ( )
Abfallcontainer ( )

123) Welche Verpackungstypen sind für die Klasse 7 zulässig? Nennen Sie zwei!

124) Was versteht man in der Klasse 7 unter dem Begriff „ausschließliche Verwendung"?

125) (S, E, B)
Welche Bedeutung haben die Nummern zur Kennzeichnung der Gefahr/des Stoffes auf folgender Warntafel?
  Beispiel:
  | 46 |
  | 1381 |

126) Mit welchem Gefahrzettel ist ein Versandstück, das entzündbare flüssige Stoffe der Klasse 3 (ohne Nebengefahr) enthält, zu kennzeichnen? Geben Sie die Nummer des Gefahrzettels an!

(verkehrsträgerübergreifend) Amtliche Prüfungsfragen

Punkte

127) Es soll
    Beispiel: UN 2529 Isobuttersäure
transportiert werden. Geben Sie die Nummern der Gefahrzettel an! ❷

128) Es soll
    Beispiel: UN 2683 Ammoniumsulfid, Lösung
transportiert werden. Geben Sie die Nummern der Gefahrzettel an! ❷

129) Es soll
    Beispiel: UN 2912 radioaktiver Stoff mit geringer spezifischer Aktivität n.a.g., giftig
transportiert werden. Geben Sie die Nummern der Gefahrzettel an! ❷

130) Es soll
    Beispiel: UN 3093 ätzender flüssiger Stoff, entzündend (oxidierend) wirkend, n. a. g.
transportiert werden. Geben Sie die Nummern der Gefahrzettel an! ❷

131) MC
Mit welchem Gefahrzettel ist ein Versandstück, das
    Beispiel: UN 1202 Gasöl
enthält, zu kennzeichnen? Geben Sie den entsprechenden Gefahrzettel an!
Zettel Nr. 05 ( )
Zettel Nr. 4.3 ( )
Zettel Nr. 1 ( )
Zettel Nr. 3 ( ) ❶

132) Welche Form und Seitenlänge müssen Gefahrzettel nach Muster 7A, 7B und 7C für Versandstücke haben? ❷

133) (S, E, B)
An welchen Stellen müssen die Gefahrzettel nach Muster 7D an einem Großcontainer angebracht sein, der radioaktive Stoffe der Klasse 7, Blätter 5–13 enthält, und welche Seitenlänge müssen diese haben? ❷

134) MC
In welchem Fall müssen vorhandene Gefahrzettel nach Muster 7A, 7B oder 7C an Versandstücken verdeckt oder davon entfernt werden?

Texte

Punkte

Bei Beförderung freigestellter Versandstücke nach Blatt 1–4 ( )
Beim Transport spaltbarer Stoffe ( )
Bei Beförderung einer gemischten Ladung ( )
Bei Transporten nach Blatt 5–13 ( )
Beim Transport radioaktiver Abfälle ( ) **❶**

135) MC
An welchen Stellen müssen Gefahrzettel nach Muster 7A, 7B oder 7C an einem Versandstück angebracht sein?
An einer Außenseite des Versandstücks ( )
Nur an der Rückseite der Beförderungseinheit ( )
An der Front- und Rückseite des Fahrzeugs ( )
An zwei gegenüberliegenden Seiten eines Versandstücks ( ) **❶**

136) Welcher Gefahrzettel muß auf einer zusammengesetzten Verpackung, die
Beispiel: UN 2834
enthält, angebracht sein? Geben Sie die Nummer des Gefahrzettels an! **❷**

137) (S, E, B)
Welche Gefahrzettel müssen an Versandstücken mit Gegenständen der Klasse 1 Ziffer 30 (UN 0019) angebracht sein? Geben Sie die Nummern der Gefahrzettel an! **❷**

138) Welche Gefahrzettel müssen an Versandstücken, die
Beispiel: UN 1230 Methanol
enthalten, angebracht sein? Geben Sie die Nummern der Gefahrzettel an! **❷**

139) (S, E, B)
Es werden gefährliche Güter in Versandstücken in einen Großcontainer verladen. Wie ist der Container zu bezetteln? Welche Mindestgröße müssen diese Gefahrzettel haben? **❷**

140) MC
Mit welchen Gefahrzetteln müssen Gasflaschen mit UN 1072 Sauerstoff gekennzeichnet sein?
Zettel nach Muster 6.1 und 05 ( )
Zettel nach Muster 2 und 05 ( )
Zettel nach Muster 2 und 5.1 ( )
Zettel nach Muster 6.1 und 3 ( ) **❷**

(verkehrsträgerübergreifend) Amtliche Prüfungsfragen

Punkte

141) MC (S, E, B)
Mit welcher Aufschrift ist ein Aluminiumkanister, der Gasöl der Klasse 3 Ziffer 31 c) enthält, zu versehen?
UN 1202 Aerosole ( )
1202 ( )
Non-flammable Liquid ( )
UN 1202 ( ) ❶

142) (S, E, B)
Welche Gefahrzettel müssen an Versandstücken, die
 Beispiel: UN 1045, Fluor, verdichtet, (Klasse 2 Ziffer 1 TOC)
enthalten, angebracht sein? Geben Sie die Nummern der Gefahrzettel an! ❷

143) In einem Versandstück befindet sich
 Beispiel: UN 2030 Hydrazin, wässerige Lösung.
Mit welchen Gefahrzetteln ist dieses Versandstück zu versehen? Geben Sie die Nummern der Gefahrzettel an! ❷

144) Beispiel: Phosphorsäure
wird in einer zusammengesetzten Verpackung befördert. Welche Aufschrift muß auf der zusammengesetzten Verpackung angebracht sein? ❷

145) (S, E, B)
Welche Aufschrift muß auf einer zusammengesetzten Verpackung, die UN 1950 Druckgaspackungen (Fassungsraum je 200 ml) der Klasse 2 Ziffer 5 TF enthält, angebracht sein? ❷

146) MC
Welche Gefahrgüter der Klasse 7 sind ohne Beschriftung und Bezettelung zur Beförderung zugelassen?
Gefahrgüter der Blätter 5 bis 13 ( )
Gefahrgüter der Blätter 1 bis 13 ( )
Gefahrgüter der Blätter 1 bis 4 ( )
Gefahrgüter der Klasse 7 in Großcontainern ( ) ❶

147) MC (S, E, B)
Welche Nummer zur Kennzeichnung der Gefahr steht für einen Stoff mit folgenden Eigenschaften: Entzündbarer flüssiger Stoff, giftig, der mit Wasser reagiert und entzündbare Gase bildet?
x326 ( )

135

Texte

                                                                  Punkte

262 ( )
x268 ( )
362 ( ) ❶

148) MC (S, E, B)
Welche Nummer zur Kennzeichnung der Gefahr steht für einen Stoff mit folgenden Eigenschaften: giftiges Gas, oxidierend (brandfördernd)?
225 ( )
265 ( )
x333 ( )
263 ( ) ❶

149) MC (S, E, B)
Welche Nummer zur Kennzeichnung der Gefahr steht für einen Stoff mit folgenden Eigenschaften: leicht entzündbarer flüssiger Stoff, giftig?
x338 ( )
368 ( )
336 ( )
38 ( ) ❶

150) MC (S, E, B)
Welche Nummer zur Kennzeichnung der Gefahr steht für ein tiefgekühltes Gas?
22 ( )
63 ( )
36 ( )
x 382 ( ) ❶

151) MC (S, E, B)
Welche Nummer zur Kennzeichnung der Gefahr steht für einen Stoff mit folgenden Eigenschaften: entzündbarer fester Stoff, giftig, der sich bei erhöhter Temperatur in geschmolzenem Zustand befindet?
x382 ( )
x423 ( )
446 ( )
48 ( ) ❶

152) MC (S, E, B)
Welche Nummer zur Kennzeichnung der Gefahr steht für einen Stoff mit folgenden Eigenschaften: ansteckungsgefährlicher Stoff?

(verkehrsträgerübergreifend) Amtliche Prüfungsfragen

	Punkte
639	( )
268	( )
606	( )
x333	( ) ❶

153) MC (S, E, B)
Welche Nummer zur Kennzeichnung der Gefahr steht für einen Stoff mit folgenden Eigenschaften: sehr giftiger fester Stoff, entzündbar oder selbsterhitzungsfähig?
669 ( )
44 ( )
26 ( )
664 ( ) ❶

154) (B, M)
Es soll ein Meeresschadstoff in einem Tankcontainer, der für den Umschlag von einem Binnenschiff auf ein Seeschiff vorgesehen ist, befördert werden. Mit welcher Markierung muß der Tankcontainer zusätzlich versehen sein? ❷

155) (M, L)
Wie können Sie an den Gefahrzetteln/Kennzeichen erkennen, welches auf die Haupt- und welches auf die Nebengefahr hinweist? ❶

156) MC (S, E, B)
An Versandstücken mit gefährlichen Gütern müssen Gefahrzettel angebracht werden:
auf allen Außenseiten ( )
auf einer Seite ( )
auf zwei gegenüberliegenden Seiten ( )
auf zwei gegenüberliegenden Seiten und oben ( ) ❶

157) MC (S, E, B)
Eine Palette mit verschiedenen Versandstücken unterschiedlicher Gefahrgüter, deren Zusammenladung zulässig ist, soll mit einer undurchsichtigen Folie eingewickelt werden. Wo müssen die Kennzeichen angebracht sein?
auf der Folie und auf den Versandstücken ( )
nur auf den einzelnen Versandstücken ( )
nur auf der Folie ( )
nur auf dem Palettenrahmen ( ) ❶

Texte

Punkte

158) (M, L)
Eine Palette mit verschiedenen Versandstücken unterschiedlicher Gefahrgüter, deren Zusammenstauung zulässig ist, soll mit einer undurchsichtigen Folie eingewickelt werden. Wo müssen die Kennzeichen angebracht sein? ❷

159) MC
Welche Bedeutung hat die untere Nummer auf der orangefarbenen Warntafel?
Es handelt sich um die Nummer zur Kennzeichnung der Gefahr. ( )
Es handelt sich um die maximal zulässige Lademenge. ( )
Es handelt sich um die Schlüsselnummer des Beförderers. ( )
Es handelt sich um die Nummer zur Kennzeichnung des Stoffes. ( ) ❶

160) MC (S, E, B)
Welche Bedeutung hat die obere Kennzahl auf der orangefarbenen Warntafel?
Es handelt sich um die Schlüsselnummer des Beförderers. ( )
Es handelt sich um die Nummer zur Kennzeichnung des Stoffes. ( )
Es handelt sich um die maximal zulässige Lademenge. ( )
Es handelt sich um die Nummer zur Kennzeichnung der Gefahr. ( ) ❶

161) MC
Wozu dient die Nummer zur Kennzeichnung des Stoffes (UN-Nummer)?
Sie gibt die Zulassungsnummer an. ( )
Sie gibt das Haltbarkeitsdatum an. ( )
Sie gibt das Jahr der Herstellung an. ( )
Sie dient der Identifikation des Stoffes. ( )
Sie gibt die Gesamtmenge an. ( )
Sie gibt die Produktionsnummer an. ( ) ❶

162) (S, E, B)
Worauf weist die Zahl
    Beispiel: 88
im oberen Teil der orangefarbenen Warntafel hin? ❷

163) (S, E, B)
Ein Großcontainer enthält
    Beispiel: UN 1794

(verkehrsträgerübergreifend) Amtliche Prüfungsfragen

Punkte

in loser Schüttung. Geben Sie die Nummer des Gefahrzettels an! ❷

164) MC
Welche Informationen geben die Kategorien II-GELB oder III-GELB auf den Gefahrzetteln nach Muster 7B oder 7C an?
Die Dosisleistung an der Versandstückoberfläche der Klasse 7 ( )
Die Bezeichnung des radioaktiven Stoffes ( )
Den Hinweis, daß eine Großquelle evtl. aus zwei oder drei separaten Sendungen besteht ( )
Den Hinweis auf eine freigestellte Sendung nach Blatt 2 oder 3 ( ) ❶

165) Mit welchen Eintragungen müssen Gefahrzettel der Kategorien II-GELB und III-GELB ergänzt werden? ❸

166) MC
Versandstücke mit
  Beispiel: Uraniumhexafluorid
sind mit einem zusätzlichen Gefahrzettel zu bezetteln. Welcher ist das?
Zettel Nr. 4.2 ( )
Zettel Nr. 8 ( )
Zettel Nr. 5 ( )
Zettel Nr. 6.2 ( ) ❶

167) MC
Ab welcher Masse muß ein Versandstück mit der zulässigen Bruttomasse gekennzeichnet sein?
25 kg ( )
75 kg ( )
50 kg ( )
100 kg ( ) ❶

168) Was haben Sie bei der Zuordnung eines Versandstückes zur Kategorie I-WEISS, II-GELB oder III-GELB, enthalten auf Gefahrzetteln nach Muster 7A, 7B oder 7C, zu berücksichtigen? ❸

169) Fallstudie
Lutetium-173 (Lu-173) wird in typgeprüften Kapseln (mit Kapselzertifikat) verschickt. Es handelt sich insgesamt um 5 dieser Kapseln mit den folgenden Aktivitäten:
  2,8 TBq/2,4 TBq/3,7 TBq/3,8 TBq/2,2 TBq

Texte

Punkte

Es stehen nur Typ ‚A'-Verpackungen zur Verfügung.
a) Wie viele davon müssen mindestens benutzt werden und warum? ❸

Die folgenden Angaben beschreiben eines der Packstücke: Gesamtaktivität 7,5 TBq/Transport Index 0,8/Dims 70/40/55 cms/Bruttogewicht 58 kg. Dosisleistung an der Oberfläche 370 Microsievert/h.
b) In welche Kategorie fällt das Packstück? ❷
c) Bitte geben Sie alle notwendigen Details über Markierungen und Aufkleber an. ❽
d) Wie muß der untere Teil des Aufklebers ausgefüllt sein? ❸

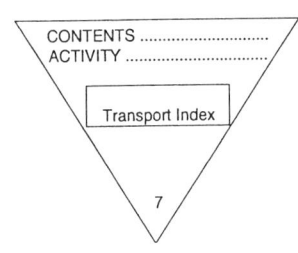

⑯

```
CONTENTS ..........................
ACTIVITY .............................

    Transport Index

           7
```

170) Fallstudie

140 Instrumente enthalten je Instrument 0,7 GBq Curium–241 (Cm–241) in flüssiger Lösung.
a) Dürfen diese Instrumente als „excepted" verschickt werden?

JA   /NEIN   (Zutreffendes bitte ankreuzen)
Falls ja, bis zu welcher Aktivität je Instrument? ❸
b) Falls möglich, möchte der Absender diese Instrumente in „excepted packages" versenden. Ist dies möglich?

JA   /NEIN   (Zutreffendes bitte ankreuzen)
Falls ja, wie viele dieser Packstücke muß er mindestens machen? ❸

⑥

(Straße) Amtliche Prüfungsfragen

6. Prüfungsaufgaben für den straßenspezifischen Teil der Prüfung

1) **MC**
Welche Regelung gibt einen Überblick über die ADR-Vertragsstaaten?
   a) GGVS-Rahmenverordnung ( )
   b) RS 006 ( )
   c) Anlage A ( )
   d) RS 002 ( ) ❶

2) **MC**
Welches der nachstehenden Regelwerke regelt die grenzüberschreitende Beförderung gefährlicher Güter auf der Straße?
   a) Das Memorandum of Understanding (MOU) ( )
   b) Die GGVSee ( )
   c) Das ADR ( )
   d) Die GGAV ( ) ❶

3) **MC**
Bei welchem der nachstehenden Beispiele ist eine grenzüberschreitende Beförderung von den Vorschriften der Anlagen A und B des ADR befreit?
   a) Wenn ein Transport nach dem RID durchgeführt wird ( )
   b) Wenn eine Firma zu ihrer externen Versorgung Gasflaschen in großer Menge ohne Schutzkappen transportiert ( )
   c) Wenn eine Feuerwerksfabrik Schwarzpulver mit eigenen Fahrzeugen am Bahnhof abholt ( )
   d) Bei der Beförderung von Geräten, die in den Anlagen A und B nicht genannt sind und in ihrem inneren Aufbau gefährliche Güter enthalten ( ) ❶

4) **MC**
Bei welchem der nachstehenden Beispiele ist die Beförderung von den Vorschriften der Anlagen A und B des ADR befreit?
   a) Wenn sie von einem Unternehmen zur externen Versorgung transportiert werden ( )
   b) Wenn die Güter vor dem Transport ausgepackt werden ( )
   c) Wenn die Güter einzelhandelsgerecht abgepackt und zum persönlichen oder häuslichen Gebrauch bestimmt sind ( )

Texte

                                                                                       Punkte

    d) Wenn vor Transportbeginn eine Beförderungsgenehmigung beschafft wird ( ) ❶

5) MC
Welche Aussage zu ADR-Vereinbarungen ist richtig?
    a) ADR-Vereinbarungen gelten im grenzüberschreitenden Verkehr in allen ADR-Vertragsstaaten. ( )
    b) ADR-Vereinbarungen gelten unmittelbar im Verkehr zwischen den Unterzeichnerstaaten der jeweiligen Vereinbarung. ( )
    c) ADR-Vereinbarungen gelten nur im innergemeinschaftlichen Verkehr. ( )
    d) ADR-Vereinbarungen gelten ausschließlich im Verkehr mit in Deutschland zugelassenen Fahrzeugen. ( ) ❶

6) MC
Eine Beförderung wird unter Nutzung einer ADR-Vereinbarung durchgeführt. Welches der nachfolgenden Papiere ist deshalb bei dieser Beförderung zusätzlich mitzuführen?
    a) Sammelunfallmerkblatt ( )
    b) Kopie des wesentlichen Textes der ADR-Vereinbarung ( )
    c) Ausnahmebescheid gemäß § 5 GGVS ( )
    d) Genehmigung der zuständigen Straßenverkehrsbehörde ( ) ❶

7) MC
In welcher Rechtsvorschrift sind die Verbotszeichen für Gefahrguttransporte im Straßenverkehr zu finden?
    a) Im Güterkraftverkehrsgesetz ( )
    b) Im Personenbeförderungsgesetz ( )
    c) In der Straßenverkehrsordnung ( )
    d) Im Gefahrgutgesetz ( ) ❶

8) MC
Welche Aussage zur GGVS ist richtig?
    a) Die GGVS gilt nur für innerstaatliche Transporte. ( )
    b) Die GGVS gibt es seit 1. Januar 1997 nicht mehr. ( )
    c) Die GGVS gilt für innerstaatliche, innergemeinschaftliche und grenzüberschreitende Beförderung auf der Straße. ( )
    d) Die GGVS gilt nur im Binnenschiffsverkehr. ( ) ❶

(Straße) Amtliche Prüfungsfragen

Punkte

9) In welchem Anhang und Abschnitt des ADR finden Sie Übergangsregelungen für die Weiterverwendung bestimmter älterer Tankfahrzeuge? ❷

10) Wie heißt das Regelwerk, das die grenzüberschreitende Beförderung gefährlicher Güter auf der Straße regelt? ❶

11) In welcher Rechtsvorschrift sind die Verbotszeichen für Gefahrguttransporte im Straßenverkehr zu finden? ❶

12) In welchem Anhang und welcher Randnummer des ADR finden Sie Übergangsbestimmungen für Beförderungseinheiten zur Beförderung von Tankcontainern mit mehr als 3 000 l Fassungsraum? ❷

13) Sie entsorgen mit eigenem Fahrzeug unbrauchbare Batterien (naß, mit Säure gefüllt). Beförderungsart: lose Schüttung im Container. Geben Sie hierzu nach ADR an:
   a) Klasse, Ziffer, Buchstabe ❸
   b) UN-Nummer ❶
   c) Benennung nach ADR ❸
   d) die klassenspezifische Rn. für lose Schüttung ❶
   ⑧

14) Der Stoff UN 1805 wird in einer zusammengesetzten Verpackung (Inhalt 20 l) befördert. Beantworten Sie folgende Fragen:
   a) Wie lautet gemäß Rn. 2814 die Bezeichnung im Beförderungspapier zu diesem Stoff? ❸
   b) Welche Aufschrift muß auf der zusammengesetzten Verpackung angebracht sein? ❷
   c) Welche Gefahrzettel müssen sich auf der Verpackung befinden? ❷
   d) Welche maximalen Höchstmengen je Innenverpackung bzw. je Versandstück sind zulässig, um die a-Randnummer nutzen zu können? ❷
   ⑨

15) Ein Container enthält UN 1794 in loser Schüttung. Beantworten Sie folgende Fragen nach ADR:
   a) Wie lautet gemäß Rn. 2814 die Bezeichnung im Beförderungspapier zu diesem Stoff? ❸
   b) Welche Gefahrzettel müssen sich am Container befinden? ❷

Punkte

c) An welchen Stellen müssen die Gefahrzettel am Container angebracht werden? ❷
d) Wie lauten die Kennzeichnungsnummern auf den orangefarbenen Warntafeln des Containers? ❷
e) An welchen Stellen müssen die orangefarbenen Warntafeln am Container angebracht werden? ❶
f) Der Container wird auf einen LKW geladen. Mit wie vielen Warntafeln und an welchen Stellen ist die Beförderungseinheit zu kennzeichnen? ❷

⑫

16) MC
Auf einem Trägerfahrzeug befinden sich vier Tankcontainer (Fassungsraum je 1 000 l) mit jeweils 1 000 Litern Dieselkraftstoff (UN 1202). Welche Schulung (ADR-Bescheinigung) muß der Fahrzeugführer für diesen Transport nachweisen?
a) Tankcontainer unterliegen der GGVSee, eine Schulung des Fahrers ist daher nicht erforderlich. ( )
b) Der Fahrer muß die ADR-Bescheinigung für Beförderungen in Tanks besitzen. ( )
c) Es reicht die ADR-Bescheinigung für andere Beförderungen als in Tanks (Basiskurs). ( )
d) Der Fahrer muß die Schulung für die Klasse 1 nachweisen. ( ) ❶

17) Benötigt ein Fahrzeugführer, der ein Versandstück mit einem Gegenstand der Klasse 7, Blatt 8, ADR in einem PKW (zulässige Gesamtmasse 2,8 t) befördert, eine ADR-Bescheinigung? Nennen Sie auch die Rn. für Ihre Lösung! ❷

18) MC
Bei welcher der nachfolgenden Beförderungen benötigt der Fahrzeugführer eine ADR-Bescheinigung?
a) Beförderung von 10 000 l Milch in einem Tankfahrzeug ( )
b) Beförderung von 5 000 kg Bauschutt in loser Schüttung in einem Container ( )
c) Beförderung von 2500 kg Bruttomasse UN 0012 Patronen für Handfeuerwaffen Klasse 1 Ziffer 47 mit einem LKW, zulässige Gesamtmasse 7,5 t ( )

144

(Straße) Amtliche Prüfungsfragen

Punkte

d) Beförderung von 1200 l UN 1002 Luft, verdichtet in Gasflaschen auf einem LKW, zulässige Gesamtmasse 4,5 t ( ) ❶

19) **MC**
Darf nach ADR eine Person während der Beförderung von Benzin in einem Tankfahrzeug den Fahrzeugführer begleiten?
a) Ja, nur wenn sie zur Fahrzeugbesatzung gehört ( )
b) Ja, immer ( )
c) Ja, wenn es der Werkschutz gestattet ( )
d) Ja, wenn es der Fahrer gestattet ( ) ❶

20) Eine Beförderungseinheit EX/II befördert Gegenstände der Klasse 1, Ziffer 4, UN 0082 in kennzeichnungspflichtiger Menge. Muß der Fahrzeugführer bei dieser Beförderung von einem Beifahrer begleitet werden? ❷

21) Ein Stoff der Klasse 4.1 Ziffer 4 c) ADR soll in loser Schüttung auf einem LKW, zulässige Gesamtmasse 7,5 t, befördert werden. Benötigt der Fahrzeugführer eine ADR-Bescheinigung? ❷

22) Auf einem LKW, zulässige Gesamtmasse 7,5 t, werden verschiedene Stoffe der Klasse 3 Ziffer 31 c) ADR in Versandstücken befördert. Ab welcher Gesamtmenge der zu befördernden Stoffe benötigt der Fahrzeugführer eine ADR-Bescheinigung? ❷

23) Es sind 25 kg netto eines Stoffes der Klasse 5.2 Ziffer 2 b) ADR in Versandstücken auf einem LKW, zulässige Gesamtmasse 4,5 t, zu befördern. Benötigt der Fahrzeugführer eine ADR-Bescheinigung? ❷

24) Es sind 400 l eines Stoffes der Klasse 8 Ziffer 1 b) ADR in Versandstücken auf einem LKW, zulässige Gesamtmasse 3,5 t, zu befördern. Benötigt der Fahrzeugführer eine ADR-Bescheinigung? Begründen Sie Ihre Antwort! ❷

25) Es sollen Gegenstände der Klasse 1 Ziffer 37 in kennzeichnungspflichtiger Menge befördert werden. Welche Fahrzeugbesatzung ist nach ADR erforderlich? Nennen Sie auch die Randnummer! ❷

Texte

Punkte

26) **MC**
Ein Mehrkammertankfahrzeug ist nur vorne und hinten mit Warntafeln mit Kennzeichnungsnummern ausgerüstet. Mit welchen Warntafeln ist das Fahrzeug zu kennzeichnen, wenn Benzin und Dieselkraftstoff zusammen in diesem Fahrzeug befördert werden?
 a) Die gemeinsame Beförderung ist mit diesem Fahrzeug nicht zulässig. ( )
 b) Warntafeln mit Kennzeichnungsnummern 33/1203 ( )
 c) Warntafeln mit Kennzeichnungsnummern 30/1202 ( )
 d) Neutrale Warntafeln ohne Kennzeichnungsnummern ( ) ❶

27) Sie wollen 10 Kanister mit Benzin (gesamt 200 l) und 25 Kanister Dieselkraftstoff (gesamt 500 l) mit einem LKW auf der Straße befördern lassen. Ist das Fahrzeug hierzu mit Warntafeln zu kennzeichnen? Geben Sie für Ihre Antwort eine kurze Begründung! ❸

28) Sie setzen für Benzin ein Tankfahrzeug ein, das nicht von der Anwendung des § 7 GGVS befreit ist. Bis zu welcher Menge dürfen Sie Benzin der Klasse 3 Ziffer 3 b) ADR auf Entfernungen bis zu 100 km befördern, ohne eine Fahrwegbestimmung nach § 7 GGVS beachten zu müssen? ❷

29) An welchen Stellen und mit welchen Gefahrzetteln muß ein Fahrzeug nach ADR versehen sein, das radioaktive Stoffe nach den Blättern 5 bis 13 der Klasse 7 befördert? ❷

30) Welche Information über ein Versandstück mit Stoffen der Klasse 7 enthält die Transportkennzahl? ❶

31) Um den Fahrzeugführer zu überwachen, fahren Sie auf einem LKW mit, der Gasflaschen mit UN 1017 Chlor, 2 Ziffer 2 TC ADR befördert. Auf dem Fahrzeug befindet sich die Ausrüstung nach Rn. 10 260 ADR und eine Gasmaske für den Fahrzeugführer. Muß für Sie auch eine Gasmaske mitgeführt werden? Geben Sie auch die zutreffende Randnummer an! ❷

32) Bei der Beförderung von bestimmten Gasen der Klasse 2 in Gefäßen oder in Tanks ist eine besondere Schutzausrüstung für das Fahrpersonal erforderlich. Geben Sie die zu beachtenden Randnummern an! ❷

(Straße) Amtliche Prüfungsfragen

Punkte

33) Es sollen 10 Gasflaschen, die mit UN 1965 Propan (Nettomasse 33 kg/Flasche) gefüllt sind, auf einem bedeckten Fahrzeug (zulässiges Gesamtgewicht 3,5 t) auf der Straße befördert werden. Geben Sie an,
   a) wie das Fahrzeug gekennzeichnet sein muß, ❷
   b) ob der Fahrzeugführer eine ADR-Bescheinigung benötigt, ❶
   c) in welchen Randnummern der Fahrzeugführer Hinweise über die mitzuführende persönliche Schutzausrüstung findet, ❷
   d) welche Begleitpapiere der Fahrzeugführer mitführen muß. ❸
   ⑧

34) Es sollen 5 Flaschen UN 1072 Sauerstoff, verdichtet (Fassungsraum je 50 l), und UN 1001 Acetylen (Nettomasse je 10 kg) befördert werden. Muß die Beförderungseinheit mit orangefarbenen neutralen Warntafeln gekennzeichnet werden? ❷

35) In welcher Anlage des ADR sind die Vorschriften für die Beförderungsmittel und die Beförderung genannt? ❶

36) Es sollen 5 Flaschen UN 1072 Sauerstoff, verdichtet (Fassungsraum je 50 l), und UN 1001 Acetylen (Nettomasse je 10 kg) befördert werden. Der Fahrer des abholenden PKW-Kombi (gedecktes Fahrzeug) möchte von Ihnen wissen, unter welchen Bedingungen er diese Menge auf der Straße befördern darf. Beantworten sie folgende Fragen!
   a) Werden die in Rn. 10011 genannten Mengengrenzen überschritten? Bitte Berechnung angeben! ❸
   b) Muß der PKW mit Warntafeln versehen sein; wenn „Ja", mit welchen und wo? ❷
   c) Müssen Schriftliche Weisungen (Unfallmerkblätter) mitgeführt werden? ❷
   d) Muß das Fahrzeug eine ausreichende Belüftung haben? ❶
   e) Wie viele Feuerlöscher müssen mitgeführt werden? ❷
   f) Wie viele selbststehende Warnzeichen müssen mitgeführt werden? ❶
   g) Muß ein Unterlegkeil mitgeführt werden? Wie muß er beschaffen sein? ❸
   ⑭

147

37) **MC**
Welche Anforderungen stellt das ADR an die Kennzeichnung von Feuerlöschern?
a) Eine Kennzeichnung nach einer anerkannten Norm und dem ADR ist erforderlich. ( )
b) Nur eine Kennzeichnung nach ADR ist erforderlich. ( )
c) Es ist immer eine Kennzeichnung nach CEFIC erforderlich. ( )
d) Die Kennzeichnung der zuständigen Brandversicherung ist ausreichend. ( )

38) **MC**
Ist für Beförderungseinheiten EX/II nach ADR eine Bescheinigung der Zulassung (B.3-Bescheinigung) erforderlich?
a) Nein, nur bei EX/III erforderlich ( )
b) Ja ( )
c) Ja, aber nur innerstaatlich ( )
d) Ja, aber nur grenzüberschreitend ( )

39) Darf ein mit 20 000 l UN 1202 Dieselkraftstoff Klasse 3 Ziffer 31 c) ADR befülltes Tankfahrzeug ohne Überwachung auf einem Parkplatz über Nacht abgestellt werden?

40) **MC**
Mehrere Fahrzeuge befördern in Kolonne Stoffe der Klasse 1 in kennzeichnungspflichtigen Mengen. Wie groß muß nach ADR der Abstand zwischen den Beförderungseinheiten mindestens sein?
a) 30 m ( )
b) 50 m ( )
c) 100 m ( )
d) 200 m ( )

41) **MC**
Welche der nachfolgenden Aussagen ist über den Transport freigestellter Mengen nach Rn. 2601a ADR richtig?
a) Gefahrzettel sind auf den Verpackungen anzubringen. ( )
b) Die Vorschriften des Anhangs B.5 sind zu beachten. ( )
c) Es sind zusammengesetzte Verpackungen zu verwenden. ( )
d) Die Vorschriften der Anlage B sind zu beachten. ( )

(Straße) Amtliche Prüfungsfragen

Punkte

42) Es werden 2 Gasflaschen à 50 l mit UN 1072 Sauerstoff, verdichtet, 2 Ziffer 1 O ADR in einem gedeckten Fahrzeug befördert. Muß dieses Fahrzeug eine ausreichende Belüftung haben? ❷

43) MC
Welche der nachfolgenden Beförderungseinheiten benötigt nach ADR eine Bescheinigung der Zulassung (B.3-Bescheinigung)?
a) Beförderungseinheit mit gefährlichen Gütern der Klasse 3 in Versandstücken ( )
b) Trägerfahrzeuge für Aufsetztanks ( )
c) Beförderungseinheit zur Beförderung eines Tankcontainers mit einem Fassungsraum von 3 000 l ( )
d) Trägerfahrzeug eines Containers mit loser Schüttung ( ) ❶

44) MC
Welches der nachfolgenden Fahrzeuge benötigt nach ADR eine Bescheinigung der Zulassung (B.3-Bescheinigung)?
a) Beförderungseinheit mit gefährlichen Gütern in loser Schüttung ( )
b) Batterie-Fahrzeug mit einem Fassungsraum von 1 000 l ( )
c) Beförderungseinheit mit gefährlichen Gütern der Klasse 7 in Versandstücken ( )
d) Fahrzeug zur Beförderung eines Tankcontainers mit einem Fassungsraum von 6 000 l ( ) ❶

45) Auf einem LKW werden Versandstücke der Klasse 1 Ziffer 47 UN 0012 und UN 0014, Bruttomasse gesamt 1400 kg, befördert. Die Nettoexplosivstoffmasse beträgt 60 kg. Wie ist dieser LKW nach ADR zu bezetteln? ❷

46) Auf einem LKW sind 900 l Terpentin der Klasse 3 Ziffer 31 c) ADR in Fässern im grenzüberschreitenden Verkehr zu befördern. Auf dem LKW befindet sich ein Feuerlöschgerät mit 2 kg Pulver. Ist die Menge des Feuerlöschmittels ausreichend? ❷

47) MC
UN 1295 Trichlorsilan ist ein Gefahrgut der Klasse 4.3 Ziffer 1 a) ADR. Welche Aussage zur Beförderung dieses Stoffes in Versandstücken ist richtig?

Texte

Punkte

a) Für Trichlorsilan gilt als begrenzte Menge nach Rn. 10 011 ADR maximal 20 Liter. ( )
b) Trichlorsilan ist in der Tabelle nach Rn. 10 011 ADR nicht enthalten, d. h., es gibt keine Befreiungsmöglichkeit aufgrund dieser Randnummer. ( )
c) Trichlorsilan ist in der Tabelle nach Rn. 10 011 ADR nicht enthalten, d. h., es darf nicht befördert werden. ( )
d) Trichlorsilan ist in der Tabelle nach Rn. 10 011 ADR der Kategorie O zugeordnet. ( ) ❶

48) MC
Welche höchstzulässige Gesamtmenge nach Rn. 10 011 ADR ist für ungereinigte leere Gasflaschen, die noch geringe Reste Ammoniak, wasserfrei (2 Ziffer 2 TC ADR), enthalten, festgelegt?
a) kg Bruttomasse ( )
b) kg Bruttomasse ( )
c) Die Gesamtmenge je Beförderungseinheit ist für diese ungereinigten leeren Gefäße „unbegrenzt". ( )
d) kg Bruttomasse ( ) ❶

49) Mit welcher Randnummer des ADR beginnen die Sondervorschriften für die Beförderung gefährlicher Güter der Klasse 6.1? ❶

50) In welcher Randnummer des ADR finden Sie Begriffsbestimmungen für Fahrzeugarten? ❶

51) Ein Großcontainer enthält UN 1794 in loser Schüttung. Wie lauten die Kennzeichnungsnummern auf den orangefarbenen Warntafeln nach ADR? ❷

52) Welcher Anhang des ADR enthält die für die Stoffe vorgesehenen Kennzeichnungsnummern auf Warntafeln? ❶

53) Für welchen Typ von Beförderungseinheiten zur Beförderung von Explosivstoffen gilt die Rn. 10 251 b) ADR? ❶

54) Muß ein mit Gefahrgut beladener Anhänger, der im öffentlichen Verkehrsraum abgestellt wird, nach ADR mit einem Feuerlöscher ausgerüstet sein? ❷

55) In welcher Randnummer des ADR finden Sie die allgemeinen Vorschriften für die „sonstige Ausrüstung"? ❶

56) Bis zu welcher Gesamtmenge je Beförderungseinheit besteht bei Klasse 1 Ziffer 29 ADR keine Kennzeichnungspflicht? ❷

(Straße) Amtliche Prüfungsfragen

Punkte

57) Ein Tankfahrzeug befördert Benzin. An welchen Stellen müssen an diesem Tankfahrzeug Gefahrzettel angebracht werden? Wie lauten die Kennzeichnungsnummern auf den orangefarbenen Warntafeln? ❷

58) Ein Tankcontainer (Fassungsraum 20 000 l) ist mit UN 1017 Chlor, 2 Ziffer 2 TC ADR beladen. Ab welcher Nettomasse des Stoffes muß § 7 GGVS beachtet werden? ❷

59) Ein Stoff der Klasse 8 Ziffer 17 c) ADR (UN 1805) soll in einer zusammengesetzten Verpackung verpackt werden. Welche maximalen Höchstmengen je Innenverpackung und je Versandstück nach ADR sind zulässig, um die a-Randnummern nutzen zu können? ❷

60) Ein Großcontainer enthält UN 1794 in loser Schüttung. An welchen Stellen müssen die orangefarbenen Warntafeln mit Kennzeichnungsnummern am Container nach ADR angebracht sein? ❷

61) Dürfen leere ungereinigte Aufsetztanks nach Ablauf der Prüffristen dem Prüfort noch zugeführt werden? Nennen Sie auch die zutreffende Randnummer nach ADR! ❷

62) Wieviel kg Nettoexplosivstoffmasse UN 0027 Schwarzpulver der Klasse 1 Ziffer 4 dürfen auf einer Beförderungseinheit EX/II maximal transportiert werden, um die Befreiungen nach Rn. 10 011 ADR in Anspruch zu nehmen? ❷

63) Ein Tankfahrzeug befördert UN 1824 Natriumhydroxidlösung. An welchen Stellen müssen an diesem Tankfahrzeug nach ADR Gefahrzettel angebracht sein? Wie lauten die Kennzeichnungsnummern nach ADR auf den orangefarbenen Warntafeln? ❷

64) Ein Tankfahrzeug befördert UN 1077 Propen. An welchen Stellen müssen an diesem Tankfahrzeug nach ADR Gefahrzettel angebracht sein? Wie lauten die Kennzeichnungsnummern nach ADR auf den organgefarbenen Warntafeln? ❷

65) Ein Tankfahrzeug befördert UN 1897 Tetrachlorethylen. An welchen Stellen müssen an diesem Tankfahrzeug nach ADR Gefahrzettel angebracht sein? Wie lauten die Kennzeichnungsnummern nach ADR auf den orangefarbenen Warntafeln? ❷

Texte

Punkte

66) Auf einem LKW wird Abfall (UN 3175) in loser Schüttung befördert. Mit welchem Gefahrzettel (Nummer) und an welchen Stellen ist der LKW nach ADR zu bezetteln? ❷

67) **Klasse 1**
Welche Beförderungseinheiten, die Stoffe und Gegenstände der Klasse 1 befördern, benötigen im Stückgutverkehr ab Überschreitung bestimmter Mengen eine Bescheinigung der Zulassung (B.3-Bescheinigung) nach ADR? ❷

68) Welche höchstzulässige Gesamtmenge je Beförderungseinheit (Nettoexplosivstoffmasse) darf bei Klasse 1 Ziffer 37, nicht überschritten werden, um die Befreiungen nach Rn. 10 011 ADR in Anspruch zu nehmen? ❷

69) Dürfen ungereinigte leere Tankcontainer nach Ablauf der Prüffristen zum Prüfort befördert werden? Nennen Sie auch die zutreffende Randnummer nach ADR! ❷

70) Ist bei der Beförderung folgender Stoffe § 7 GGVS zu beachten? Anworten Sie mit „Ja" oder „Nein"!
   a) UN 1052, 1100 kg Nettomasse in einem Tankcontainer (3 000 l Fassungsraum) ❷
   b) UN 1613, 2500 kg Nettomasse in Versandstücken ❷
   c) UN 0005, 1200 kg Nettoexplosivstoffmasse in Versandstücken ❷
   d) UN 1202 Dieselkraftstoff in Versandstücken ❷
   ⑧

71) UN 1553 [Klasse 6.1, Ziffer 51 a)] soll in Tankcontainern auf der Straße befördert werden. Ab welcher Nettomasse des Stoffes und welchem Fassungsraum des Tankcontainers muß § 7 GGVS in Verbindung mit Anlage 1 GGVS beachtet werden? ❸

72) 10 Versandstücke mit UN 1950 Druckgaspackungen Klasse 2 Ziffer 5 TC ADR, Inhalt je Druckgaspackung 100 ml, Versandstückgewicht 2 kg, sollen versandt werden. Ist ein Versand nach a-Randnummer möglich? ❷

73) Welche Kennzeichnungsnummern nach ADR müssen auf den orangefarbenen Warntafeln an einem Tankcontainer angebracht werden, der mit dem Organochlor-Pestizid, flüssig, entzündbar, giftig (Lindan 80 %), Flammpunkt 20 Grad Celsius, beladen werden soll? ❷

(Straße) Amtliche Prüfungsfragen

Punkte

74) In welchen zeitlichen Abständen sind Tankfahrzeuge, die für Stoffe der Klasse 3 zugelassen sind, zu prüfen? Nennen Sie die unterschiedlichen Fristen und die Randnummern nach ADR! ❹

75) Sie prüfen ein Stückgutfahrzeug, das mit Benzin in Fässern (Gesamtmenge 300 l) beladen ist. Wieviel Feuerlöscher müssen bei einem grenzüberschreitenden Transport nach ADR mindestens mitgeführt werden? ❷

76) Gefahrgut UN 1223 ist nach ADR zu befördern.
    a) Ab welcher Gesamtmenge ist die „sonstige Ausrüstung" bei einem Stückguttransport dieses Stoffes mitzuführen? ❷
    b) Ab welcher Menge ist die „sonstige Ausrüstung" bei einem Tanktransport mitzuführen? ❷
    ④

77) UN 1944 Sicherheitszündhölzer, Klasse 4.1 Ziffer 2 c) ADR sind in 1 Kiste mit 40 kg Bruttomasse verpackt. Ist die Beförderung nach der a-Randnummer zulässig? Begründen Sie Ihre Antwort! ❸

78) Fünf Liter UN 1170 Ethanol, Lösung, Klasse 3 Ziffer 31 c) ADR sind in 1 Kanister aus Kunststoff abgefüllt. Ist die Beförderung des einzelnen Kanisters nach der a-Randnummer zulässig? Begründen Sie Ihre Antwort! ❸

79) **Klasse 1**
Ein Anhänger ist ordnungsgemäß mit Blitzlichtpulver der Klasse 1 Ziffer 8 (1.1 G) beladen. Die Nettomasse beträgt 3 000 kg. Darf dieser Anhänger von einem LKW gezogen werden, der nicht den Anforderungen der Rn. 11 204 ADR entspricht? Antwort mit Angabe der Randnummern! ❸

80) Es werden 280 l Benzin in Stahlkanistern transportiert. Darf ein Fahrzeugführer mit dieser Ladung durch ein Gebiet fahren, an dessen Beginn das Verkehrszeichen 261 (Verbot für kennzeichnungspflichtige Kraftfahrzeuge mit gefährlichen Gütern) aufgestellt ist? ❷

81) 1 l des Stoffes UN 1155 soll auf der Straße befördert werden. Unter welchen Bedingungen darf dieser Stoff nach Randnummer 2301a ADR befördert werden? ❸

Texte

Punkte

82) Welche Prüffristen sind für einen Tankcontainer, der für Stoffe der Klasse 8 Ziffer 42 zugelassen ist, vorgeschrieben? Nennen Sie die unterschiedlichen Fristen und die Randnummern nach ADR! ❹

83) **Klasse 1**
Wieviel kg Nettoexplosivstoffmasse UN 0027 Schwarzpulver der Klasse 1 (1.1 D) Ziffer 4 dürfen nach ADR auf einer Beförderungseinheit EX/II maximal transportiert werden? ❷

84) MC
Bei der Belieferung eines Kunden mit Heizöl tritt durch eine defekte Schlauchleitung Heizöl aus und droht in die Kanalisation zu laufen. Welche der aufgeführten Verhaltensweisen des Fahrzeugführers wird unter anderem durch § 4 GGVS gefordert?
a) Da Heizöl nicht als „marine pollutant" eingestuft ist, sind besondere Maßnahmen nicht erforderlich. Empfehlenswert ist aber das Ausstreuen von Ölbindemittel. ( )
b) Die Kanalisation muß sofort mit großen Mengen Wasser gespült werden. ( )
c) Der Fahrer hat nichts zu beachten, zuständig ist in diesem Fall der Empfänger. ( )
d) Der Fahrer muß durch geeignete Maßnahmen versuchen, den Schaden so gering wie möglich zu halten. Außerdem muß er die zuständigen Behörden selbst verständigen oder verständigen lassen. ( ) ❶

85) MC
Wozu dienen die Schriftlichen Weisungen beim Transport gefährlicher Güter?
a) Ausführliche Information nur für die Hilfskräfte (Polizei und Feuerwehr) bei einem Unfall. ( )
b) Anweisung für den Fahrer für das richtige Verhalten bei Unfällen oder Zwischenfällen, die sich während der Beförderung ereignen können. ( )
c) Begleitpapier für Kontrollzwecke durch die Gewerbeaufsicht im Betrieb. ( )
d) Checkliste für den Fahrer zur Einhaltung der Fahrstrecke. ( ) ❶

(Straße) Amtliche Prüfungsfragen

Punkte

86) Ein Fahrzeug befördert UN 1794 in loser Schüttung. Wo müssen nach ADR die Gefahrzettel am Fahrzeug angebracht sein? ❷

87) Welche Randnummer im ADR regelt für den Einzelfall die Verwendung der Gefahrzettel bei gefährlichen Gütern der Klasse 4.1 in Versandstücken? ❷

88) Welche Randnummer im ADR regelt für den Einzelfall die Verwendung der Gefahrzettel bei gefährlichen Gütern der Klasse 5.2 in Versandstücken? ❷

89) Welche Randnummer im ADR regelt für den Einzelfall die Verwendung der Gefahrzettel bei gefährlichen Gütern der Klasse 2 in Versandstücken? ❷

90) Welche beiden Randnummern der Anlage B ADR müssen Sie hinsichtlich der Kennzeichnung mit Gefahrzetteln eines Tankfahrzeugs bei der Beförderung von Sauerstoff, tiefgekühlt, flüssig, beachten? ❷

91) **MC**
Sie sehen an einem Tankfahrzeug, das 1977 Stickstoff, tiefgekühlt, flüssig, innerstaatlich befördert, den Gefahrzettel Nr. 2, in den der englische Aufdruck „Compressed gas" eingedruckt ist. Ist das zulässig?
   a) Ja, nach Rn. 3900 (3) sind Aufschriften, die auf die Art der Gefahr hinweisen, erlaubt. ( )
   b) Nein, da ein tiefgekühltes, flüssiges Gas kein verdichtetes Gas (= compressed gas) ist, ist dieser Aufdruck falsch und damit unzulässig. ( )
   c) Ja, da das Tankfahrzeug zu einer Niederlassung einer englischen Firma unterwegs ist. ( )
   d) Nein, in Deutschland nicht. ( ) ❶

92) Auf Gasflaschen sind Gefahrzettel mit Abmessungen deutlich kleiner als 10 x 10 cm. Geben Sie die Randnummer nach ADR an, die das erlaubt. ❷

93) **Klasse 2**
Ihre Firma soll Gasflaschen, die mit einem Gemisch aus 95 % Stickstoff + 5 % Kohlendioxid gefüllt sind, befördern. Wie lautet gemäß Rn. 2226 ADR die Bezeichnung im Beförderungspapier? ❸

Punkte

94) Ihre Firma soll Gasflaschen, die mit einem Gemisch aus 11 % Sauerstoff + 89 % Stickstoff gefüllt sind, befördern. Wie lautet gemäß Rn. 2226 ADR die Bezeichnung im Beförderungspapier? ❸

95) Ihre Firma soll Gasflaschen, die mit einem Gemisch aus 85 % Sauerstoff + 15 % Kohlendioxid befüllt sind, befördern. Wie lautet gemäß Rn. 2226 ADR die Bezeichnung im Beförderungspapier? ❸

96) MC
Einer Ihrer Kunden möchte eine Maschine transportieren, deren empfindliche Apparateteile mit Stickstoff (1,2 bar) geschützt sind. Unterliegt diese Beförderung den Vorschriften des ADR?
a) Ja, sie unterliegt dem ADR. ( )
b) Ja. Da die Maschine mit Stickstoff kein „Gefäß" im Sinne der Rn. 2211 ist, muß eine Ausnahme für die Maschine vorliegen, wenn befördert werden soll. ( )
c) Nein, siehe Rn. 2201a, Absatz 2 a) ( )
d) Nein, alle Beförderungen mit Gasen, deren Druck unter 2 bar ist, unterliegt nicht den Vorschriften des ADR. ( ) ❶

97) MC
In welcher Randnummer des ADR finden Sie das Verfahren zur Klassifizierung für Lösungen und Gemische mit mehreren gefährlichen Komponenten?
a) Rn. 2002 Abs. 3 ADR ( )
b) Rn. 2009 ADR ( )
c) Rn. 2002 Abs. 8 ADR ( )
d) Rn. 3301 ADR ( ) ❶

98) MC
In welchem Teil des ADR finden Sie Aussagen zur Klassifizierung?
a) Anlage 1 ( )
b) Anlage B ( )
c) Anlage A ( )
d) Anhang B ( )
e) Rahmenverordnung ( ) ❶

99) In welchem Teil des ADR sind die Prüfmethoden für die Bestimmung der explosiven Eigenschaften und die Klassifizierungsmethoden im ADR beschrieben? ❷

(Straße) Amtliche Prüfungsfragen

Punkte

100) Gelten Stoffe, die Mikro-Organismen enthalten und der Risikogruppe 1 zugeordnet sind, als ansteckungsgefährliche Stoffe im Sinne des ADR? Nennen Sie auch die Randnummer! ❷

101) Gegenstände welcher Verträglichkeitsgruppe in der Klasse 1 sind nicht zur Beförderung nach ADR zugelassen? Geben Sie auch Randnummer und Absatz an! ❷

102) Welche Versandstücke dürfen nach ADR nicht mit Versandstücken der Klasse, die mit einem Gefahrzettel nach Muster 7A, 7B oder 7C bezettelt sind, auf einem Fahrzeug zusammengeladen werden? ❷

103) In welcher Randnummer des ADR sind Zusammenladeverbote für Versandstücke der Klasse 7, die mit einem Zettel nach Muster 7 A bezettelt sind, geregelt? ❷

104) Klasse 7
In welcher Randnummer des ADR sind die Grenzwerte für nicht festhaftende Oberflächenkontaminationen bei Umverpackungen und Containern festgelegt? ❷

105) MC
In welchem Fall darf ein Versandstück der Klasse 7 nach ADR nicht befördert werden?
a) Wenn es sich nicht zu Kontrollzwecken öffnen läßt ( )
b) Wenn es keine Bleiabschirmung besitzt ( )
c) Wenn es keine Tragegriffe besitzt ( )
d) Wenn es offensichtlich beschädigt ist ( )
e) Wenn es keine wasserdichte Hülle besitzt ( ) ❶

106) MC
Was müssen Sie überprüfen, wenn Sie eine Ladung Gefahrgut der Klasse 7 ADR kontrollieren?
a) die MAK-Werte ( )
b) das Gewicht des Versandstücks ( )
c) den Inhalt durch Öffnen der Verpackung ( )
d) Anzahl, Zustand und Kennzeichnung anhand der Papiere ( ) ❶

107) MC
In einem gedeckten Fahrzeug sollen Druckgaspackungen in Versandstücken befördert werden. Wird im ADR für das Fahrzeug eine Belüftung vorgeschrieben?

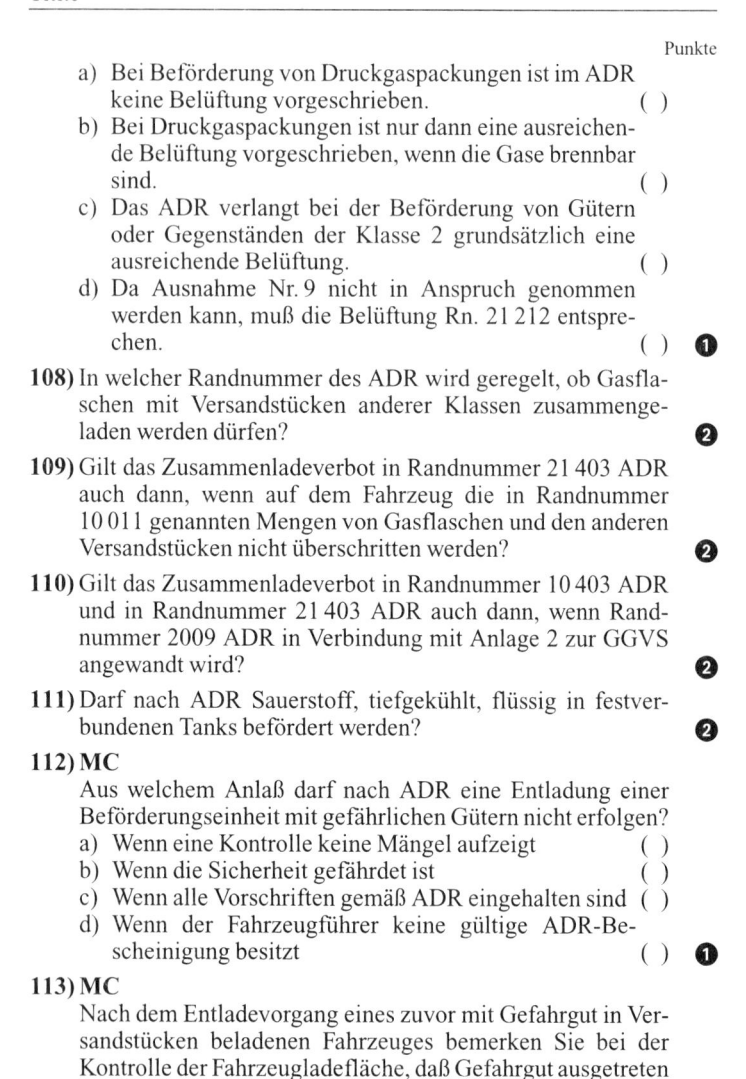

Punkte

a) Bei Beförderung von Druckgaspackungen ist im ADR keine Belüftung vorgeschrieben. ( )
b) Bei Druckgaspackungen ist nur dann eine ausreichende Belüftung vorgeschrieben, wenn die Gase brennbar sind. ( )
c) Das ADR verlangt bei der Beförderung von Gütern oder Gegenständen der Klasse 2 grundsätzlich eine ausreichende Belüftung. ( )
d) Da Ausnahme Nr. 9 nicht in Anspruch genommen werden kann, muß die Belüftung Rn. 21 212 entsprechen. ( ) ❶

108) In welcher Randnummer des ADR wird geregelt, ob Gasflaschen mit Versandstücken anderer Klassen zusammengeladen werden dürfen? ❷

109) Gilt das Zusammenladeverbot in Randnummer 21 403 ADR auch dann, wenn auf dem Fahrzeug die in Randnummer 10 011 genannten Mengen von Gasflaschen und den anderen Versandstücken nicht überschritten werden? ❷

110) Gilt das Zusammenladeverbot in Randnummer 10 403 ADR und in Randnummer 21 403 ADR auch dann, wenn Randnummer 2009 ADR in Verbindung mit Anlage 2 zur GGVS angewandt wird? ❷

111) Darf nach ADR Sauerstoff, tiefgekühlt, flüssig in festverbundenen Tanks befördert werden? ❷

112) MC
Aus welchem Anlaß darf nach ADR eine Entladung einer Beförderungseinheit mit gefährlichen Gütern nicht erfolgen?
a) Wenn eine Kontrolle keine Mängel aufzeigt ( )
b) Wenn die Sicherheit gefährdet ist ( )
c) Wenn alle Vorschriften gemäß ADR eingehalten sind ( )
d) Wenn der Fahrzeugführer keine gültige ADR-Bescheinigung besitzt ( ) ❶

113) MC
Nach dem Entladevorgang eines zuvor mit Gefahrgut in Versandstücken beladenen Fahrzeuges bemerken Sie bei der Kontrolle der Fahrzeugladefläche, daß Gefahrgut ausgetreten ist. Ist nach ADR eine erneute Beladung mit anderen Gefahrgütern zulässig?

(Straße) Amtliche Prüfungsfragen

Punkte

a) Ja, aber erst nach Rücksprache mit der beauftragten Person. ( )
b) Das entscheidet der Fahrzeugführer. ( )
c) Nein, erst nach Reinigung der Ladefläche. ( )
d) Ja, eine Beladung mit anderen Gefahrgütern ist stets möglich. ( ) ❶

114) MC
Im Rahmen einer Kontrolle eines gerade entladenen Fahrzeuges bemerken Sie, daß noch Reste von gefährlichen Gütern auf der Ladefläche vorhanden sind. Was unternehmen Sie?
a) Das Fahrzeug kann losfahren, ohne weitere Maßnahmen zu ergreifen. ( )
b) Vor erneutem Beladen Ladefläche reinigen lassen. ( )
c) Ich kümmere mich nicht darum, da es nicht meine Aufgabe als Gefahrgutbeauftragter ist. ( )
d) Ich lasse die Ladefläche mit einer Plastikfolie abdecken. ( ) ❶

115) MC
Zusammenladeverbote für die Beförderung gefährlicher Güter in einem Fahrzeug gelten:
a) nicht oder nur bedingt für Container ( )
b) auch für Container ( )
c) nur für vollwandige Container im Seeverkehr ( )
d) nur im Schienenverkehr des RID ( ) ❶

116) MC
In welchem Teil des ADR sind Sondervorschriften für die einzelnen Klassen bezüglich der Zusammenladeverbote beschrieben?
a) Im Anhang B.1d ( )
b) Randnummer 270 000 ( )
c) Anlage B II. Teil ( )
d) Abschnitt 5 Rn. 211 460 ( ) ❶

117) MC
Dürfen Versandstücke, gekennzeichnet mit Gefahrzettel Nr. 6.1, zusammen mit Nahrungs-, Genuß- und Futtermitteln nach ADR auf ein Fahrzeug geladen werden?
a) Ja, wenn eine Trennung auf dem Fahrzeug erfolgt ( )
b) Nein ( )

Texte

Punkte
c) Nur im grenzüberschreitenden Verkehr ( )
d) Nur im innerstaatlichen Verkehr ( ) ❶

118) MC
Es sind nässeempfindliche Verpackungen mit gefährlichen Gütern zu befördern. Welche der nachfolgenden Fahrzeugarten darf nach ADR für den Transport dieser Güter verwendet werden?
a) ein offenes Fahrzeug ( )
b) ein Silotankfahrzeug ( )
c) ein gedecktes Fahrzeug ( )
d) eine Sattelzugmaschine ( )
e) ein Batterie-Fahrzeug ( ) ❶

119) MC
In welchem Fall darf die Beladung einer Beförderungseinheit mit gefährlichen Gütern nach ADR nicht erfolgen?
a) Wenn die Beförderungseinheit in einem Nicht-ADR-Staat zugelassen ist. ( )
b) Wenn der Fahrzeugführer seine Sozialversicherungskarte vergessen hat. ( )
c) Wenn der Fahrzeugführer die vorgeschriebene Ausrüstung nach ADR nicht vorweisen kann. ( )
d) Wenn auf dem Fahrtenschreiberblatt die zulässige Lenkzeit nicht überschritten ist. ( ) ❶

120) MC
Welche Aussage zu den Zusammenladeverboten ist nach ADR richtig?
a) Zusammenladeverbote gelten nicht für Container. ( )
b) Zusammenladen liegt vor, wenn verschiedene Gefahrgüter zu einem Versandstück vereinigt werden. ( )
c) Zusammenladeverbote gelten für das Zusammenladen auf einem Fahrzeug. ( )
d) Es gibt keine Zusammenladeverbote im ADR. ( ) ❶

121) Dürfen UN 0366 Detonatoren für Munition der Klasse 1 Ziffer 47 in Versandstücken zusammen mit Benzinfässern der Klasse 3 Ziffer 3 b) in einen Container geladen werden? ❷

122) MC
Wonach richten sich nach ADR die Zusammenladeverbote?
a) Nach dem Fahrzeug ( )

b) Nach der Kennzeichnung der Versandstücke mit Gefahrzetteln ( )
c) Nach der Mengengrenze nach Rn. 10 011 ( )
d) Es gibt keine Zusammenladeverbote im ADR. ( )

123) Welche Randnummer des ADR enthält allgemeine Regelungen zur Handhabung und Verstauung von Gefahrgut?

124) Welche Randnummer des ADR regelt die Reinigung nach dem Entladen gefährlicher Güter?

125) Ist nach ADR eine erneute Beladung mit Gütern der Klasse 4.2 zulässig, wenn zuvor bei der Entladung Güter der Klasse 4.1 auf der Ladefläche ausgetreten sind? Begründen Sie Ihre Antwort, geben Sie auch die Randnummer an!

126) In welchen Fahrzeugen müssen nach ADR nässeempfindliche Versandstücke befördert werden? Nennen Sie die zutreffende Randnummer und die Fahrzeugarten!

127) Sie bemerken auf der Ladefläche eines Gefahrgutfahrzeugs noch Reste einer Flüssigkeit der Klasse 3. Was ist nach ADR vor dem erneuten Beladen zu tun? Nennen Sie auch die entsprechende Randnummer!

128) Dürfen nach ADR gefährliche Güter der Klasse 1 Ziffer 4 mit gefährlichen Gütern anderer Klassen auf einem Fahrzeug zusammengeladen werden? Nennen Sie auch die entsprechende Randnummer!

129) Klasse 1
Eine Spedition bekommt einen Transportauftrag für Klasse 1 Unterklasse 1.1 D Ziffer 4. Ihnen steht eine Beförderungseinheit EX/II (zulässige Gesamtmasse 7,5 t) zur Verfügung. Nennen Sie die höchstzulässige Nettomasse in kg Explosivstoff für diese Beförderungseinheit und die Randnummer nach ADR!

130) Dürfen Sie nach ADR Güter der Klasse 1 Unterklasse 1.4 S mit Gütern der Klasse 2 (Gasflaschen) zusammen in einem Fahrzeug befördern? Nennen Sie die beiden zutreffenden Randnummern!

131) Welche Randnummer des ADR regelt allgemein die Zusammenladeverbote in einem Fahrzeug?

132) Dürfen nach ADR Versandstücke mit einem Gefahrzettel nach Muster 8 mit Versandstücken mit einem Gefahrzettel

nach Muster 1.4 (Verträglichkeitsgruppe S) zusammen in einem Fahrzeug verladen werden? Welche Randnummer ist zu beachten? ❷

133) Dürfen nach ADR Versandstücke mit einem Gefahrzettel nach Muster 6.2 mit Versandstücken mit einem Gefahrzettel nach Muster 1.4 (Verträglichkeitsgruppe S) zusammen in einem Fahrzeug verladen werden? Welche Randnummer ist zu beachten? ❷

134) Dürfen nach ADR Versandstücke mit einem Gefahrzettel nach Muster 3 mit Versandstücken mit je einem Gefahrzettel nach Muster 5.2 und 01 zusammen in einem Fahrzeug verladen werden? Welche Randnummer ist zu beachten? ❷

135) Dürfen nach ADR Gegenstände der Klasse 1 Ziffer 47 mit Stoffen der Klasse 2 zusammen auf ein Fahrzeug geladen werden? Nennen Sie auch die zutreffende Randnummer! ❷

136) Nahrungs-, Genuß- und Futtermittel sollen mit gefährlichen Gütern in Versandstücken zusammen auf einer Ladefläche befördert werden. Bei welcher Bezettelung der Versandstücke sind nach ADR Vorsichtsmaßnahmen zu treffen? Nennen Sie zwei Beispiele! ❷

137) Wie kann eine Trennung zwischen Nahrungs-, Genuß- und Futtermitteln und Gefahrgut der Klasse 6.1, jeweils in Versandstücken, in einem Fahrzeug erfolgen? Nennen Sie eine Möglichkeit nach ADR! ❷

138) Besteht bei nachfolgenden Beispielen ein Zusammenladeverbot auf einem Fahrzeug? Antworten Sie mit Ja oder Nein!
   a) Gegenstände der Klasse 1 Ziffer 47 und Stoffe der Klasse 6.2 ❷
   b) Stoffe der Klasse 8 und Stoffe der Klasse 2 ❷
   c) Stoffe der Klasse 4.2 und Gegenstände der Klasse 1 Ziffer 30 ❷
   d) Gegenstände der Klasse 1 Ziffer 43 und Gegenstände der Klasse 1 Ziffer 37 ❷

⑧

(Straße) Amtliche Prüfungsfragen

Punkte

139) Ein Unternehmen befördert im innerstaatlichen Verkehr Heizöl (leicht) in einem Aufsetztank. Welche Bescheinigung muß bei diesen Transporten zusätzlich zu den in Randnummer 10 381 ADR aufgeführten Dokumenten nach GGVS mitgeführt werden? ❷

140) Ein leeres, ungereinigtes Tankfahrzeug war zuletzt mit 1202 Heizöl (leicht) beladen. Für die Leerfahrt zur Ladestelle soll ein Beförderungspapier erstellt werden. Wie lautet nach ADR die vollständige Bezeichnung im Beförderungspapier? ❸

141) Als verantwortlicher Verlader eines Mineralöltanklagers stellen Sie bei der Überprüfung eines abholenden Tankfahrzeuges fest, daß die Gültigkeit der B.3-Bescheinigung vor 14 Tagen abgelaufen ist. Dürfen Sie nach ADR dieses Fahrzeug zur Beladung freigeben? ❷

142) MC Klasse 7
In welchem Begleitpapier können Nebenbestimmungen und Auflagen aufgeführt sein, die bei einer Beförderung radioaktiver Stoffe der Klasse 7 Blätter 5–13 ADR eingehalten werden müssen?
a) In der ADR-Bescheinigung (Rn. 10 315) ( )
b) In den Schriftlichen Weisungen (Unfallmerkblatt) ( )
c) In den allgemeinen Bestimmungen gemäß Rn. 2002 ( )
d) In der Beförderungsgenehmigung ( )
e) In der Fahrwegbestimmung ( ) ❶

143) MC Klasse 7
Welche der aufgeführten Stoffbezeichnungen ist die korrekte Eintragung im Beförderungspapier nach ADR?
a) Radioaktiver Stoff, freigestelltes Versandstück, begrenzte Stoffmenge; 7, Blatt 3, RID; ( )
b) Radioaktiver Stoff, freigestelltes Versandstück, begrenzte Stoffmenge; 7, Blatt 1, ADR; ( )
c) Radioaktiver Stoff, freigestelltes Versandstück, begrenzte Stoffmenge, GGVS; ( )
d) Radioaktiver Stoff, freigestelltes Versandstück 7, Blatt 9, GGVS; ( )
e) Radioaktiver Stoff, n.a.g., in Typ-A Versandstück 7, Blatt 9, GGVS ( ) ❶

Texte

Punkte

144) MC Klasse 7
Welche der aufgeführten Stoffbezeichnungen für einen Kernbrennstofftransport Straße/Schiene ist die korrekte Eintragung im Beförderungspapier nach ADR/RID?
a) Radioaktiver Stoff, freigestelltes Versandstück, begrenzte Stoffmenge; 7, Blatt 1, ADR ( )
b) Radioaktiver Stoff, spaltbar, n.a.g., in Typ-B(M)F Versandstück, 7, Blatt 12, RID ( )
c) Radioaktiver Stoff, 7, Blatt 1, ADR ( )
d) Radioaktiver Stoff, freigestelltes Versandstück, begrenzte Stoffmenge, RID ( )
e) Uranhexafluorid, Typ-A-Versandstück 6.1, 76a GGVS ( ) ❶

145) MC
Welche Eintragung ist bei der Beförderung von Stoffen der Klasse 7 im Beförderungspapier nach ADR vorgeschrieben?
a) Äquivalentdosis ( )
b) Baumusterzulassung der Verpackung ( )
c) UN-Nummer der Verpackung ( )
d) Kennzeichnungsnummer des Stoffes ( )
e) Nummer der Berechtigungsliste ( ) ❶

146) MC Klasse 7
Welches besondere Begleitpapier nach Atomgesetz/Strahlenschutzverordnung muß bei einer Beförderung nach Blatt 5 – 13 der Klasse 7 mitgeführt werden?
a) Führerschein ( )
b) Erlaubnisurkunde nach GÜKG ( )
c) Erklärung über die Strahlenschutzbelehrung des Verladers ( )
d) Beförderungsgenehmigung ( )
e) Amtsärztliche Bescheinigung einer Strahlenschutzuntersuchung ( ) ❶

147) MC Klasse 7
Welches besondere Begleitpapier muß nach Atomgesetz/Strahlenschutzverordnung mitgeführt werden, wenn eine Beförderung nach den Blättern 5–13 der Klasse 7 durchgeführt wird?
a) Schriftliche Weisungen (Unfallmerkblatt) ( )
b) Baumusterzulassung der Verpackung ( )

Punkte
c) Bescheinigung der Strahlenschutzbelehrung ( )
d) Bescheinigung der besonderen Zulassung ( ) ❶

148) MC
Wie lautet nach ADR die richtige und vollständige Bezeichnung im Beförderungspapier für verdichtetes Argon?
a) Argon, verdichtet, 2, Ziffer 1A, ADR ( )
b) Argon, 2, Ziffer 1A, GGVS ( )
c) Argon, verdichtet, 2, Ziffer 1A, ADR ( )
d) Argon, 2, Ziffer 1A, ADR ( ) ❶

149) Es sollen Gasflaschen zur wiederkehrenden Prüfung befördert werden. Bei einigen dieser Gasflaschen ist die angegebene Prüffrist schon seit mehreren Jahren abgelaufen. Ist diese Beförderung nach ADR zulässig? ❶

150) MC
Wie lautet nach ADR die Bezeichnung für Chlordifluormethan im Beförderungspapier?
a) Chlordifluormethan ( )
b) UN 1018 Chlorfluormethan ( )
c) UN 1018 R22 ( )
d) Kältemittel R22 ( ) ❶

151) In welcher Randnummer des ADR steht, daß der Fahrer eines Tankfahrzeugs für Sauerstoff, tiefgekühlt, flüssig, die B.3-Bescheinigung mitzuführen hat? ❷

152) Nennen Sie vier Begleitpapiere, die der Fahrer eines Tankfahrzeugs für Sauerstoff, tiefgekühlt, flüssig, nach ADR mitzuführen hat! ❹

153) MC
Welche zusätzliche Angabe ist nach Rn. 2002 Absatz 3 ADR im Beförderungspapier bei Stoffen und Gegenständen der Klasse 1 vorgeschrieben?
a) Angabe der Kodierung bei Säcken aus Kunststoff ( )
b) Wie viele Einzelverpackungen in einem Versandstück enthalten sind ( )
c) Angabe der Gesamtnettomasse der enthaltenen Explosivstoffe ( )
d) Verfallsdatum bei pyrotechnischen Gegenständen ( )
e) Die Chargen oder Losnummern einzelner Stoffe ( ) ❶

Texte

Punkte

154) MC
Sie kontrollieren die Inhalte von B.3-Bescheinigungen. In welcher Vorschrift des ADR finden Sie dazu Informationen?
a) Anhang A.9 ADR ( )
b) Rn. 10 282 ADR ( )
c) Anhang B.1 b ADR ( )
d) In der GGVSee ( ) ❶

155) MC
Welches Regelwerk gibt Erläuterungen zum Inhalt einer B.3-Bescheinigung?
a) § 7 GGVS ( )
b) Das ADNR ( )
c) RS 002 ( )
d) Anhang B.4 ADR ( ) ❶

156) MC
Bei welcher der nachfolgenden Beförderungen ist die Erklärung nach Rn. 2002 Abs. 9 ADR erforderlich?
a) Bei innergemeinschaftlichen Beförderungen ( )
b) Bei innerstaatlichen Notfallbeförderungen gemäß Rn. 2009 e) ( )
c) Bei Privattransporten nach Rn. 2009 a) ( )
d) Bei Beförderungen nach Ausnahme Nr. 9 (E, S) der Gefahrgut-Ausnahmeverordnung ( ) ❶

157) MC
Welche der aufgeführten Angaben ist in einem Beförderungspapier für den Straßengefahrguttransport innerhalb Deutschlands nach ADR erforderlich?
a) Abkürzung „ARD" ( )
b) Abkürzung „ADR" ( )
c) Abkürzung „GGVS" ( )
d) Abkürzung „GGVSee" ( ) ❶

158) MC
Welche zusätzliche Angabe ist nach ADR für Stoffe oder Gegenstände der Klasse 1 im Beförderungspapier erforderlich?
a) Es sind keine besonderen Angaben. ( )
b) Es ist die Nummer der ADR-Bescheinigung des Fahrzeugführers anzugeben. ( )
c) Angabe der Kfz-Nummer des Fahrzeugs erforderlich. ( )

(Straße) Amtliche Prüfungsfragen

Punkte

d) Angabe der Gesamtnettomasse der enthaltenen Explosivstoffe. ( )
e) Angabe des Ablaufdatums der Prüffrist für Feuerlöscher erforderlich. ( ) ❶

159) MC
Gehört das Containerpackzertifikat für den Seeverkehr zu den möglichen Begleitpapieren nach ADR?
a) Nein, das Containerpackzertifikat ist nur im Seeverkehr erforderlich. ( )
b) Ja, wenn sich der Container im Zulauf zum Seetransport befindet. ( )
c) Nein, im Zu- und Ablauf zum/vom Seetransport ist kein Containerpackzertifikat erforderlich. ( )
d) Nein, da Container im Seeverkehr nicht befördert werden dürfen. ( ) ❶

160) MC
Bei einem zu befördernden Gut, das in der Anlage 1 GGVS genannt ist, muß § 7 beachtet werden. Welches zusätzliche Begleitpapier ist nach GGVS in diesem Fall für die Beförderung auf der Straße erforderlich?
a) Strahlenschutzbelehrung ( )
b) Fahrwegbestimmung ( )
c) Fahrzeugschein ( )
d) Führerschein des Fahrzeugführers ( )
e) Containerpackzertifikat ( ) ❶

161) MC
Sie sollen für Ihren Betrieb eine Einzelausnahme für Tanks bei der nach Landesrecht zuständigen Stelle beantragen. Welche Rechtsgrundlage ist in diesem Fall maßgebend?
a) Anhang A.9 ADR ( )
b) § 5 GGVS ( )
c) TR 901 ( )
d) RS 006 ( )
e) Ausnahme Nr. 9 ( ) ❶

162) Wie viele Beförderungspapiere nach ADR müssen erstellt werden, wenn wegen Zusammenladeverboten ein Lkw mit Anhänger zum Transport eingesetzt werden muß? ❷

Texte

Punkte

163) Muß bei den nachfolgenden gefährlichen Gütern in Versandstücken, jeweils einzeln betrachtet, in den angegebenen Mengen eine Schriftliche Weisung nach ADR (Rn. 10 385) mitgeführt werden? Antworten Sie mit „Ja" oder „Nein"!
- a) Klasse 4.1   Ziffer 2c) ADR   5 000 kg brutto ❷
- b) Klasse 1.4 S Ziffer 47 ADR   1 300 kg Nettoexplosivstoffmasse ❷
- c) UN 1223   1 100 Liter ❷
- d) UN 3257   500 Liter ❷

⑧

164) Muß bei den nachfolgenden gefährlichen Gütern in Versandstücken, jeweils einzeln betrachtet, in den angegebenen Mengen eine Schriftliche Weisung nach ADR (Rn. 10 385) mitgeführt werden? Antworten Sie mit „Ja" oder „Nein"!
- a) Benzin   300 Liter ❶
- b) Sauerstoff, verdichtet   400 Liter ❶
- c) Dibenzoylperoxid, 5.2 Ziffer 2 b)   25 kg ❶
- d) UN 1832   100 Liter ❶

④

165) MC
Wann muß ein Fahrzeug nach Rn. 10 282 ADR spätestens zur technischen Untersuchung, wenn in der Bescheinigung der Zulassung (B.3-Bescheinigung) steht: „Gültig bis 27. 04. 1999"?
- a) Bis 26. 04. 2000 ( )
- b) Spätestens bis 27. 05. 1999 ( )
- c) Wie bei der Hauptuntersuchung kann bis zu 2 Monate überzogen werden, also bis 27. Juni 1998. ( )
- d) Gar nicht, Bescheinigung ist unbegrenzt verwendbar. ( ) ❶

166) MC
Welche der nachfolgenden Beförderungseinheiten benötigt nach ADR keine Bescheinigung der Zulassung (B.3-Bescheinigung)?
- a) Tankfahrzeug mit festverbundenem Aufsetztank ( )
- b) Beförderungseinheit zur Beförderung eines Tankcontainers mit einem Fassungsraum > 3 000 l ( )
- c) Beförderungseinheit Typ III ( )
- d) Bedeckte Fahrzeuge mit gefährlichen Gütern in loser Schüttung ( )
- e) Beförderungseinheit Typ II ( ) ❶

(Straße) Amtliche Prüfungsfragen

Punkte

167) Es sollen 5600 kg Nettomasse UN 1745 Brompentafluorid der Klasse 5.1 Ziffer 5 in Fässern befördert werden. Ist für diesen Transport eine Fahrwegbestimmung nach § 7 GGVS erforderlich? ❷

168) Sind die folgenden Angaben in einem Beförderungspapier nach ADR richtig? Antworten Sie mit „Ja" oder „Nein"!
  a) 2794 Batterien, naß, gefüllt mit Säure, 8 Ziffer 81 c) ADR ❷
  b) 1203 Benzin, 3 Ziffer 3 b) GGVS ❷
  c) 1002 Luft, 2 Ziffer 1 f) ADR ❷
  d) Tetrachlorethylen, 6.1 Ziffer 15 c) ADR ❷
  ⑧

169) Sind die folgenden Angaben in einem Beförderungspapier nach ADR richtig? Antworten Sie mit „Ja" oder „Nein"!
  a) 1077 Propan, 2 Ziffer 2 F ADR ❶
  b) 2990 Rettungsmittel, selbstaufblasend, 9 Ziffer 6 ADR ❶
  c) Kaliumhydroxidlösung, 8 Ziffer 42 b) ADR ❶
  d) 1402 Calciumcarbid, 4.3 Ziffer 17 b) GGVS ❶
  ④

170) In welchem Begleitpapier nach ADR finden Sie Angaben zur persönlichen Schutzausrüstung? ❶

171) Wie lange gilt nach ADR die Bescheinigung der Zulassung (B.3-Bescheinigung)? Geben Sie auch Randnummer und Absatz an! ❷

172) In welchem Begleitpapier nach ADR können Sie feststellen, ob ein Tankfahrzeug für die Beförderung eines bestimmten gefährlichen Gutes zugelassen ist? ❷

173) Sind Ausnahmen gemäß § 5 GGVS befristet? ❶

174) Ihr Unternehmen nimmt im Zulauf zu einem Seehafen für ein bestimmtes Gefahrgut die Ausnahme Nr. 54 (E, S) der Gefahrgut-Ausnahmeverordnung in Anspruch. Welcher zusätzliche Eintrag ist im Beförderungspapier erforderlich? ❷

175) Ihr Unternehmen nimmt im Ablauf von einem Flugplatz für ein bestimmtes Gefahrgut die Ausnahme Nr. 54 (E, S) der Gefahrgut-Ausnahmeverordnung in Anspruch. Welcher zusätzliche Eintrag ist im Beförderungspapier erforderlich? ❷

Texte

Punkte

176) Nach welcher Randnummer des ADR müssen Tankfahrzeuge eine Bescheinigung der Zulassung (B.3-Bescheinigung) besitzen? ❷

177) Benötigt ein Fahrzeug zur Beförderung von Tankcontainern (Fassungsraum jeweils größer als 3000 l) nach ADR eine Bescheinigung der Zulassung (B.3-Bescheinigung)? Nennen Sie auch die Randnummer! ❷

178) Nennen Sie drei Begleitpapiere für eine grenzüberschreitende Beförderung! ❸

179) Ergänzen Sie nachfolgende Kennzeichnungsnummern mit Klasse, Ziffer, ggf. Buchstabe/Gruppe nach ADR:
a) UN 1002 ❸
b) UN 1223 ❸
c) UN 1814 ❸
⑨

180) Ergänzen Sie nachfolgende Kennzeichnungsnummern mit Klasse, Ziffer, ggf. Buchstabe nach ADR:
a) UN 2739 ❸
b) UN 2212 ❸
c) UN 1202 ❸
⑨

181) Geben Sie für folgende gefährliche Güter UN-Nummer, Klasse, Ziffer, ggf. Buchstabe/Gruppe nach ADR an!
a) Butan ❹
b) Aceton ❸
c) Kaliumfluorid ❸
⑩

182) Druckgaspackungen der Klasse 2 mit mehr als 45 Masseprozent an brennbarem Inhalt sind zu befördern. Geben Sie UN-Nummer, Klasse, Ziffer, Gruppe nach ADR an! ❹

183) Geben Sie für UN 2800 die Bezeichnung für ein Beförderungspapier einschließlich Klasse, Ziffer und Buchstabe des ADR an! ❸

184) Geben Sie für UN 1011 die Bezeichnung für ein Beförderungspapier einschließlich Klasse, Ziffer und Buchstabe des ADR an! ❸

(Straße) Amtliche Prüfungsfragen

Punkte

185) Geben Sie für Gasöl die Bezeichnung für ein Beförderungspapier einschließlich Klasse, Ziffer und Buchstabe des ADR an! ❸

186) Geben Sie für Calciumcarbid die Bezeichnung für ein Beförderungspapier einschließlich Klasse, Ziffer und Buchstabe des ADR an! ❸

187) Geben Sie für Asbest weiß die Bezeichnung für ein Beförderungspapier einschließlich Klasse, Ziffer und Buchstabe des ADR an! ❸

188) UN 1805 ist zu befördern. Wie lautet die vollständige Bezeichnung gemäß Rn. 2814 Absatz 1 und 3 ADR im Beförderungspapier zu diesem Stoff? ❸

189) Nach Ausnahme Nr. 35 (S) der Gefahrgut-Ausnahmeverordnung kann in bestimmten Fällen das Sammelunfallmerkblatt verwendet werden. Für welche Klassen ist dies zulässig? ❹

190) Ab welcher Gesamtmenge je Beförderungseinheit werden bei der Beförderung von UN 3175 in Versandstücken Schriftliche Weisungen (Unfallmerkblätter) nach ADR benötigt? ❷

191) Welches zusätzliche Begleitpapier wird nach ADR benötigt, wenn ein Container mit gefährlichen Gütern einem Seehafen zugeführt wird? Nennen Sie auch die Randnummer! ❷

192) Nach welcher Randnummer des ADR müssen Batterie-Fahrzeuge mit einem Fassungsraum von mehr als 1000 l eine Bescheinigung der Zulassung (B.3-Bescheinigung) haben? ❷

193) Ist es nach ADR zulässig, die jährliche technische Untersuchung eines Tankfahrzeuges innerhalb eines Monats nach dem Ablauf der Gültigkeit durchzuführen? Nennen Sie auch die Randnummer mit Absatz! ❷

194) Welches Begleitpapier ist nach ADR für Beförderungseinheiten EX/II und EX/III zum Transport von Gütern der Klasse 1 zusätzlich erforderlich? ❷

195) Nennen Sie die vier der erforderlichen Begleitpapiere nach ADR, die bei einem innerstaatlichen Transport von UN 1824 Natriumhydroxidlösung (8/42 b) in Tankfahrzeugen vom Fahrzeugführer mitzuführen sind! ❹

171

Texte

Punkte

196) Ein Großcontainer enthält UN 1794 in loser Schüttung. Wie lautet die Bezeichnung nach Rn. 2814 Absatz 1 und 3 ADR im Beförderungspapier zu diesem Stoff? **3**

197) Nennen Sie die Begleitpapiere nach ADR, die bei einer Beförderung in loser Schüttung von UN 3175 vom Fahrzeugführer mitzuführen sind! **4**

198) MC
Zu welcher Klasse enthält Randnummer 2435 ADR eine Aussage?
a) Klasse 4.1 ( )
b) Klasse 4.3 ( )
c) Klasse 5.2 ( )
d) Klasse 4.2 ( )
e) Klasse 9 ( ) **1**

199) Welche Unterklassen der Klasse 1 beinhalten Stoffe und Gegenstände, die massenexplosionsfähig sind? Nennen Sie die zutreffende Randnummer einschließlich Absatz nach ADR und die Unterklassen! **4**

200) Wie lauten nach ADR Klasse, Ziffer, Gruppe, Kennzeichnungsnummer und die Benennung von Kohlendioxid? **4**

201) Wie lauten nach ADR Klasse, Ziffer, Gruppe, Kennzeichnungsnummer und die Benennung von tiefgekühltem flüssigen Kohlendioxid? **4**

202) Zu welcher Klasse enthält Rn. 31 500 ADR eine Aussage? **1**

203) Nennen Sie Randnummer und Absatz des ADR für die Zusammenpackvorschriften für einen Stoff der Klasse 3 Ziffer 6! **2**

204) In welcher Randnummer des ADR finden Sie die Stoffaufzählung für verdichtete Gase? **1**

205) In welcher Randnummer des ADR finden Sie die Stoffaufzählung für entzündbare feste Stoffe? **1**

206) In welchen Randnummern des ADR finden Sie bei den Klassen 5.2 und 6.1 die Bedingungen für das Zusammenpacken von gefährlichen Gütern dieser Klassen? **2**

207) Dürfen Stoffe und Gegenstände der Klasse 1 mit Stoffen der übrigen Klassen zusammengepackt werden? Nennen Sie auch Randnummer und Absatz des ADR! **2**

(Straße) Amtliche Prüfungsfragen

Punkte

208) MC
Es sollen Nebenprodukte der Aluminiumherstellung der Klasse 4.3 Ziffer 13 b) in loser Schüttung auf der Straße transportiert werden. Welche Aussage ist zutreffend?
a) Der Transport ist nach Rn. 43 111 verboten. ( )
b) Der Transport ist in gut belüfteten, bedeckten Fahrzeugen zulässig. ( )
c) Die Gefahr, daß die Ladung durch Feuchtigkeit in Brand gerät, ist zu vernachlässigen. ( )
d) Es ist ausreichend, für feuchte Witterung eine Plane von 2 x 3 m mitzuführen, um mit dieser bei Bedarf die Ladung zu schützen. In diesem Fall darf ein offenes Fahrzeug verwendet werden. ( ) ❶

209) MC
Welche Maßnahmen sind bei der Beförderung von Gefäßen der Klasse 2 hinsichtlich der Ladungssicherung zu beachten?
a) Gefäße sind grundsätzlich so zu verladen, daß sie nicht umkippen oder herabfallen können. ( )
b) Die Schutzkappen an den Gasflaschen müssen nur deswegen aufgeschraubt werden, um Schäden am Ventil durch Witterungseinflüsse zu verhindern. ( )
c) Alle Gasflaschen sind nur mit besonderen bruchsicheren Ventilen ausgestattet. ( )
d) Gasflaschen dürfen ausschließlich in offenen Beförderungseinheiten transportiert werden. ( ) ❶

210) MC
Wie hoch darf die Aktivität eines radioaktiven Stoffes in besonderer Form (Co 60) in einem Typ B(U)-Versandstück sein?
a) 410 Gbq ( )
b) 41 Gbq ( )
c) Entsprechend der Behälterzulassung ( )
d) 71 kBq/kg ( ) ❶

211) MC
In welchem Anhang finden Sie zu den Verpackungsarten bzw. zur Verpackungscodierung Angaben im ADR?
a) Anhang A.1 ( )
b) Anhang A.5 ( )
c) Anhang B.5 ( )

d) Anhang B.1 a ( )
e) Anhang A.9 ( ) ❶

212) In welcher Randnummer finden Sie im ADR die allgemeinen Bestimmungen für die Verwendung von Großpackmitteln? ❷

213) In welcher Randnummer des ADR befinden sich die allgemeinen Verpackungsvorschriften für die Klasse 1? ❷

214) In welcher Randnummer finden Sie im ADR Informationen zu den besonderen Vorschriften für metallene IBC? ❷

215) In welcher Randnummer des ADR finden Sie die Bedingungen für die Zusammenpackung von Stoffen und Gegenständen der Klasse 1 zu einem Versandstück? ❷

216) UN 1950 Druckgaspackungen sollen in einer Kiste aus Pappe verpackt werden. Wie schwer darf dieses Versandstück nach ADR maximal sein? Geben Sie auch die entsprechende Randnummer an! ❸

217) Darf ein Stoff der Klasse 4.2 Ziffer 32 a) mit einem nicht gefährlichen Gut zusammengepackt werden? Geben Sie auch Randnummer und Absatz nach ADR an! ❷

218) Welchen wiederkehrenden Prüfungen unterliegen bereits in Betrieb befindliche metallische IBC? Geben Sie auch die entsprechenden Randnummern des ADR an! ❹

219) Welche Sondervorschrift nach ADR ist beim Zusammenpacken eines Stoffes der Klasse 1, Ziffer 26, UN 0161 und eines Gegenstandes der Klasse 1 Ziffer 47, UN 0044 zu beachten? ❸

220) Welcher Nachweis wird nach Randnummer 211 150 ff. ADR vom Sachverständigen über eine Tankprüfung erstellt? ❷

221) Darf Dieselkraftstoff auch in Tankcontainern befördert werden? Geben Sie bei Ihrer Antwort auch die Randnummer nach ADR an! ❷

222) Klasse 7
Nennen Sie den Aktivitätsgrenzwert von Cs–137 in einem Typ-A-Versandstück für einen Stoff, der nicht in besonderer Form vorliegt! ❷

(Straße) Amtliche Prüfungsfragen

Punkte

223) Klasse 7
Nennen Sie den Aktivitätsgrenzwert für feste radioaktive Stoffe in besonderer Form in freigestellten Versandstücken pro Versandstück und die betreffende Randnummer nach ADR! ❷

224) MC Klasse 7
Wie hoch darf die Aktivität von Co–60 in besonderer Form in einem Typ-A-Versandstück maximal sein?
a) 400 Gbq ( )
b) 40 Gbq ( )
c) nicht beschränkt ( )
d) 70 kBq/kg ( ) ❶

225) MC
Wo finden sie im ADR die Angaben der höchstzulässigen Masse je Liter Fassungsraum für ein Tankfahrzeug, das mit Gemisch C (UN 1965) beladen werden soll?
a) Rn. 2250 ( )
b) In der B.3-Bescheinigung ( )
c) Im Beförderungspapier ( )
d) Anhang B. 1a, Rn. 211 251 ( ) ❶

226) MC
Welche Aussage über die Beförderung in loser Schüttung ist nach ADR richtig?
a) Flüssige gefährliche Güter sind generell zur Beförderung in loser Schüttung zugelassen. ( )
b) Die Beförderung in loser Schüttung ist die Beförderung von festen Stoffen in Verpackungen. ( )
c) Die Beförderung von gefährlichen Gütern in loser Schüttung ist nur zulässig, wenn diese Beförderungsart ausdrücklich zugelassen ist. ( )
d) Das ADR läßt die Beförderung von Gütern in loser Schüttung generell nicht zu. ❶

227) MC
UN 2211 Schäumbare Polymer-Kügelchen Klasse 9 Ziffer 4 c) sollen in loser Schüttung befördert werden. Welches der nachfolgenden Fahrzeuge darf nach ADR verwendet werden?
a) Geschlossenes Fahrzeug ( )
b) Offenes Fahrzeug ( )
c) Geschlossenes Fahrzeug mit ausreichender Belüftung ( )

Texte

Punkte

   d) Offenes Fahrzeug mit Plane bedeckt und ausreichender Belüftung ( ) ❶

228) MC
Zehn Versandstücke mit UN 1203 Benzin werden von einem Absender zur leichteren Handhabung in eine Umverpackung aus Pappe eingestellt. Welche der folgenden Aussagen zur Umverpackung ist nach ADR richtig?
   a) Die Verwendung einer Umverpackung bei UN 1203 ist verboten. ( )
   b) Im Beförderungspapier hat ein Hinweis auf die Umverpackung zu erfolgen. ( )
   c) Soweit Umverpackungen verwendet werden, müssen diese UN geprüft sein. ( )
   d) Die Umverpackung muß mit dem Gefahrzettel Nr. 3 versehen sein. ( )
   e) Für diese Stoffe besteht ein Zusammenladeverbot in Umverpackungen. ( ) ❶

229) MC
Es werden 30 Versandstücke mit UN 1057 Feuerzeuge (Klasse 2, Ziffer 6 F) zur leichteren Handhabung in eine Umverpackung aus Holz eingestellt. Welche Aussage zur Umverpackung ist nach ADR richtig?
   a) Holzkisten als Umverpackungen sind verboten. ( )
   b) Es dürfen bei Feuerzeugen nur maximal 15 Versandstücke in Umverpackungen eingebracht werden. ( )
   c) Die Umverpackung ist mit der Aufschrift „UN 1057" zu versehen. ( )
   d) Feuerzeuge dürfen nur in UN-geprüften Umverpackungen aus Pappe eingestellt werden. ( ) ❶

230) MC
Abfälle, die UN 3175 zugeordnet sind, sollen in loser Schüttung befördert werden. Welches der nachfolgenden Fahrzeuge darf nach ADR verwendet werden?
   a) Ein geschlossenes Fahrzeug ( )
   b) Ein offenes Fahrzeug ( )
   c) Ein bedecktes Fahrzeug mit ausreichender Belüftung ( )
   d) Ein geschlossenes Fahrzeug mit ausreichender Belüftung ( ) ❶

(Straße) Amtliche Prüfungsfragen

Punkte

231) Wie lautet die Begriffsbestimmung für „Beförderung in loser Schüttung" nach ADR? ❷

232) Stellen Sie fest, ob ein gefährliches Gut der Klasse 4.1 Ziffer 6 c) ADR zur Beförderung in loser Schüttung in einem bedeckten Fahrzeug zugelassen ist! Nennen Sie auch die spezifische Randnummer! ❷

233) In welcher Randnummer des ADR finden Sie Informationen zur Beförderung in loser Schüttung in Containern für Stoffe der Klasse 8? ❷

234) In bestimmten Fällen dürfen feste Stoffe des ADR in loser Schüttung befördert werden. Nennen Sie die Randnummer, die diese Beförderungsart grundsätzlich zuläßt! ❷

235) Großcontainer dürfen nach ADR für die Beförderung nur verwendet werden, wenn sie in „bautechnischer Hinsicht" geeignet sind. In welcher Randnummer finden sie diese Eignungsmerkmale? ❷

236) In welcher Randnummer der Anlage B zum ADR wird die Zulassung der Beförderung in loser Schüttung für Klasse 4.1 geregelt? ❷

237) In welcher Randnummer einschließlich Absatz des ADR sind Umverpackungen definiert? ❷

238) Gelten Zusammenladeverbote der verschiedenen Klassen auch für Umverpackungen? Geben Sie auch die Randnummer und den Absatz nach ADR an! ❷

239) Wie muß eine Umverpackung, die gefährliche Güter in Versandstücken enthält, die nicht sichtbar sind, gekennzeichnet und beschriftet sein? Geben Sie auch die Randnummer und den Absatz nach ADR an! ❸

240) Wie bezeichnet man nach ADR Ladepaletten, auf denen mehrere verschiedene Gefahrgüter in Versandstücken gestapelt und mit Schrumpffolie gesichert sind? Geben Sie auch die Randnummer und den Absatz an! ❷

241) In welchen Randnummern des ADR finden Sie Informationen zur Beförderung gefährlicher Güter der Klasse 4.1 in loser Schüttung auf Fahrzeugen und in Containern? ❷

Texte

Punkte

242) In welchen Randnummern des ADR finden Sie Informationen zur Beförderung gefährlicher Güter der Klasse 6.1 in loser Schüttung in Fahrzeugen und in Containern? ❷

243) In welcher Randnummer einschließlich Absatz des ADR wird der Begriff „Geschlossene Ladung" definiert? ❶

244) Darf Ammoniumnitrat, flüssig, das in Klasse 5.1 Ziffer 20 ADR eingestuft ist, in Versandstücken befördert werden? Nennen Sie auch die Randnummer! ❸

245) Eine Umverpackung aus Pappe enthält Farben und Klebstoffe der Klasse 3 (Flammpunkte jeweils größer 23 Grad Celsius) in Versandstücken. Geben Sie die vorgeschriebene Beschriftung und Bezettelung für diese Güter auf der Umverpackung nach ADR an! ❹

246) In welcher Randnummer wird im ADR festgelegt, daß UN 1789 in einem Tankcontainer befördert werden darf? ❷

247) Dürfen nach ADR Abfälle, die UN 3175 zugeordnet sind, in loser Schüttung auf einem bedeckten Fahrzeug befördert werden? Geben Sie für Ihre Antwort auch die entsprechende Randnummer an! ❸

248) MC
Welches ist eine Ordnungswidrigkeit gemäß § 10 GGVS für einen Absender?
 a) Wenn er dem Fahrzeugführer das Unfallmerkblatt nicht übergibt ( )
 b) Wenn er einen Fahrzeugführer einsetzt, der keine ADR-Bescheinigung besitzt ( )
 c) Wenn er nicht dafür sorgt, daß der Feuerlöscher regelmäßig überprüft wird ( )
 d) Wenn er nicht dafür sorgt, daß das vorgeschriebene Beförderungspapier mitgegeben wird ( ) ❶

249) MC
Welche Aussage bezüglich der Beförderpflichten ist nach GGVS richtig?
 a) Er hat die Vorschriften über das Beladen nach Anlage B Rn. 10 400 zu beachten. ( )
 b) Er hat dafür zu sorgen, daß nach Anlage B Rn. 10 315 geschulte Fahrzeugführer eingesetzt werden. ( )

(Straße) Amtliche Prüfungsfragen

Punkte

    c) Er hat dafür zu sorgen, daß gefährliche Güter in geprüfte Verpackungen verpackt werden. ( )
    d) Er hat die Vorschriften über das Entladen nach Anlage B Rn. 10 400 Abs. 3 zu beachten. ( ) ❶

250) MC
Welche Aussage bezüglich der Verladerpflichten ist nach GGVS richtig?
    a) Er muß die Beförderungseinheit mit orangefarbenen Warntafeln kennzeichnen. ( )
    b) Er hat die Vorschriften über das Verbot von Feuer und offenem Licht nach Anlage B Rn. 11 354 zu beachten. ( )
    c) Er hat dafür zu sorgen, daß nach Anlage B Rn. 10 315 geschulte Fahrzeugführer eingesetzt werden. ( )
    d) Er hat dafür zu sorgen, daß das Beförderungspapier mitgegeben wird. ( ) ❶

251) MC
Wer ist nach GGVS bei einem Tankfahrzeug für das Anbringen der Gefahrzettel verantwortlich?
    a) Der Beförderer ( )
    b) Der Fahrzeugführer ( )
    c) Der Halter ( )
    d) Der Absender ( ) ❶

252) MC
Welche Überwachungsbehörde ist für die Überwachung der gefahrgutrechtlichen Bestimmungen auf der Straße zuständig?
    a) Die Feuerwehr ( )
    b) Der TÜV ( )
    c) Das Bundesamt für den Güterverkehr (BAG) ( )
    d) Das Luftfahrtbundesamt ( ) ❶

253) Welcher Paragraph regelt in der GGVS die Verantwortlichkeiten? ❶

254) Nennen Sie Paragraph und Absatz, in dem der „Absender" nach GGVS definiert ist! ❶

255) Nennen Sie Paragraph und Absatz, in dem die Aufgaben des „Auftraggebers des Absenders" nach GGVS beschrieben sind! ❷

256) Nennen Sie Paragraph und Absatz, in dem der „Beförderer" nach GGVS definiert ist! ❶

257) Wie ist der „Beförderer" nach GGVS definiert? ❶

Texte

Punkte

258) Wer hat nach GGVS dafür zu sorgen, daß der Fahrzeugführer die Schriftlichen Weisungen nach Rn. 10 385 ADR erhält? Antwort mit Angabe des Paragraphen und des Absatzes erforderlich! ❷

259) Wer ist nach GGVS dafür verantwortlich, daß ein Beförderungspapier mitgegeben wird? Antwort mit Angabe des Paragraphen und des Absatzes erforderlich! ❷

260) In welchen Absätzen des § 9 der GGVS finden Sie die Aufgaben des „Verladers" beschrieben? ❸

261) Ein Tankfahrzeug wurde in der Raffinerie mit UN 1202 Heizöl (leicht) befüllt. Wer ist nach GGVS verpflichtet, bei innerstaatlichen Beförderungen die Dichtheit der Verschlußeinrichtungen gemäß Rn. 211 174 Satz 3 zu prüfen? ❸

262) Wer muß nach GGVS die Gefahrzettel an Containern anbringen, die gefährliche Güter in Versandstücken enthalten? ❷

263) Welche verantwortlichen Personen nach GGVS haben für die ordnungsgemäße Ladungssicherung im Straßenverkehr zu sorgen? ❷

264) Müssen Bescheinigungen nach Rn. 211 154 ADR, soweit es sich um einen Aufsetztank handelt, bei innerstaatlichen Beförderungen mitgeführt werden? ❷

265) **MC**
Wer ist nach der Beladung eines Tankfahrzeugs mit Gefahrgut für die Kennzeichnung des Fahrzeugs mit Gefahrzetteln verantwortlich?
a) Halter ( )
b) Beförderer ( )
c) Fahrer und Verlader ( )
d) Absender ( ) ❶

266) **Fallstudie**
Sie sollen für die Beförderung von 10,5 t Propen in einem Tankfahrzeug folgende Fragen klären:
a) Muß bei dieser Beförderung die besondere Ausrüstung nach Rn. 21 260 mitgeführt werden? ❶
b) Welcher Gefahrzettel muß verwendet werden? ❶
c) Wie lauten die Kennzeichnungsnummern auf der orangefarbenen Warntafel? ❷

Punkte
d) Wie lautet die Bezeichnung im Beförderungspapier für diesen Stoff? **3**
e) Muß bei dieser Beförderung § 7 GGVS beachtet werden? **1**
f) Kann nach jedem Entladevorgang auf die Angabe der aktuellen Gesamtmenge bei Anwendung der Ausnahme Nr. 55 (S) Gefahrgut-Ausnahmeverordnung verzichtet werden? Falls ja, welche zusätzliche Angabe ist dann im Beförderungspapier erforderlich? **2**
g) Müssen die orangefarbenen Warntafeln ebenfalls angebracht sein, wenn der Tank leer, aber ungereinigt ist? Geben Sie auch die Randnummer mit Absatz an! **2**

⑫

267) Fallstudie
Ein Heizölhändler soll seinem Kunden 18 000 Liter Heizöl (leicht) liefern. Der Heizölhändler beauftragt seinen Fahrer, mit einem Tankfahrzeug bei der Raffinerie zu laden und das Heizöl beim Kunden anzuliefern.
a) Wer ist in diesem Fall als Absender für die Erstellung des Beförderungspapieres verantwortlich? **1**
b) Wie lautet die genaue Bezeichnung für diese Ladung im Beförderungspapier (Kennzeichnungsnummer, Benennung incl. Klasse, Ziffer und Buchstabe nach ADR)? **3**
c) Muß der Fahrer bei diesem Transport die Vorschriften zur Fahrwegbestimmung nach § 7 GGVS beachten? Begründen Sie Ihre Antwort kurz! **2**
d) Welche Gefahrzettel müssen am Tankfahrzeug angebracht werden? Wo sind diese Zettel anzubringen? **2**
e) Mit welcher Warntafel (Kennzeichnungsnummern) ist die Beförderungseinheit zu kennzeichnen? **2**
f) Wie viele Feuerlöscher mit welchem Mindestfassungsvermögen sind mitzuführen? **2**
g) Wer hat dafür zu sorgen, daß dem Fahrer
   1. das Beförderungspapier und
   2. das Unfallmerkblatt übergeben werden? **2**
h) Wer ist in diesem Fall der Verlader des Heizöls im Sinne der GGVS? **3**

⑰

Texte

Punkte

268) Fallstudie Klasse 2
Ein Gaseproduzent erhält von einem Kunden den Auftrag, ihm zwei Kryobehälter (nach Rn. 2211 Absatz 4 ADR) mit tiefgekühlt verflüssigtem Sauerstoff anzuliefern. Der Gaseproduzent hat die bereits gefüllten Behälter (Nettomasse je 800 kg) auf dem Hof stehen, die aber noch nicht bezettelt sind. Auch ein LKW mit einer zulässigen Gesamtmasse von 7,5 t steht bereit; dessen Fahrer ist aber nicht im Besitz einer ADR-Bescheinigung.
a) Wer muß in diesem Fall als Absender für die Erstellung des Beförderungspapieres sorgen? ❷
b) Wie lautet die Bezeichnung des Gutes (Kennzeichnungsnummer, Benennung incl. Klasse, Ziffer und Gruppe) im Beförderungspapier? ❸
c) Welche Gefahrzettel und wie viele mindestens sind auf jedem Behälter anzubringen? ❸
d) Darf der Gaseproduzent für diesen Transport einen Fahrer, der keine ADR-Bescheinigung besitzt, einsetzen, oder muß er warten, bis ein geschulter Fahrzeugführer zur Verfügung steht? ❷
e) Der Gaseproduzent zieht in Erwägung, auf den LKW neben den Kryobehältern mit Sauerstoff auch noch eine Palette mit Gasflaschen, die verdichteten Wasserstoff enthalten, zu verladen. Prüfen Sie, ob für diese beiden Stoffe ein Zusammenladeverbot besteht. Geben Sie auch die Randnummer an, auf die Sie Ihre Lösung stützen! ❸
f) Wie muß der LKW gekennzeichnet werden, und wer ist dafür verantwortlich? ❸

⑯

269) Fallstudie
Ein Spediteur soll für seinen Kunden eine Tankstelle mit Kraftstoffen versorgen. Dazu schickt der Spediteur seinen Fahrer mit einem leeren ungereinigten Tankfahrzeug (Zugfahrzeug mit Sattelanhänger), der zuletzt Dieselkraftstoff befördert hat, zur Raffinerie. Bei der Raffinerie soll der Fahrer 26 000 l Benzin laden und am nächsten Morgen entladen.
a) Welche Angaben zur Bezeichnung des Gutes (Kennzeichnungsnummer, Benennung incl. Klasse, Ziffer etc.) muß der Spediteur für die Fahrt zur Raffinerie im Beförderungspapier für das leere Tankfahrzeug eintragen? ❸

(Straße) Amtliche Prüfungsfragen

Punkte

b) Wie muß das Tankfahrzeug auf dem Weg zur Raffinerie und wie muß es nach der Beladung mit Warntafeln gekennzeichnet werden? ❷
c) Wer ist nach der Beladung für die Kennzeichnung des Tankfahrzeugs mit Warntafeln verantwortlich? ❶
d) Dürfte der Spediteur für diesen Transport alternativ auch einen Tankcontainer einsetzen? Geben Sie auch die Fundstelle (Randnummer) für Ihre Entscheidung an! ❸
e) Müssen bei der Beförderung zur Tankstelle auch Regelungen aus § 7 GGVS beachtet werden? ❷
f) Welches Begleitpapier gibt Aufschluß darüber, ob das Tankfahrzeug für den Transport von Benzin zugelassen ist? ❶
g) Wer ist für die Ausrüstung der Beförderungseinheit mit Warntafeln verantwortlich? ❶

⑬

270) Fallstudie
Ein Kunde hat für Prüfzwecke ein Gasgemisch aus 85 % Sauerstoff und 15 % Kohlendioxid (Klasse 2 Ziffer 1 O ADR) bestellt. Von diesem Gemisch sind 12 Flaschen (Fassungsraum jeweils 20 Liter) abgefüllt worden und sollen zum Versand gebracht werden.
a) Welche Bezeichnung (Kennzeichnungsnummer, Benennung incl. Klasse, Ziffer und Gruppe) muß im Beförderungspapier angegeben werden? ❸
b) Welche Gefahrzettel müssen auf den Gasflaschen angebracht sein? ❷
c) Auf der Ladefläche des abholenden Speditions-LKW (18 t zulässige Gesamtmasse) befindet sich auch eine Palette mit Kanistern, die UN 1202 Gasöl enthalten. Darf das Gasgemisch mit dem Gasöl zusammengeladen werden? Geben Sie auch die Randnummer an, auf die Sie Ihre Entscheidung stützen! ❷
d) Der Nenninhalt der Gasölkanister beträgt zusammen 400 Liter. Der Fahrer möchte von Ihnen wissen, ob er nach der Zuladung der Gasflaschen die orangefarbenen Warntafeln anbringen muß. Welche Antwort geben Sie ihm? Geben Sie eine kurze Begründung an! ❷
e) Muß der Fahrer beim Transport dieses Gases einen geeigneten Atemschutz mitführen? ❶

Texte

Punkte

f) Der Fahrer des LKW weist Sie darauf hin, daß für das Fahrzeug keine Bescheinigung der Zulassung (B.3-Bescheinigung) existiert. Darf das Fahrzeug dennoch beladen werden? ❶

g) Bei dem Speditions-LKW handelt es sich um ein gedecktes Fahrzeug. Welche besonderen Anforderungen beim Transport dieses Gasgemisches werden dabei hinsichtlich der Belüftung an das Beförderungsmittel gestellt? ❶

⑫

271) Fallstudie

Als Gefahrgutbeauftragter eines Mineralölhandels überprüfen Sie einen Ihrer LKW vor der Abfahrt. Die zu kontrollierende Beförderungseinheit besteht aus einem Tankfahrzeug (18 t zulässige Gesamtmasse) und einem Anhänger (18 t zulässige Gesamtmasse). Der Tank ist mit 6 000 Litern Benzin befüllt, auf dem Anhänger befinden sich 80 Kanister mit Dieselkraftstoff mit einer Gesamtmenge von 1600 l.

a) Listen Sie die Begleitpapiere auf, die vom Fahrzeugführer nach ADR mitzuführen sind! ❹

b) Geben Sie für beide Produkte Kennzeichnungsnummern, Benennungen, Klassen, Ziffern und Buchstaben an! ❽

c) Welche Ausrüstungsgegenstände müssen nach ADR durch den Fahrer mitgeführt werden? Nennen Sie vier Gegenstände! ❹

d) Beschreiben Sie, welche Warntafeln (einschließlich Kennzeichnungsnummern) und welche Gefahrzettel wo an der Beförderungseinheit anzubringen sind! ❹

e) Welche Gefahrzettel bzw. Aufschriften müssen an den Kanistern angebracht sein? ❷

㉒

272) Fallstudie

Mineralölkonzern (M) hat Spediteur (S) beauftragt, die Versorgung der Tankstellen (T) von M mit Kraftstoffen zu übernehmen. Für die Belieferung einer dieser Tankstellen schließt S einen Beförderungsvertrag mit dem Frachtführer (U) ab. U gibt seinem Fahrer (F) den Auftrag, bei der Raffinerie (R) 14 000 Liter Benzin und 18 000 Liter Dieselkraftstoff zu laden und bei der Tankstelle anzuliefern.

(Straße) Amtliche Prüfungsfragen

Punkte

a) Wer ist in diesem Fall verantwortlich (Buchstabe des jeweiligen Verantwortlichen bitte eintragen) als:
Absender ( )
Verlader ( )
Beförderer ( )
Fahrzeugführer ( )
Auftraggeber des Absenders ( )
Empfänger ❹

b) Wie lauten die Bezeichnungen für die beförderten Güter im Beförderungspapier (genaue Angaben mit Kennzeichnungsnummer, Benennung incl. Klasse, Ziffer und Buchstabe)? ❻

c) Die Beförderungseinheit ist vorne und hinten jeweils mit einer neutralen Warntafel gekennzeichnet. Welche Warntafeln sind seitlich anzubringen? Mit welchen Gefahrzetteln ist die Beförderungseinheit zu kennzeichnen? ❷

d) Darf der Fahrer seinen achtjährigen Sohn mitnehmen? Auf welche Randnummer stützen Sie ihre Antwort? ❷

e) Wer muß gemäß § 9 GGVS dafür sorgen, daß die Ausrüstungsgegenstände gemäß Rn. 10 260 c) ADR mitgegeben werden? ❶

f) Müssen bei der Beförderung zur Tankstelle auch Regelungen aus § 7 GGVS beachtet werden? ❶

g) Aufgrund eines Anschlußauftrages soll mit diesem Tankfahrzeug UN 1223 Kerosin befördert werden. Welches Begleitpapier gibt Aufschluß darüber, ob dieser Auftrag mit diesem Tankfahrzeug durchgeführt werden kann? ❶

⑰

273) Fallstudie
Sie kontrollieren ein offenes Fahrzeug (LKW), auf dem ein Tankcontainer geladen ist. Der Tankcontainer ist mit 2000 l Propionsäure komplett gefüllt.

a) Wie lautet die Bezeichnung (Kennzeichnungsnummer, Benennung incl. Klasse, Ziffer, Buchstabe) im Beförderungspapier für diesen Stoff? ❸

b) Welche Begleitpapiere nach ADR muß der Fahrzeugführer bei dieser Beförderung mitführen? ❸

c) Wer ist für die Kennzeichnung der Beförderungseinheit verantwortlich? Nennen Sie auch den Paragraphen und den Absatz der GGVS! ❷

Texte

Punkte

d) Wie ist die Beförderungseinheit zu kennzeichnen? ②
e) Muß die Beförderungseinheit beim Parken überwacht werden? Nennen Sie auch die zutreffenden Randnummern für Ihre Lösung! ②
f) Mit welchen Warntafeln und Gefahrzetteln ist der Tankcontainer zu kennzeichnen, zu bezetteln, und wo sind diese anzubringen? ②

⑭

274) Fallstudie
Bei einem innerstaatlichen Transport soll Methanol mit einem Tankfahrzeug (Zugfahrzeug mit Sattelanhänger) befördert werden.
a) Geben Sie die genaue Bezeichnung des Gutes incl. Klasse, Ziffer und Buchstabe an, die für ein Beförderungspapier erforderlich sind! ③
b) Welche Begleitpapiere nach ADR muß der Fahrzeugführer bei diesem Transport mitführen? ③
c) Wie lauten die Kennzeichnungsnummern auf der Warntafel, und welche Gefahrzettel müssen verwendet werden? ②
d) An welchen Stellen sind die Warntafeln und Gefahrzettel an der Beförderungseinheit anzubringen? ②
e) In welcher Randnummer des ADR ist festgelegt, daß am Tankfahrzeug selbst oder auf einer Tafel ein Hinweis auf die höchstzulässige Gesamtmasse, Leermasse und auf den Betreiber oder Fahrzeughalter angegeben sein muß? ②
f) In welchen Randnummern finden Sie die mitzuführenden Ausrüstungsgegenstände, die nach dem ADR bei innerstaatlichen Transporten dieses Stoffes auf der Beförderungseinheit mitgeführt werden müssen? ②

⑭

275) Fallstudie
In einem Tankfahrzeug sind 12 000 Liter Heizöl geladen. Vor dem Transport überprüfen Sie das Fahrzeug und die Begleitpapiere.
a) Welche Ausrüstungsgegenstände nach ADR müssen bei diesem Transport durch den den Fahrer mitgeführt werden? Nennen Sie vier Gegenstände! ④
b) Wie lauten die Kennzeichnungsnummern auf der orangefarbenen Warntafel, und welcher Gefahrzettel ist zu verwenden? ②

(Straße) Amtliche Prüfungsfragen

Punkte

c) An welchen Stellen müssen die Gefahrzettel angebracht sein? ❷
d) Welche Begleitpapiere nach ADR sind bei diesem Transport mitzuführen? ❸
e) Welche Eintragungen im Beförderungspapier sind erforderlich? Nennen Sie die notwendigen exakten Einträge! ❸
f) Sie stellen fest, daß die Bescheinigung der Zulassung (B.3-Bescheinigung) seit 2 Wochen abgelaufen ist. Ist die Beförderung damit noch zulässig? ❶
g) Welche der nachfolgenden Kurse im Rahmen der Fahrzeugführerschulung nach ADR muß der Fahrzeugführer mindestens erfolgreich besucht haben, um den Transport durchführen zu können? ❷

⑰

276) Fallstudie

Die Gefahrgutspedition Sped GmbH hat von den Farben- und Lackwerken Mayer GmbH (Farbenhersteller) den Auftrag bekommen, UN 1263 Farbe der Klasse 3 Ziffer 5 b) in 250 Fässern à 30 l vom Lager der Firma Mayer in Kirchheim nach Nürnberg zu versenden. Die Sped GmbH schließt mit dem Subunternehmer SubTrans einen Beförderungsvertrag ab. Die Firma SubTrans übernimmt den Auftrag und setzt ein eigenes Fahrzeug zum Transport ein.

a) Wer ist in diesem Fall Verlader, Beförderer, Absender, Auftraggeber des Absenders, Halter und Verpacker nach GGVS? ❻
b) Welche Ausrüstungsgegenstände nach ADR müssen bei diesem Transport durch den Fahrer mitgeführt werden? Nennen Sie mindestens vier Gegenstände! ❹
c) Welche Begleitpapiere nach ADR müssen bei diesem Transport durch den Fahrer mitgeführt werden? ❸
d) Wie ist die Beförderungseinheit zu kennzeichnen? ❷

⑮

277) Fallstudie

Von einer Gefahrgutspedition soll mit eigenen Fahrzeugen Farbe der Klasse 3 Ziffer 5 b) in 11 Kanistern à 30 Liter vom Lager der Spedition in Kirchheim nach Nürnberg befördert werden. Es wird ein LKW (zulässige Gesamtmasse 4,5 t) eingesetzt.

Punkte
a) Ist die höchstzulässige Gesamtmenge nach Rn. 10011 ADR überschritten? ❶
b) Welche Ausrüstungsgegenstände nach ADR müssen bei diesem Transport durch den Fahrer mitgeführt werden? Nennen Sie vier Gegenstände! ❹
c) Welche Begleitpapiere nach ADR müssen bei diesem Transport durch den Fahrer mitgeführt werden? ❸
d) Wie ist die Beförderungseinheit zu kennzeichnen? ❷

⑩

278) Fallstudie

Ein Tankfahrzeug mit Tankanhänger wird für die Belieferung von Heizöl (leicht) der Klasse 3 Ziffer 31 c) eingesetzt (Volumen gesamt 30 000 Liter). Die Beförderungseinheit ist mit Fahrer und Beifahrer besetzt. Vor dem Transport überprüfen Sie das Fahrzeug und die Begleitpapiere.
a) Welche Ausrüstungsgegenstände nach ADR müssen bei diesem Transport durch den Fahrer mitgeführt werden? Nennen Sie vier Gegenstände! ❹
b) Welche Begleitpapiere nach ADR müssen bei diesem Transport durch den Fahrer mitgeführt werden? ❸
c) Welche Eintragungen im Beförderungspapier sind erforderlich? Nennen Sie die notwendigen exakten Einträge! ❸
d) Muß der Beifahrer im Besitz einer gültigen ADR-Bescheinigung sein? ❶
e) Welcher Gefahrzettel ist zu verwenden? ❶
f) Wie viele Gefahrzettel werden an dieser Beförderungseinheit benötigt, und wo sind diese anzubringen? ❷
g) Auf einem der mitgeführten Feuerlöscher befindet sich folgende Angabe: „Nächste Überprüfung: 1999". Ist dies so zulässig? Begründen Sie Ihre Antwort! ❷

⑯

279) Fallstudie

Eine Spedition erhält von einer Chemiefirma den Auftrag, im innerstaatlichen Verkehr einen Versand von gefährlichen Gütern in Versandstücken zu besorgen. Sie will diesen Transport mit einem eigenen Fahrzeug durchführen. Die Spedition erhält von der Chemiefirma folgende Informationen:

3 Fässer Harzlösung, 3, Ziffer 31 c) ADR, 600 l (insgesamt)

(Straße) Amtliche Prüfungsfragen

Punkte
2 Kisten 1710 Trichlorethylen, 6.1, 40 l (insgesamt)
1 Kiste 2015 Wasserstoffperoxid, stabilisiert, 6 l
a) Überprüfen Sie die oben genannten Angaben auf Vollständigkeit und ergänzen Sie diese ggf. hinsichtlich Bezeichnungen der Güter incl. Klassen, Ziffern, Buchstaben und Abkürzungen nach ADR! ❸
b) Ist die höchstzulässige Gesamtmenge nach Rn. 10011 ADR überschritten? Geben Sie auch die Summe an, die sich für die oben genannten Güter aus der Tabelle der Rn. 10 011 ermitteln läßt! ❸
c) Wie ist die Beförderungseinheit zu kennzeichnen? ❷
d) Wer ist für die Kennzeichnung der Beförderungseinheit verantwortlich? ❶
e) Wer ist in diesem Fall „Absender" im Sinne der GGVS? ❶

⑩

280) Fallstudie
Spedition S. erhält von der Chemiefirma C. den Auftrag, im innerstaatlichen Verkehr einen Versand von gefährlichen Gütern in Versandstücken zum Großhändler E. zu besorgen. S. schließt mit Frachtführer F. einen Beförderungsvertrag. Dieser beauftragt seinen Fahrer T. mit dem betriebseigenen LKW (zulässige Gesamtmasse 4,5 t) mit der Abholung der Stückgüter bei C. und der Beförderung zu E.
S. erhält folgende Informationen:
3 Fässer 1866 Harzlösung 3, Ziffer 31 c) ADR, 600 l (insgesamt)
6 Kisten 2015 Wasserstoffperoxid, stabilisiert, 5.1, Ziffer 1 a) ADR, 60 l (insgesamt)
a) Nennen Sie die für diese Beförderung erforderlichen Begleitpapiere nach ADR! ❸
b) Wer ist für die Mitgabe des Beförderungspapiers verantwortlich? (Buchstabe des Verantwortlichen angeben!) ❷
c) Ist die höchstzulässige Gesamtmenge nach Rn. 10011 ADR überschritten? Geben Sie auch die Summe an, die sich für die oben genannten Güter aus der Tabelle der Rn. 10 011 ermitteln läßt! ❷
d) Wie viele Feuerlöschgeräte sind während der Beförderung mitzuführen? Welches Mindestfassungsvermögen müssen diese haben? ❷

e) Wer ist für die Ausrüstung dieser Beförderungseinheit mit Feuerlöschern verantwortlich? (Buchstaben des Verantwortlichen angeben!)

281) Fallstudie

Spedition S. erhält von der Chemiefirma C. den Auftrag, im innerstaatlichen Verkehr einen Versand von gefährlichen Gütern in Versandstücken vom Lager der Chemiefirma C. zum Großhändler E. zu besorgen. S. schließt mit Frachtführer F. einen Beförderungsvertrag. Dieser beauftragt seinen Fahrer T. mit dem betriebseigenen LKW (zulässige Gesamtmasse 3,5 t) mit der Abholung der Stückgüter bei C. und der Beförderung zu E.

Die Spedition erhält von der Chemiefirma folgende Informationen:

3 Fässer Harzlösung 3, Ziffer 31 c) ADR, 600 l (insgesamt)
8 Kanister 1824, 8, Ziffer 42 c), 240 l (insgesamt)
3 Kisten 1710 Trichlorethylen, 6.1, 60 l (insgesamt)

a) Ordnen Sie die Verantwortlichkeiten zu. Wer erfüllt die folgenden Verantwortlichkeiten? Buchstabe des Verantwortlichen in die jeweilige Klammer eintragen!
   Absender ( )
   Beförderer ( )
   Auftraggeber des Absenders ( )
   Fahrzeugführer ( )
   Verlader ( )
   Halter ( )
   Empfänger ( )
b) Überprüfen Sie die oben genannten Angaben auf Vollständigkeit und ergänzen Sie diese ggf. hinsichtlich Bezeichnungen der Güter incl. Klassen, Ziffern, Buchstaben und Abkürzungen nach ADR!
c) Wer ist für die Mitgabe des Beförderungspapiers verantwortlich? Buchstabe des Verantwortlichen angeben!
d) Benötigt der Fahrzeugführer für diese Beförderung eine ADR-Bescheinigung?

(Straße) Amtliche Prüfungsfragen

Punkte

282) Fallstudie

Spedition S. enthält von der Chemiefirma C. den Auftrag, im grenzüberschreitenden Verkehr einen Versand von gefährlichen Gütern in Versandstücken vom Lager der Chemiefirma C. zum Großhändler E. zu besorgen. S. schließt mit Frachtführer F. einen Beförderungsvertrag. Dieser beauftragt seinen Fahrer T. mit dem betriebseigenen LKW (zulässige Gesamtmasse 7,5 t) mit der Abholung der Stückgüter bei C. und der Beförderung zu E. Die Spedition erhält von der Chemiefirma folgende Informationen:

7 Flaschen 1002 Luft, 350 l (insgesamt)
3 Kisten Wasserstoffperoxid, stabilisiert, 12 l (insgesamt)

a) Überprüfen Sie die oben genannten Angaben auf Vollständigkeit und ergänzen Sie diese ggf. hinsichtlich Bezeichnungen der Güter incl. Klassen, Ziffern, Buchstaben und Abkürzungen nach ADR. ❷
b) Ist die höchstzulässige Gesamtmenge nach Rn. 10 011 ADR überschritten? Geben Sie auch die Summe an, die sich für die oben genannten Güter aus der Tabelle der Rn. 10 011 ermitteln läßt! ❷
c) Wie viele Feuerlöschgeräte sind während der Beförderung mindestens mitzuführen? Nennen Sie auch das Mindestfassungsvermögen! ❷
d) Wer ist für die Ausrüstung dieser Beförderungseinheit mit Feuerlöschern verantwortlich? (Buchstabe des Verantwortlichen angeben!) ❶
e) Wer muß dafür sorgen, daß das Beförderungspapier nach ADR in diesem Beispielfall mitgegeben wird? (Buchstabe des Verantwortlichen angeben!) ❶
f) Wer ist „Auftraggeber des Absenders" nach GGVS? (Buchstabe des Verantwortlichen angeben!) ❶
g) Benötigt der Fahrzeugführer bei diesem grenzüberschreitenden Transport eine ADR-Bescheinigung? ❶

⑩

283) Fallstudie

Mineralölhändler M. will seine Heizöllagertanks wieder auffüllen. Dazu beauftragt er seinen Fahrer F., mit dem betriebseigenen Tankfahrzeug mit Tankanhänger Heizöl (leicht) bei der Raffinerie R. zu laden und zu M. zu transportieren.

Texte

Punkte

a) Wer ist in diesem Falle (Buchstabe des Verantwortlichen in die jeweilige Klammer eintragen)
 – Absender ( )
 – Beförderer ( )
 – Fahrzeugführer ( )
 – Verlader ( )
 – Halter ( )
 – Empfänger ( ) ❹
b) Wie lautet die Bezeichnung im Beförderungspapier für diese Ladung? (Kennzeichnungsnummer, Benennung incl. Klasse, Ziffer, Buchstabe des ADR) ❸
c) Welcher Gefahrzettel und welche Warntafel mit Kennzeichnungsnummern sind bei dieser Beförderung zu verwenden? ❷
d) Wie viele Gefahrzettel werden an dieser Beförderungseinheit benötigt, und wo sind diese anzubringen? ❷
e) Welche einzelnen Begleitpapiere nach ADR muß der Fahrzeugführer bei dieser Beförderung mitführen? ❸
f) Wie viele Feuerlöschgeräte mit welchem Inhalt sind nach ADR bei dieser Beförderung mitzuführen? ❷
g) In welcher Randnummer des ADR finden Sie die vorgeschriebene „sonstige Ausrüstung" für diese Beförderung? ❶
h) Wer muß bei diesem Beförderungsfall die Beförderungseinheit mit den erforderlichen Warntafeln ausrüsten? (Nennen Sie den Verantwortlichen und die genaue Fundstelle nach GGVS!) ❷

⑲

284) Fallstudie
Spediteur S. erhält vom Batteriegroßhändler B. den Auftrag, die Beförderung eines von ihm befüllten Großcontainers mit 8000 kg gebrauchten Batterien (UN 2794) in loser Schüttung zu besorgen. S. schließt mit dem Frachtführer T. einen Beförderungsvertrag, den Transport mit dessen eigenem Fahrzeug durchzuführen. T. beauftragt seinen Fahrer F., den Container bei B. abzuholen und zur Bleihütte E. zu transportieren.
a) Wer ist in diesem Falle (Buchstabe des Verantwortlichen in die jeweilige Klammer eintragen)
 Absender ( )
 Auftraggeber des Absenders ( )

(Straße) Amtliche Prüfungsfragen

Punkte
Verlader ( )
Beförderer ( )
Empfänger ( ) ❺
b) Wie lautet die Bezeichnung im Beförderungspapier für diese Ladung? (Kennzeichnungsnummer, Benennung incl. Klasse, Ziffer, Buchstabe des ADR) ❸
c) Mit welchem Gefahrzettel und welcher Warntafel (mit Kennzeichnungsnummern) ist der Container zu kennzeichnen? ❸
d) Welche Begleitpapiere nach ADR benötigt der Fahrzeugführer bei diesem Beförderungsfall? ❸
e) Wie viele Feuerlöschgeräte mit welchem Inhalt sind nach ADR bei dieser Beförderung mitzuführen? ❷
f) In welcher Randnummer des ADR finden Sie die vorgeschriebene sonstige Ausrüstung für diese Beförderung? ❶
g) Wer muß die bei diesem Beförderungsfall notwendigen Feuerlöschgeräte mitgeben? (Nennung des Verantwortlichen und der genauen Fundstelle nach GGVS erforderlich) ❷

⑲

285) Fallstudie Klasse 7
Eine Troxler Isotopensonde (UN 2974, 7, Blatt 9, ADR, Kategorie II-gelb, Transportkennzahl 0,5) soll von Alling nach Leipheim befördert werden.
a) Das dafür erforderliche Typ-A-Versandstück ist wie unten gekennzeichnet und beschriftet. Überprüfen Sie nach ADR, ob das Versandstück wie vorgeschrieben gekennzeichnet und beschriftet ist und ergänzen oder ändern Sie gegebenenfalls festgestellte Fehler. ❹

Texte

Punkte

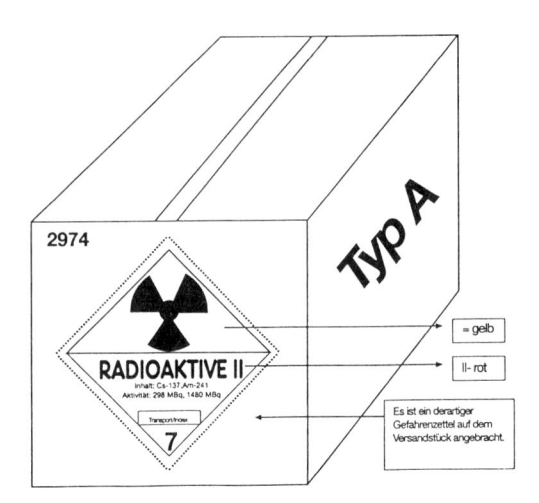

b) Das Beförderungspapier ist wie unten erstellt worden. Überprüfen Sie nach ADR, ob alle vorgeschriebenen Angaben enthalten sind und ergänzen oder ändern Sie ggf. festgestellte Fehler.

❻
―
⑩

Absender/Verlader	Empfänger/Bestimmungsort
Troxler Electronics GmbH Gilchinger Straße 23 82239 Alling	Institut für Materialprüfung Dr. Schellenberg Ing. Ges. Maximilianstraße 15 89340 Leipheim
1 Trolxer Isotopensonde, Modell: 3440, Seriennummer 13928	
1 Kiste, 41 kg brutto	

2974 Radioaktive Stoffe in besonderer Form, n.a.g., 7, Blatt 9
    Cs–137   296 MBq   GB/140/S
    Am 241   1480 MBq   GB/7/S
    Transportkennzahl 0,5	

Die Beschaffenheit des Gutes und der Verpackung entsprechen den Vorschriften des ADR.	

(Eisenbahn) Amtliche Prüfungsfragen

7. Prüfungsaufgaben für den eisenbahnspezifischen Teil der Prüfung

Punkte

1) **MC**
Welche Regelwerke gelten für die innerstaatliche Beförderung gefährlicher Güter mit Eisenbahnen?
GGVE/RID ( )
GGVS/ADR ( )
GGV-Binsch/ADNR ( )
GGV-See/IMDG-Code ( ) ❶

2) **MC**
Welche Regelwerke gelten für die innergemeinschaftliche und grenzüberschreitende Beförderung gefährlicher Güter mit Eisenbahnen?
GGVS/ADR ( )
GGVE/RID ( )
GGV-Binsch/ADNR ( )
GGV-See/IMDG-Code ( ) ❶

3) **MC**
In welchen Regelwerken werden innerstaatlich abweichende Vorschriften vom RID festgelegt?
In den allgemeinen Vorschriften des RID ( )
In den besonderen Vorschriften für die einzelnen Klassen des RID ( )
In den Anhängen zum RID ( )
Im Anhang zur GGVE ( ) ❶

4) **MC**
GGVE und RID gelten auch für
a) nichtbundeseigene Eisenbahnen ( )
b) Eisenbahnen des Bundes ( )
c) Straßenbahnen ( )
d) Seilbahnen ( )
e) Schwebebahnen ( ) ❶

5) Wer ist Beförderer im Sinne der GGVE? ❶

6) **MC**
Wer ist Absender im Sinne der GGVE?
Wer mit dem Beförderer einen Beförderungsvertrag abschließt ( )
Wer das Gut herstellt ( )

Texte

	Punkte
Wer das Gut verpackt ( )	
Wer das Gut verlädt ( )	❶

7) Die GGVE normiert Sicherheitspflichten. In welchem Fall muß der Beförderer die nächstgelegenen Behörden benachrichtigen? ❷

8) **MC**
Wer kann Ausnahmen von der GGVE für den Bereich der Eisenbahnen des Bundes auf Antrag für Einzelfälle zulassen?
   a) Das Bundesministerium für Verkehr, Bau- und Wohnungswesen (BMVBW) ( )
   b) Die nach Landesrecht zuständigen Behörden ( )
   c) Der Eisenbahnbetriebsleiter ( )
   d) Die Deutsche Bahn AG (DB AG) ( )
   e) Das Eisenbahn-Bundesamt (EBA) ( ) ❶

9) Wer ist für die Durchführung der GGVE zuständig? Nennen Sie zwei zuständige Stellen bzw. Personen! ❷

10) **MC**
Welche Behörde ist zuständig für die Überwachung der Beförderung gefährlicher Güter im Bereich der Eisenbahnen des Bundes?
   a) Das Kraftfahrtbundesamt (KBA) ( )
   b) Das Eisenbahn-Bundesamt (EBA) ( )
   c) Die Polizei ( )
   d) Der Bundesgrenzschutz ( ) ❶

11) Nennen Sie zwei Verantwortliche nach GGVE! ❷

12) **MC**
Welche Pflichten hat der Absender nach GGVE?
   a) Er darf nur Güter befördern lassen, wenn sie nach der GGVE befördert werden dürfen. ( )
   b) Er hat für die Beigabe des vorgeschriebenen Frachtbriefes zu sorgen. ( )
   c) Er hat für den ordnungsgemäßen Verschluß der Verpackung nach GGVE zu sorgen. ( )
   d) Er hat für die Kennzeichnung der Tankcontainer gemäß GGVE zu sorgen. ( )
   e) Er hat für die Einhaltung der Prüffristen bei Kesselwagen gemäß GGVE zu sorgen. ( ) ❶

(Eisenbahn) Amtliche Prüfungsfragen

Punkte

13) MC
Welche Pflichten hat der Verlader nach GGVE?
a) Er hat den höchstzulässigen Füllungsgrad bei Eisenbahnkesselwagen (EKW) zu beachten. ( )
b) Er hat Versandstücke zu kennzeichnen. ( )
c) Er hat für die Übergabe des Unfallmerkblattes an den Triebfahrzeugführer zu sorgen. ( )
d) Er hat die Verpackungscodierung zu prüfen. ( ) ❶

14) MC
Welche Pflichten hat der Verlader nach GGVE, wenn er gefährliche Güter in Wagen oder Kleincontainer verlädt?
a) Er hat die Wagen- und Verladevorschriften zu beachten. ( )
b) Er hat Versandstücke zu kennzeichnen. ( )
c) Er hat für die Übergabe des Unfallmerkblattes an den Triebfahrzeugführer zu sorgen. ( )
d) Er hat die Verpackungscodierung zu prüfen. ( ) ❶

15) MC
Welche Pflichten hat der Verlader nach GGVE, wenn er Versandstücke verlädt?
a) Er hat Versandstücke zu kennzeichnen. ( )
b) Er hat für die Übergabe des Unfallmerkblattes an den Triebfahrzeugführer zu sorgen. ( )
c) Er hat die Zusammenladeverbote zu beachten. ( )
d) Er hat die Verpackungscodierung zu prüfen. ( ) ❶

16) MC
Welche Pflichten hat der Auftraggeber des Absenders nach GGVE?
a) Er hat für die schriftliche Mitteilung der Bezeichnung des gefährlichen Gutes an den Absender zu sorgen. ( )
b) Er hat den vorgeschriebenen Frachtbrief zu übergeben. ( )
c) Er hat die Zusammenladeverbote zu beachten. ( )
d) Er hat für die Kennzeichnung der Eisenbahnkesselwagen (EKW) für Gase mit orangefarbenen Streifen zu sorgen. ( ) ❶

17) Welche Aufgaben hat der Befüller nach GGVE? Nennen Sie zwei Aufgaben! ❷

18) MC
Welche Aufgaben hat der Beförderer nach GGVE?

197

Texte

Punkte

a) Er hat für die Unterrichtung seines Personals über Maßnahmen bei Unfällen oder Unregelmäßigkeiten zu sorgen. ( )
b) Er hat dafür zu sorgen, daß Begleitpapiere im Zug mitgeführt werden. ( )
c) Er hat für die Dichtheit der Verschlußeinrichtungen zu sorgen. ( )
d) Er hat für den ordnungsgemäßen Zustand der von ihm beförderten Wagen zu sorgen. ( )
e) Er hat dafür zu sorgen, daß Kesselwagen auch zwischen den Prüfterminen den Bauvorschriften entsprechen. ( ) ❶

19) MC
Welche Aufgaben hat der Empfänger nach GGVE?
a) Muß Wagen gründlich gereinigt und entgiftet zurückgeben, wenn bestimmte gefährliche Stoffe nach außen gelangt sind und in einem Wagen verschüttet wurden ( )
b) Hat dafür zu sorgen, daß bei gereinigten und entgasten Kesselwagen die orangefarbenen Kennzeichnungen nicht mehr sichtbar sind ( )
c) Hat nach Entladung der Wagen die Gefahrzettel zu entfernen oder abzudecken ( )
d) Muß seinen Gleisanschluß gefahrgutrechtlich vom Eisenbahn-Bundesamt (EBA) genehmigen lassen ( )
e) Darf nur unbeschädigte Versandstücke übernehmen ( )
f) Muß seinen Gleisanschluß von der nach Landesrecht zuständigen Behörde des Landes genehmigen lassen ( ) ❶

20) MC
Sie wollen gefährliche Güter für den Eisenbahntransport verpacken. Was müssen Sie beachten?
a) Es dürfen nur zugelassene und zulässige Verpackungen verwendet werden. ( )
b) Die Zusammenpackvorschriften sind zu beachten. ( )
c) Die Versandstücke sind zu kennzeichnen. ( )
d) Die Vorschriften über das Getrennthalten sind zu beachten. ( )
e) Der Verpackungscode ist anzubringen. ( )
f) Die UN-Nummer ist zu beachten. ( ) ❶

(Eisenbahn) Amtliche Prüfungsfragen

Punkte

21) MC
Welche Aufgaben hat der Einsteller eines Kesselwagens nach GGVE?
a) Er hat gegebenenfalls eine außerordentliche Prüfung des Tanks durchführen zu lassen. ( )
b) Er hat für den ordnungsgemäßen Zustand des Kesselwagens zu sorgen. ( )
c) Er darf den Kesselwagen nur mit zugelassenen Gütern befüllen. ( )
d) Er hat für die Kennzeichnung des Kesselwagens mit Gefahrzetteln zu sorgen. ( )
e) Er hat die Dichtheit der Verschlußeinrichtungen zu prüfen. ( ) ❶

22) Dürfen alle gefährlichen Güter mit Eisenbahnen befördert werden? ❶

23) MC
Woran läßt sich die nächstfällige Prüfung des Tanks eines Kesselwagens ermitteln?
a) Eintrag im Tankschild ( )
b) Revisionsraster am Fahrgestell ( )
c) B. 3-Bescheinigung ( )
d) Eisenbahnfrachtbrief ( ) ❶

24) MC
Woran erkennen Sie an jedem Tank den Fassungsraum eines Kesselwagens?
a) Am Tankschild ( )
b) An den Tragleisten ( )
c) Am Betriebsdruck des Tanks ( )
d) An der Anzahl der hintereinanderliegenden Verschlußeinrichtungen ( ) ❶

25) MC
Von welchen Kriterien ist der Füllungsgrad eines Kesselwagens abhängig?
Einfülltemperatur und Dichte ( )
Von der Zugkraft der Zuglokomotive ( )
Betriebsdruck des Tanks ( )
Von der Anzahl der hintereinanderliegenden Verschlußeinrichtungen ( ) ❶

Texte

Punkte

26) **Klasse 2**
Nennen Sie zwei Kontrollvorschriften für das Beladen eines Flüssiggas-Kesselwagens aus dem Anhang XI RID! ❷

27) In welchem Fall nach RID ist eine außerordentliche Prüfung eines Tanks von Kesselwagen durchzuführen? ❷

28) In welchem Fall nach RID ist eine außerordentliche Prüfung eines Tanks von Tankcontainern im Eisenbahnverkehr durchzuführen? ❷

29) Wer hat nach GGVE eine außerordentliche Prüfung des Tanks von Kesselwagen durchführen zu lassen, wenn die Sicherheit des Tanks oder seiner Ausrüstung beeinträchtigt ist? ❷

30) Ist das Eisenbahn-Bundesamt nach GGVE zuständig für die Baumusterzulassung von Kesselwagen? ❶

31) Sind bei Beförderung gefährlicher Güter auf einem abgeschlossenen Betriebsgelände die Vorschriften der GGVE zu beachten? ❷

32) **MC**
In welchem Regelwerk finden Sie die Aussage zu den Sicherheitspflichten der an einem Gefahrguttransport auf der Schiene Beteiligten?
a) In der GGVE-Rahmenverordnung § 9 ( )
b) In der GGAV ( )
c) In der GGVE-Rahmenverordnung § 4 ( )
d) In der RS 002 ( ) ❶

33) **MC**
Bei welchem der nachfolgenden Regelwerke handelt es sich um die Durchführungsrichtlinie für die Gefahrgutverordnung Eisenbahn?
a) RE 001 ( )
b) RS 002 ( )
c) RS 006 ( )
d) R 001 ( ) ❶

34) **MC**
Bei welchen Beförderungen gefährlicher Güter gilt die GGVE?
a) Von Deutschland nach Frankreich ( )
b) innerhalb Deutschlands ( )
c) Von Deutschland in die Schweiz ( )

	Punkte
d) Von Frankreich nach Spanien ( )	
e) Von Rußland nach Polen ( )	
f) Von Österreich in die Schweiz ( )	❶

35) Klasse 7
In welcher Randnummer des RID sind die Vorschriften über die Bestimmungen der Transportkennzahl der Klasse 7 des RID enthalten? ❷

36) MC
Wer ist nach § 9 GGVE für die Durchführung einer außerordentlichen Prüfung an Tanks verantwortlich?
a) Der Absender ( )
b) Der Empfänger ( )
c) Der Eigentümer/der Einsteller ( )
d) Der Beförderer ( ) ❶

37) MC
Wer hat nach § 9 GGVE eine außerordentliche Prüfung eines Tankcontainers durchführen zu lassen?
a) Der Absender ( )
b) Der Empfänger ( )
c) Der Eigentümer ( )
d) Der Beförderer ( ) ❶

38) Nennen Sie zwei Arten von Prüfungen an Tanks von Kesselwagen gemäß RID! ❷

39) In welchen zeitlichen Abständen ist die wiederkehrende Prüfung an Tanks von Kesselwagen gemäß RID spätestens durchzuführen? ❷

40) In welchen zeitlichen Abständen ist die Dichtigkeits- und Funktionsprüfung an Tanks von Kesselwagen gemäß RID spätestens durchzuführen? ❷

41) In welchem Fall ist eine außerordentliche Prüfung an Tanks von Kesselwagen gemäß RID durchzuführen? ❷

42) Nennen Sie zwei Arten von Prüfungen an Tanks von Tankcontainern gemäß RID! ❷

43) In welchen zeitlichen Abständen ist die wiederkehrende Prüfung an Tanks von Tankcontainern gemäß RID spätestens durchzuführen? ❷

Texte

Punkte

44) In welchen zeitlichen Abständen ist die Dichtigkeits- und Funktionsprüfung an Tanks von Tankcontainern gemäß RID spätestens durchzuführen? ❷

45) In welchem Fall ist eine außerordentliche Prüfung an Tanks von Tankcontainern gemäß RID durchzuführen? ❶

46) MC
Im Anschlußgleis eines Betriebes wird ein Eisenbahnwagen mit Versandstücken beladen. Wer ist nach GGVE für das Anbringen der vorgeschriebenen Gefahrzettel verantwortlich?
a) Der Absender ( )
b) Der Verlader ( )
c) Die Eisenbahn ( )
d) Der Befüller ( ) ❶

47) Welche Bedeutung gemäß RID hat der Gefahrzettel nach Muster 13? ❶

48) Welche Bedeutung gemäß RID hat der Gefahrzettel nach Muster 15? ❶

49) Es gibt zwei eisenbahnspezifische Gefahrzettel. Nennen Sie die Nummern gemäß RID! ❷

50) Wie groß müssen Gefahrzettel an Kesselwagen sein, und wo sind diese anzubringen? ❷

51) In einen Güterwagen wird neben vielen ungefährlichen Gütern ein mit zwei unterschiedlichen Gefahrzetteln gekennzeichnetes Versandstück verladen. Ist ein Güterwagen, der gefährliche Güter in Versandstücken enthält, zu bezetteln? ❷

52) MC
Wie ist ein Güterwagen, der gefährliche Güter in Versandstücken enthält, zu bezetteln?
a) Mit den gleichen Gefahrzetteln wie das Versandstück ( )
b) Gefahrzettelgröße 100 x 100 mm ( )
c) Der Wagen muß nicht gekennzeichnet werden. ( )
d) Mit orangefarbenen Kennzeichen mit Nummer zur Kennzeichnung der Gefahr ( ) ❶

53) Welche Gefahrzettel sind gemäß RID an ungereinigten leeren Kesselwagen vorgeschrieben? ❶

(Eisenbahn) Amtliche Prüfungsfragen

Punkte

54) MC
Ein Kesselwagen, in dem gefährliche Güter befördert wurden, soll nach Entleerung und Reinigung an einen anderen Einsatzort überführt werden. Müssen die Gefahrzettel vorher entfernt oder abgedeckt werden?
a) Ja ( )
b) Nein, wenn die Überführungsfahrt nachts erfolgt ( )
c) Nein, wenn binnen 24 Stunden gleichartiges Gefahrgut erneut in den Kesselwagen eingefüllt werden soll ( )
d) Ja, wenn der Betriebsleiter eine Genehmigung erteilt ( ) ❶

55) MC
Wie sind gemäß RID Großcontainer zu kennzeichnen?
Sie sind nicht zu kennzeichnen. ( )
Sinngemäß wie die Eisenbahnwagen ( )
Sinngemäß wie die Kleincontainer ( )
Sinngemäß wie im ADR vorgeschrieben ( ) ❶

56) MC
An welchen Stellen sind Eisenbahnwaggons mit Gefahrgut der Klasse 7 (Gefahrzettel Muster 7B) zu kennzeichnen?
a) An beiden Längsseiten ( )
b) An beiden Längsseiten und am Ende des Zuges ( )
c) Am Anfang und am Ende des Zuges und einer Längsseite ( )
d) Nur am Anfang und am Ende des Zuges ( ) ❶

57) Welche zusätzlichen Kennzeichnungen müssen neben den Gefahrzetteln Nr. 2 und Nr. 3 und der Kennzeichnungs-Nummer an Kesselwagen für Gase der Ziffern 2 und 3 angebracht werden? ❸

58) Welche zusätzliche besondere Kennzeichnung müssen Tanks von Kesselwagen speziell für verflüssigte Gase aufweisen? ❷

59) In welchen Fällen sind Tanks von Kesselwagen durch einen durchgehenden, etwa 30 cm breiten orangefarbenen Streifen zu kennzeichnen? ❷

60) Mit welchen Gefahrzetteln muß ein Eisenbahnwagen versehen sein, der UN 0340 Nitrocellulose enthält? Geben Sie die Nummern der Gefahrzettel nach RID an! ❷

Texte

Punkte

61) Mit welchem Gefahrzettel (Nummer) und welchen Nummern zur Kennzeichnung der Gefahr und des Stoffes auf der Warntafel gemäß RID muß ein Kesselwagen versehen sein, der UN 1203 Benzin enthält? ❷

62) Darf im Schienenverkehr ein Versandstück mit einem Zettel nach Muster 1 zusammen mit einem Versandstück nach Muster 3 zusammen in einem Wagen verladen werden? ❷

63) Darf im Schienenverkehr ein Versandstück mit je einem Zettel nach Muster 5.2 und 01 zusammen mit einem Versandstück mit einem Zettel nach Muster 5.2 in einem Wagen verladen werden? ❷

64) Darf im Schienenverkehr ein Versandstück mit einem Zettel nach Muster 4.3 zusammen mit einem Versandstück mit einem Zettel nach Muster 3 in einem Wagen verladen werden? ❷

65) Darf im Schienenverkehr ein Versandstück mit einem Zettel nach Muster 6.2 zusammen mit einem Versandstück mit Lebensmitteln in einem Wagen verladen werden? ❷

66) **MC**
Sie wollen verschiedene gefährliche Stoffe der Klasse 1 in einen Güterwagen verladen. Was müssen Sie nach RID beachten?
a) Zusammenladeverbot aufgrund der Verträglichkeitsgruppen ( )
b) Verwendung von Wagen mit ordnungsgemäßen Funkenschutzblechen ( )
c) Nur Feuergutwagen einsetzen ( )
d) Nur offene Wagen einsetzen ( )
e) Begleitung erforderlich ( ) ❷

67) Ist das Getrennthaltegebot von Nahrungs-, Genuß- und Futtermitteln gemäß RID anzuwenden, wenn UN 1230 Methanol transportiert wird? ❷

68) Ist das Getrennthaltegebot von Nahrungs-, Genuß- und Futtermitteln gemäß RID anzuwenden, wenn UN 1320 Dinitrophenol, angefeuchtet transportiert wird? ❷

69) Ist das Getrennthaltegebot von Nahrungs-, Genuß- und Futtermitteln gemäß RID anzuwenden, wenn UN 3245 genetisch veränderte Mikroorganismen transportiert werden? ❶

(Eisenbahn) Amtliche Prüfungsfragen

Punkte

70) Welche Maßnahmen im Schienenverkehr erfüllen die Anforderungen des Getrennthaltens? Nennen Sie zwei Maßnahmen! ❷

71) **MC**
In welchem Teil des RID finden Sie Hinweise zur Ladungssicherung?
a) Abschnitte D der einzelnen Klassen des RID ( )
b) Im Abschnitt H der einzelnen Klassen des RID ( )
c) Im Anhang XI des RID ( )
d) GGVE ( ) ❶

72) Welche Absperreinrichtung gemäß RID ist bei mehreren hintereinanderliegenden Absperreinrichtungen zuerst nach der Befüllung zu schließen? ❷

73) Wogegen sind die Füll- und Entleerungseinrichtungen von Kesselwagen und Tankcontainern gemäß RID zu sichern? ❷

74) **MC**
Ein Großcontainer wird auf der Schiene zu einem Weitertransport auf See zu einem Seehafen befördert. Welches Begleitpapier muß der Sendung dem vorangehenden Bahntransport beigegeben werden?
Container-Packzertifikat ( )
Schriftliche Weisungen ( )
Unfallmerkblätter See (EMS) ( )
Fahrwegbestimmung ( ) ❶

75) Welche gefahrgutrelevanten Angaben müssen in der Klasse 6.1 bei einem Bahntransport mindestens im Frachtbrief gemacht werden (außer nach Randnummer 601a)? ❸

76) Welche Angabe ist im Frachtbrief immer zusätzlich zur Bezeichnung des Gutes erforderlich, wenn eine Kennzeichnung nach Anhang VIII RID vorgeschrieben ist? ❷

77) **Klasse 2**
Welche Erklärung nach Randnummer 226 RID muß im Frachtbrief bei einem Kesselwagen mit Stoffen der Klasse 2 Ziffer 3 gemacht werden? ❷

78) Ein Kesselwagen war mit UN 1977 Propen beladen und soll leer und ungereinigt zurückgeschickt werden. Wie muß seine Bezeichnung im Frachtbrief lauten? ❸

Texte

Punkte

79) MC
In welchem Fall ist bei der Beförderung gefährlicher Güter im Schienenverkehr bei einem Transport in Großcontainern ein Container-Packzertifikat erforderlich?
a) Immer ( )
b) Nur, wenn eine Beförderung auf der Straße nachfolgt ( )
c) Nur, wenn eine Beförderung auf Binnenwasserstraßen nachfolgt ( )
d) Nur, wenn eine Seebeförderung nachfolgt ( ) ❶

80) MC
Aus welchen Unterlagen nach RID können zu treffende Maßnahmen bei einem Leck an einem Kesselwagen im Rahmen innerstaatlicher Beförderungen entnommen werden?
a) Aus dem Frachtbrief ( )
b) Aus der Prüfbescheinigung des Kesselwagens ( )
c) Aus dem Unfallmerkblatt ( )
d) Aus dem Tankschild ( ) ❶

81) MC
Welches Begleitpapier hat der Absender gemäß Ausnahme 59 (B, E, S) bei der Beförderung verpackter gefährlicher Abfälle im Schienenverkehr nach der Gefahrgut-Ausnahmeverordnung beizugeben?
a) Eine Unbedenklichkeitsbescheinigung der Bezirksregierung ( )
b) Eine Freistellungserklärung der zuständigen Umweltbehörde ( )
c) Eine Abnahmeerklärung des Empfängers ( )
d) Eine Übernahmeerklärung des nachfolgenden Beförderers ( ) ❶

82) Klasse 7
Eine Wagenladung mit „Sonden" zur zerstörungsfreien Werkstoffprüfung ist mit folgender Kennzeichnung versehen:

70
2974

Es handelt sich dabei um einen Versand nach Klasse 7 Blatt 9 des RID.
a) Wie lautet der gemäß Blatt 9 RID vorgeschriebene Eintrag im Frachtbrief? ❸

b) Nennen Sie die Nummer des Gefahrzettels, der außen am Wagen angebracht werden muß!   ❶
   ─
   ④

83) **MC**
Unter welchen Bedingungen dürfen Stoffe der Randnummern 101 und 701 RID im Schienenverkehr befördert werden?
a) Wenn sie den in den betreffenden Klassen vorgesehenen Bedingungen entsprechen ( )
b) Wenn sie der Nur-Klasse zugeordnet werden können ( )
c) Wenn sie auch in einer freien Klasse aufgeführt sind ( )
d) Nur, wenn sie in der höchsten Verpackungsgruppe verpackt sind ( )   ❶

84) **MC**
Unter welchen Bedingungen dürfen die in der Randnummer 301 RID der freien Klasse 3 genannten Stoffe im Schienenverkehr befördert werden?
a) Wenn sie den in der betreffenden Klasse vorgesehenen Bedingungen entsprechen ( )
b) Nur, wenn die Beförderung im Kesselwagen erfolgt ( )
c) Nur unter ausschließlicher Verwendung selbstschließender Kanister ( )
d) Nur, wenn die Beförderung in Kleincontainern durchgeführt wird ( )   ❶

85) In welcher Randnummer des RID finden Sie die Stoffaufzählung der Klasse
   Beispiel: Klasse 4.3?   ❶

86) **MC**
In welcher Randnummer finden Sie im RID Angaben zur Klasse
   Beispiel: 3?
a) Rn. 3 ( )
b) Rn. 2300 ( )
c) Rn. 1300 ( )
d) Rn. 300 ( )   ❶

87) **MC**
In welchen Randnummern stehen die klassenspezifischen Angaben nach RID?
a) Rn. 1–99 ( )

Texte

                                                        Punkte

     b) Rn. 100–999 ( )
     c) Rn. 1000–1999 ( )
     d) Rn. 2100–2999 ( ) ❶

88) In welcher Randnummer des RID finden Sie, unter welchen Bedingungen bei der Beförderung mit der Eisenbahn die Vorschriften des IMDG-Codes angewendet werden können? ❷

89) MC
Welchen Vorschriften muß ein zur Beförderung nach RID im Huckepackverkehr aufgegebenes Straßenfahrzeug entsprechen?
     a) Dem ADR ( )
     b) Der GGVSee ( )
     c) Dem CSC ( )
     d) Dem TIR ( ) ❶

90) Dürfen in Kesselwagen, die zur Beförderung von Stoffen der Klasse 6.1 zugelassen sind, auch Nahrungs-, Genuß- und Futtermittel befördert werden? ❷

91) MC
Welche Aussage ist für den Huckepackverkehr Straße – Schiene richtig?
     a) Im Frachtbrief muß der Eintrag „Beförderung nach Rn. 15 RID" gemacht werden. ( )
     b) Temperaturkontrollierte Güter der Klasse 5.2 dürfen nur unter ständiger Aufsicht eines Sachkundigen verladen werden. ( )
     c) Die Seiten der Tragwagen sind immer mit den Gefahrzetteln der auf dem Straßenfahrzeug befindlichen gefährlichen Güter zu versehen. ( )
     d) Gefährliche Güter dürfen nicht im Huckepackverkehr befördert werden. ( ) ❶

92) In welcher Randnummer der Klasse 1 RID sind Regelungen für Schutzwagen enthalten? ❷

93) Klasse 1
Wie ist ein Schutzwagen gemäß RID definiert? ❶

94) Dürfen gemäß RID in einem Schutzwagen Güter der
        Beispiel: Klasse 3,
die nach Randnummer

(Eisenbahn) Amtliche Prüfungsfragen

Punkte

Beispiel: 301 a RID
verpackt wurden, befördert werden? ❷

95) Muß gemäß RID ein Wagen mit dem Gefahrzettel 1.4 von einem Wagen mit Gefahrzettel 3 durch Schutzwagen getrennt werden? ❷

96) Der Disponent Ihres Unternehmens stellt fest, daß bei Beförderung gefährlicher Güter im Huckepackverkehr gefahrgutrechtliche Besonderheiten zu beachten sind.
In welcher Randnummer des RID finden Sie Bestimmungen zum Huckepackverkehr? ❷

97) In welchem Teil des RID finden Sie die besonderen Bedingungen für die Beförderung bestimmter gefährlicher Güter in Eisenbahnkesselwagen? ❷

98) In welchem Teil des RID finden Sie die besonderen Bedingungen für die Beförderung bestimmter gefährlicher Güter in Tankcontainern? ❷

99) In welcher Randnummer des RID finden Sie die besonderen Bedingungen für die Beförderung gefährlicher Güter der Klasse
Beispiel: 4.1
in loser Schüttung? ❷

100) Ein leerer ungereinigter Tanksattelauflieger, der mit Benzin befüllt war, soll im Huckepackverkehr befördert werden. Welche zusätzlichen Angaben gemäß RID sind im Frachtbrief erforderlich? ❷

101) An einem ungereinigten leeren Kesselwagen ist die Prüffrist überschritten. Der Absender befördert den Wagen trotzdem zu der für die Prüfung zuständigen Stelle. Ist diese Beförderung zulässig? ❷

102) In welchem Anhang des RID sind Stoffe aufgeführt, die zur Beförderung in Tanks bzw. in loser Schüttung zugelassen sind? ❷

103) Bei welcher Klasse muß gemäß RID zur Beachtung der Zusammenladeverbote von Ladungen in Versandstücken die Verträglichkeitsgruppe berücksichtigt werden? ❷

104) Fallstudie
Eine Chemikalienhandlung will

Beispiel: 50 Liter Testbenzin, Klasse 3 Ziff. 3 b)
im Schienenverkehr versenden. Das
Beispiel: Benzin ist verpackt in 10 Kanister à 5 Liter.

a) Ist eine Versendung dieser Kanister nach Randnummer 301 a RID zulässig? **①**
b) Welche Kennzeichnung muß vor Beginn der Beförderung an den Versandstücken angebracht werden? **①**
c) Muß jeder einzelne Kanister gekennzeichnet werden? **①**
d) Die 10 Kanister werden in eine undurchsichtige Schrumpffolie eingeschrumpft. Welche Kennzeichnung ist erforderlich? **①**
e) Wie lautet die erforderliche Bezeichnung des Gutes und seine Ergänzungen im Frachtbrief? **❸**

⑦

105) Fallstudie

Ein Tanksattelauflieger mit
Beispiel: Isopropylamin (Klasse 3 Ziffer 22 a)
wird über eine Spedition im Huckepackverkehr mit der Bahn befördert.

a) Wie lauten die korrekten zusätzlichen Angaben gemäß Rn. 15 RID im Frachtbrief? **❷**
b) Wer ist für diese zusätzlichen Angaben im Frachtbrief verantwortlich? **①**
c) Muß der Tanksattelauflieger den Bedingungen des ADR entsprechen? **①**
d) Müssen die Schriftlichen Weisungen beigegeben werden? **①**

⑤

106) Fallstudie

Beispiel: 67prozentige Salpetersäure mit einem Siedepunkt von 121,7 °C (Klasse 8, 2b) ist im Schienenverkehr zu versenden.

a) Als Verpackung sind Fässer aus Kunststoff vorgesehen. Ist dies zulässig? **①**
b) Wie ist die Verpackung zu beschriften und welcher Gefahrzettel (Nr. des Gefahrzettels) muß angebracht werden? **❷**
c) Welche Verpackungsgruppe trifft hier zu? **①**
d) Wie ist die entsprechende Codierung auf dem Faß für diese Verpackungsgruppe? **①**
e) Wie viele Jahre beträgt die zulässige Verwendungsdauer der Fässer? **①**

(Eisenbahn) Amtliche Prüfungsfragen

Punkte

f) Woran erkennen Sie, ob das Faß noch verwendet werden darf? ❷
g) Wie können Sie überprüfen, ob der verwendete Kunststoff mit dem Füllgut verträglich ist? ❷
h) Die Palette mit den Fässern soll in einen gedeckten Wagen verladen werden. Ist das zulässig? ❶
i) Geben Sie die Nummer des Gefahrzettels an, mit dem der Wagen zu kennzeichnen ist! ❶
j) An welchen Stellen ist der Wagen zu kennzeichnen? ❶
k) Welche Größe muß der Gefahrzettel am Versandstück und am Wagen mindestens haben? ❷
l) Wer ist für die Kennzeichnung des Wagens gemäß GGVE verantwortlich, wenn die Eisenbahn nicht selbst verlädt? ❶

⑯

107) Fallstudie

Druckgaspackungen mit einem entzündbaren Gas und einem Fassungsraum von 950 ml sollen mit der Eisenbahn versandt werden.
a) Wie lautet die Stoffbezeichnung im Frachtbrief? ❸
b) Kann die Randnummer 201 a RID angewandt werden? ❶
c) Müssen die Außenverpackungen bauartzugelassen sein? ❶
d) Wie schwer darf das Versandstück bei Anwendung der a-Randnummern maximal sein? ❶
e) Wie ist das Versandstück bei Anwendung der a-Randnummern zu beschriften? ❶
f) Dürfen mehrere Versandstücke in einer Umverpackung verpackt werden? ❶

⑧

108) Fallstudie

Druckgaspackungen mit einem giftigen entzündbaren Gas und einem Fassungsraum von 950 ml sollen mit der Eisenbahn versandt werden.
a) Wie lautet die Stoffbezeichnung im Frachtbrief? ❸
b) Können die Erleichterungen der Rn. 201a in Anspruch genommen werden? ❶
c) Müssen die Außenverpackungen bauartzugelassen sein? ❶
d) Wie schwer darf das Versandstück sein? ❶
e) Wie ist das Versandstück zu beschriften und zu kennzeichnen (Nummern der Gefahrzettel)? ❷

211

Texte

Punkte

f) Dürfen mehrere Versandstücke in einer Umverpackung verpackt werden? ❶

$\overline{⑨}$

8. Prüfungsaufgaben für den binnenschiffahrtsspezifischen Teil der Prüfung

1) In welcher Randnummer des ADNR finden Sie die Definition für gefährliche Güter? ❷

2) In welchem Teil des ADNR kann man nachlesen, welche Stoffe zur Beförderung in Tankschiffen zugelassen sind? ❶

3) **MC**
Nach welchen Vorschriften müssen Stoffe, Lösungen und Gemische gefährlicher Güter im Bereich der Binnenschiffahrt klassifiziert werden?
a) Nach den Vorschriften des ADR ( )
b) Nach den Vorschriften des GGVE ( )
c) Nach den Vorschriften des GGVS ( )
d) Nach den Vorschriften der GGVSee ( )
e) Nach den Vorschriften des IMDG-Code ( ) ❶

4) Es sollen Ölschrote in ein Binnenschiff geladen werden. Wie ist dieser Stoff nach dem ADNR klassifiziert? ❷

5) **MC**
Unterliegen Ölschrote, Ölsaatkuchen und Ölkuchen, welche pflanzliches Öl enthalten, lösemittelbehandelt und nicht selbstentzündliche Stoffe sind, der Klasse 4.1 des ADNR?
a) Pflanzliche Produkte sind kein Gefahrgut. ( )
b) Ja, in jedem Fall. ( )
c) Grundsätzlich ja, es sei denn, sie sind so vorbehandelt worden, daß während der Beförderung keine Explosionsgefahr besteht und dies im Beförderungspapier bescheinigt wurde. ( )
d) Wenn die Produkte vor der Beladung mindestens drei Tage an trockener Luft gelagert wurden, unterliegen sie nicht dem ADNR. ( ) ❶

6) Ist der Stoff „1798 Mischung aus Salpetersäure und Salzsäure, ADR" zur Beförderung mit Binnenschiffen zugelassen? ❷

(Binnenschiffahrt) Amtliche Prüfungsfragen

Punkte

7) Ein Binnenschiff wurde mit 500 kg Farbe, (Klasse 3 Ziffer 5 b) ADNR) in Versandstücken beladen. Ist die Freimenge überschritten? Geben Sie auch die entsprechende Randnummer an! ❷

8) **MC**
In welchem Teil des ADNR finden Sie Vorschriften für die Beförderung von Tankschiffen?
a) Nach den Vorschriften der Klasse 2. ( )
b) Nach den Vorschriften der Anlage B2. ( )
c) Nach den Vorschriften der Anlage B1. ( )
d) Nach den Vorschriften der Anlage A. ( ) ❶

9) Enthält das ADNR Prüfvorschriften für die Klasseneinteilung der Stoffe? ❷

10) In welchem Teil des ADNR sind die Gefahrzettel abgebildet und beschrieben? ❷

11) Nach welchen internationalen Vorschriften über die Beförderung gefährlicher Güter kann die Kennzeichnung der mit Binnenschiffen beförderten Tankcontainer erfolgen? Nennen Sie zwei Vorschriften! ❷

12) Es soll ein Meeresschadstoff in einem Tankcontainer, der für den Umschlag von einem Binnenschiff auf ein Seeschiff vorgesehen ist, befördert werden. Mit welcher zusätzlichen Markierung muß der Tankcontainer versehen sein? ❶

13) Ein Containerschiff (kein Doppelhüllenschiff) befördert einen Container mit 10 000 kg Farbe (Klasse 3 Ziffer 5b) ADNR, UN 1263, in Großpackmitteln (IBC) von Duisburg nach Karlsruhe. Nennen Sie drei Dokumente, die sich nach ADNR an Bord befinden müssen! ❸

14) **MC**
Für jedes nach ADNR zu befördernde gefährliche Gut ist ein vom Absender ausgestelltes und ordnungsgemäß ausgefülltes Papier an Bord mitzuführen, das alle Vermerke enthält, die nach den Anlagen A, B1 und B2 in dieses Papier einzutragen sind. Wie nennt man dieses Papier?
a) Rheinkonnossement ( )
b) Beförderungspapier ( )
c) Schriftliche Weisung ( )
d) Rheinmanifest für gefährliche Güter ( ) ❶

213

Texte

Punkte

15) In welcher Randnummer finden Sie Informationen zum Inhalt des Beförderungspapiers nach ADNR? ❷

16) **MC**
Welches Dokument muß nach ADNR der Schiffsführer bei der Fahrt mit Tankschiffen mit leeren, ungereinigten Tanks mitführen?
a) Eine Streckenkarte der Reise (neuester Stand) ( )
b) Eine Entladebescheinigung ( )
c) Ein Schifferpatent ( )
d) Das Beförderungspapier ( ) ❶

17) In welcher Randnummer des ADNR finden Sie Hinweise, in welcher Sprache die Vermerke im Beförderungspapier abgefaßt sein müssen? ❷

18) **MC**
Welche Angaben muß das Beförderungspapier über die geladenen gefährlichen Güter nach ADNR enthalten?
a) Die in den Anlagen A1, B1 und B2 zum ADNR vorgeschriebenen Vermerke ( )
b) Die in der Rheinschiffahrtspolizeiverordnung – Anlage 7 – aufgeführten Hinweise ( )
c) Ausschließlich Angaben über das Verhalten im Brandfall ( )
d) Die vom Hersteller des gefährlichen Gutes gelieferten Angaben über die chemischen und physikalischen Eigenschaften des Gutes ( ) ❶

19) **MC**
Welche der folgenden Angaben muß im Beförderungspapier nach ADNR enthalten sein?
a) Die Adresse des Herstellers des Gutes ( )
b) Die amtliche Schiffsnummer ( )
c) Name(n) und Anschrift(en) des/der Empfänger(s) ( )
d) Das Ablaufdatum der Gültigkeit des Zulassungszeugnisses ( ) ❶

20) Wer ist für ein ordnungsgemäß ausgefülltes Beförderungspapier nach der GGVBinSch verantwortlich? ❶

21) Wer ist nach ADNR Randnummer 210 381 bei Tankschiffen mit leeren, ungereinigten Ladetanks als Absender anzusehen

(Binnenschiffahrt) Amtliche Prüfungsfragen

Punkte

und ist für die ordnungsgemäße Erstellung des Beförderungspapiers (Urkunde) verantwortlich? ❶

22) Genügt für eine Ladung, die auf zwei Binnenschiffen verteilt wird, ein Beförderungspapier? ❶

23) **MC**
Einem Schiffsführer wurde ein Beförderungspapier und eine Schriftliche Weisung ausgehändigt. Die in diesen Papieren enthaltene Stoffbezeichnung stimmt nicht überein. Was ist zu veranlassen?
a) Der Schiffsführer hat die richtigen Angaben vom Absender anzufordern. ( )
b) Der Schiffsführer korrigiert die Angaben in der Schriftlichen Weisung nach denen des Beförderungspapiers. ( )
c) Der Schiffsführer korrigiert die Angaben nach den Weisungen des Disponenten der Reederei. ( )
d) Der Schiffsführer unterrichtet den Lademeister der Umschlagsstelle und beginnt die Fahrt. ( ) ❶

24) Wann müssen die Beförderungspapiere und die Schriftlichen Weisungen an den Schiffsführer überreicht werden? ❷

25) Nach dem Beladen des Schiffes überreicht der Absender dem Schiffsführer ein ordnungsgemäß ausgefülltes Beförderungspapier und die Schriftlichen Weisungen. Ist dies nach ADNR korrekt? Begründen Sie Ihre Aussage! ❷

26) Kann nach einem Umschlag von einem Seeschiff auf ein Binnenschiff eine „IMO Dangerous Goods Declaration" (IMO-Erklärung für gefährliche Güter) auch als Beförderungspapier gemäß ADNR verwendet werden? ❷

27) In welchen Sprachen müssen Schriftliche Weisungen auf dem Rhein (ADNR) abgefaßt sein? ❶

28) **MC**
In welcher Sprache müssen die Schriftlichen Weisungen beim Gefahrguttransport auf dem Rhein (ADNR) abgefaßt werden?
a) In deutscher und französischer Sprache ( )
b) In deutscher, englischer, niederländischer oder französischer Sprache ( )

Texte

Punkte

    c) In der Sprache, die der Schiffsführer lesen und verstehen kann; mindestens aber in allen Sprachen der von der Beförderung berührten Staaten ( )

    d) In mindestens einer der Amtssprachen eines der Rheinuferstaaten ( ) ❶

29) Von wem sind dem Schiffsführer die bei einer Beförderung gefährlicher Güter auf dem Rhein an Bord mitzuführenden Schriftlichen Weisungen zu übergeben? ❷

30) **MC**
Wer muß nach ADNR dem Schiffsführer die Schriftlichen Weisungen zur Verfügung stellen?
    a) Die für das Laden zuständige Hafenbehörde ( )
    b) Der Absender (Verlader) ( )
    c) Der Reeder ( )
    d) Der Hersteller der Ware ( ) ❶

31) **MC**
Welches Papier muß der Absender (Verlader) dem Schiffsführer nach ADNR für das Verhalten bei Unfällen oder Zwischenfällen, die sich während der Beförderung gefährlicher Güter ereignen können, mitgeben?
    a) ADNR-Manifest ( )
    b) Zulassungszeugnis ( )
    c) Beförderungspapier ( )
    d) Schriftliche Weisungen ( ) ❶

32) **MC**
In welcher Urkunde nach ADNR sind beim Transport gefährlicher Güter die Maßnahmen beschrieben, die bei einem Unfall oder Zwischenfall durchzuführen sind?
    a) Im Zulassungszeugnis ( )
    b) Im ADNR ( )
    c) In den Schriftlichen Weisungen ( )
    d) Im Beförderungspapier ( ) ❶

33) **MC**
Von wem sind dem Schiffsführer die bei der Beförderung gefährlicher Güter auf dem Rhein an Bord mitzuführenden Schriftlichen Weisungen zu übergeben?
    a) Vom Zollamt ( )
    b) Vom Absender (Verlader) ( )

　　　　　　　　　　　　　　　　(Binnenschiffahrt) Amtliche Prüfungsfragen

                       Punkte

  c) Vom Reeder ( )
  d) Vom Hersteller der Ware ( ) **❶**

34) MC
In welcher Urkunde des ADNR sind die Gefahren beschrieben, die von einem gefährlichen Stoff bei der Beförderung ausgehen können?
  a) Im Zulassungszeugnis ( )
  b) In den Schriftlichen Weisungen ( )
  c) Im Kapitel I der Anlage B1 des ADNR ( )
  d) Im Beförderungspapier ( ) **❶**

35) In welcher Urkunde gemäß ADNR kann man nachlesen, welches zusätzliche Erste-Hilfe-Material während der Beförderung bestimmter gefährlicher Güter an Bord mitgeführt werden muß? **❶**

36) Wo und wie sind die Schriftlichen Weisungen an Bord eines Binnenschiffes aufzubewahren? **❷**

37) MC
Wo und wie müssen die zutreffenden Schriftlichen Weisungen an Bord eines Binnenschiffes mitgeführt werden, wenn mit dem Schiff ein gefährliches Gut befördert wird?
  a) In der Schiffswohnung, zusammen mit dem Patent ( )
  b) Griffbereit im Steuerhaus und deutlich von nicht benötigten Weisungen getrennt ( )
  c) Als Aufkleber am Tank ( )
  d) In einem besonders bezeichneten Umschlag im Steuerhaus ( ) **❶**

38) Während der Fahrt tritt aus einer undichten Stelle eines Tankmotorschiffs Gefahrgut aus. In welcher Unterlage gemäß ADNR kann sich der Schiffsführer über die umgehend zu ergreifenden Maßnahmen informieren? **❶**

39) MC
Wem muß der Schiffsführer eines Binnenschiffes vom Inhalt der Schriftlichen Weisungen Kenntnis geben?
  a) Dem Personal der Löschstelle ( )
  b) Dem Empfänger des Gefahrgutes ( )
  c) Den Personen an Bord seines Schiffes ( )
  d) Der Wasserschutzpolizei bei Betreten des Schiffes ( ) **❶**

Punkte

40) MC
Wer muß die Besatzung eines Binnenschiffes über den Inhalt der Schriftlichen Weisungen unterrichten?
a) Der Sachkundige ( )
b) Der Gefahrgutbeauftragte ( )
c) Der Schiffsführer ( )
d) Der Absender (Verlader) ( ) ❶

41) Ein Containerschiff soll einen Container mit 1 000 kg Schwefelhexafluorid (Klasse 2 Ziffer 2A, ADNR), UN 1080, in Stahlflaschen befördern. Wird für diese Beförderung ein Unfallmerkblatt (Schriftliche Weisungen) benötigt? ❷

42) Ein Containerschiff soll einen Container mit 100 kg Chlor (Klasse 2 Ziffer 2 TC ADNR), UN 1017, in Stahlflaschen befördern. Wird für diese Beförderung ein Unfallmerkblatt (Schriftliche Weisungen) benötigt? ❷

43) Ein Containerschiff soll einen Tankcontainer mit 10 000 kg Phosphorsäure (Klasse 8 Ziffer 17 c ADNR), UN 1805, befördern. Wird für diese Beförderung ein Unfallmerkblatt (Schriftliche Weisungen) benötigt? ❷

44) Ein Containerschiff soll einen leeren, ungereinigten Tankcontainer (Klasse 5.1 Ziffer 41 ADNR) befördern. Wird für diese Beförderung ein Unfallmerkblatt (Schriftliche Weisungen) benötigt? ❷

45) In welcher Unterlage wird bestätigt, daß das Binnenschiff untersucht worden ist und daß Bau und Ausrüstung den anwendbaren Vorschriften entsprechen? ❷

46) MC
Was wird im Zulassungszeugnis für ein Tankschiff nach ADNR bestätigt?
a) Daß Bau und Ausrüstung des Schiffes den anzuwendenden Vorschriften der Anlage B2 ADNR entsprechen ( )
b) Daß Bau, Einrichtung und Ausrüstung des Schiffes den Bestimmungen der Rheinschiffsuntersuchungsordnung entsprechen ( )
c) Daß das Schiff unter der Aufsicht einer anerkannten Klassifikationsgesellschaft gebaut und von ihr zur Beförderung gefährlicher Güter zugelassen wurde ( )

d) Daß Bau, Einrichtung, Ausrüstung und Besatzungsstärke den internationalen Transportbestimmungen für flüssige Treib- und Brennstoffe entsprechen ( ) ❶

47) Wer stellt das Zulassungszeugnis nach ADNR für ein Tankschiff aus?
   a) Die Wasserschutzpolizei bzw. die von der Zentralkommission für die Rheinschiffahrt bezeichneten Polizeiorgane ( )
   b) Die von allen Rheinuferstaaten und Belgien anerkannte Klassifikationsgesellschaft ( )
   c) Die zuständige Behörde eines der Rheinuferstaaten oder Belgiens ( )
   d) Die für das Laden des Schiffes zuständige Hafenbehörde ( ) ❶

48) In einem Binnenschiff werden 20 t Schwefel, geschmolzen (Klasse 4.1 Ziffer 15), 30 t Natriumnitrat (Klasse 5.1 Ziffer 22 c) befördert. Wird für diesen Transport ein Zulassungszeugnis nach Rn. 10 282 des ADNR benötigt? ❷

49) **MC**
Wie lange ist nach ADNR ein Zulassungszeugnis ohne Verlängerung gültig?
   a) maximal zwei Jahre ( )
   b) maximal drei Jahre ( )
   c) maximal fünf Jahre ( )
   d) maximal zehn Jahre ( ) ❶

50) Ein Binnenschiff erhält nach einer Havarie ein vorläufiges Zulassungszeugnis. Wie lange ist dieses nach ADNR gültig? ❶

51) **MC**
Wie lange ist die Bescheinigung über die besonderen Kenntnisse des „Sachkundigen" gemäß des ADNR gültig?
   a) maximal 1 Jahr ( )
   b) maximal 5 Jahre ( )
   c) maximal 3 Jahre ( )
   d) unbeschränkt ( ) ❶

52) **MC**
Unter welchen Bedingungen dürfen auf einem Tankschiff im Bereich der Ladung Reparatur und Wartungsarbeiten, die die Anwendung von Feuer oder elektrischem Strom erfordern

oder bei deren Aus- rüstung Funken entstehen können, vorgenommen werden?
a) Nach einer entsprechenden Entgasung ( )
b) Nur in Betriebsräumen außerhalb des Bereichs der Ladung dürfen Reparatur- und Wartungsarbeiten vorgenommen werden. ( )
c) Wenn eine Genehmigung der örtlich zuständigen Behörde oder eine Gasfreiheitsbescheinigung für das Schiff vorliegt ( )
d) Wenn nach erfolgter Entgasung die Gasfreiheit durch den Schiffsführer oder einen Reedereibeauftragten mittels eines geeigneten Gaskonzentrationsmeßgerätes einwandfrei festgestellt wurde ( ) ❶

53) Welche der nachstehend aufgeführten Vorschriften müssen sich nach ADNR bei der Beförderung gefährlicher Güter auf Trockengüterschiffen an Bord befinden?
a) Die Anlagen A und B1 des ADNR ( )
b) Die Anlagen A und B2 des ADNR ( )
c) Die Anlage A des ADNR ( )
d) Das ADNR und, wenn die Ladung im kombinierten Verkehr befördert wird, die entsprechenden Beförderungsvorschriften wie das RID, das ADR bzw. der IMDG-Code ( ) ❶

54) Für das Laden bzw. Löschen von Explosivstoffen außerhalb von Häfen ist eine schriftliche Genehmigung erforderlich. Von welcher Behörde nach GGVBinSch wird die Genehmigung erteilt? ❷

55) Von wem ist der Stauplan aufzustellen, wenn das Binnenschiff gefährliche Güter verschiedener Klassen geladen hat? ❷

56) **MC**
Welches der nachfolgend aufgeführten Papiere muß der Schiffsführer gemäß ADNR bei der Beförderung gefährlicher Güter in Versandstücken vor Antritt der Fahrt erstellen?
a) Für jedes Gefahrgut Schriftliche Weisungen ( )
b) Eine Bestätigung, worin sich der Schiffsführer dafür verbürgt, daß die gefährlichen Güter entsprechend den ADNR-Vorschriften geladen und gestaut wurden ( )
c) Eine Aufstellung, aus welcher der Ladeort, die Bezeichnung der Ladestelle sowie das Datum und die

(Binnenschiffahrt) Amtliche Prüfungsfragen

Punkte

Uhrzeit des Ladens jedes einzelnen gefährlichen Gutes ersichtlich ist ( )
d) Ein Stauplan, aus dem ersichtlich ist, welche gefährlichen Güter in den einzelnen Laderäumen oder an Deck geladen sind ( ) ❶

57) In welchem Teil des ADNR finden Sie Bedingungen für die Beförderung gefährlicher Güter in loser Schüttung? ❷

58) Auf einem Trockengüterschiff wird in einem Tankcontainer eine entzündbare Flüssigkeit mit einem Flammpunkt von 75 °C befördert. Sind Vorschriften nach dem ADNR zu beachten? Begründen Sie Ihre Aussage! ❷

59) MC
Dürfen auf Binnenschiffen, die gefährliche Güter nach ADNR befördern, Fahrgäste mitreisen?
a) Nein, in keinem Fall ( )
b) Ja, bis zu zwei Fahrgäste
c) Eine Mitnahme von Fahrgästen ist erlaubt; es gilt jedoch ein absolutes Rauchverbot außerhalb der Wohnungen ( )
d) Die Mitnahme ist nur auf Schiffen, für die kein Zulassungszeugnis erforderlich ist, erlaubt. ( ) ❶

60) Darf der Führer eines Tankschiffes mit Benzinladung gemäß ADNR Fahrgäste befördern? Nennen Sie auch die einschlägige Randnummer! ❷

61) MC
Auf einem Binnenschiff werden 30 t Schwefelsäure in Versandstücken (Klasse 8 Ziffer 1b ADNR) befördert. Dürfen Fahrgäste an Bord mitgenommen werden?
a) Ja, da für die Beförderung von Schwefelsäuren kein Zulassungszeugnis benötigt wird und die Säure weder brennbar noch explosionsgefährlich ist ( )
b) Die Mitname ist unter ausdrücklichem Einverständnis des Schiffseigners erlaubt. ( )
c) Bei Vorliegen einer Sondergenehmigung durch die zuständige Behörde ist die Mitnahme erlaubt. ( )
d) Die Beförderung von Fahrgästen ist im vorliegenden Fall verboten. [Rn 10 327 ADNR] ( ) ❶

Texte

Punkte

62) Welche Randnummer der Anlage B des ADNR enthält Informationen über die Freimengen für Versandstücke mit gefährlichen Gütern? ❶

63) **MC**
Das Fassungsvermögen des Treibstofftanks eines Schiffes umfaßt insgesamt 42 000 l Gasöl. Gilt diese Bunkermenge als gefährliches Gut im Sinne des ADNR?
a) Ja ( )
b) Nein. Gasöl, das in den Treibstofftanks des Schiffes mitgeführt wird und dem Betrieb des Schiffes dient, gilt nicht als gefährliches Gut im Sinne des ADNR. ( )
c) Bunkermengen oben genannten Umfangs unterliegen den gleichen ADNR-Bestimmungen wie die in Versandstücken verpackten Stoffe der Klasse 3. ( )
d) Ohne Rücksicht auf ihren Verwendungszweck unterliegen alle flüssigen Treib- und Brennstoffe vollumfänglich dem ADNR mit seinen Anlagen A, B1 und B2. ( ) ❶

64) Welches ist die höchste zugelassene Menge organischer Peroxide der Klasse 5.2 Ziffer 1 b) bei der Beförderung nur eines Stoffes in einem Trockengüterschiff (kein Doppelhüllenschiff im Sinne der Anlage B 1 ADNR)? ❷

65) Auf einem Gütermotorschiff werden Versandstücke der Klasse 2, 2F (350 kg Bruttomasse), Klasse 6.1 Ziffer 15 c (2500 kg Bruttomasse) und Klasse 8 Ziffer 46 c (10 000 kg Bruttomasse) ADNR verladen. Kann die Befreiung von der Anlage B gemäß Rn. 10 011 ADNR in Anspruch genommen werden? Begründen Sie Ihre Antwort! ❷

66) Nennen Sie die Höchstmasse bei Versandstücken mit ätzenden Stoffen der Klasse 8 Buchstabe c), die mit einem Schiff befördert werden darf, ohne daß Anlage B1 des ADNR anzuwenden ist! ❷

67) Auf einem Gütermotorschiff werden Versandstücke der Klasse 3 Ziffer 31 c) (2500 kg Bruttomasse), Klasse 8 Ziffer 45c (1500 kg Bruttomasse) und leere, ungereinigte Verpackungen der Klasse 5.1 Ziffer 41 (31 000 kg Bruttomasse) geladen. Kann eine Befreiung von der Anwendung der Anlage B gemäß Randnummer 10 011 ADNR in Anspruch genommen werden? ❷

(Binnenschiffahrt) Amtliche Prüfungsfragen

Punkte

68) MC
Darf an Bord von Binnenschiffen, die gefährliche Güter nach ADNR befördern, geraucht werden?
a) Das Rauchen ist nur an Bord von Container- und offenen Typ-N-Tankschiffen erlaubt. ( )
b) Das Rauchen ist nur an Bord von leeren Schiffen erlaubt. ( )
c) Es besteht ein generelles Rauchverbot. Dieses Verbot gilt nicht in den Wohnungen und im Steuerhaus, sofern deren Fenster, Türen, Oberlichter und Luken geschlossen sind. ( )
d) Nur im Bereich der Umschlagsanlagen ist das Rauchen verboten; auf der Fahrt ist es hingegen gestattet. ( ) ❶

69) Wo und unter welchen Bedingungen darf an Bord eines Binnenschiffes nach ADNR beim Gefahrguttransport geraucht werden? ❷

70) Dürfen verölte Teile an Bord eines Trockengüterschiffs, das gefährliche Güter befördert, mit Benzin, Flammpunkt < 21 °C, gereinigt werden? Nennen Sie auch die einschlägige Randnummer! ❷

71) Mit einem Trockengüterschiff wird ein Gefahrguttransport durchgeführt. Für Reparaturarbeiten sollen Schraubenschlüssel aus Chrom-Vanadium-Stahl eingesetzt werden. Ist die Verwendung dieser Werkzeuge erlaubt? Nennen Sie auch die einschlägige Randnummer des ADNR! ❷

72) MC
Welche Werkzeuge dürfen gemäß ADNR im Bereich der Ladung eines beladenen Typ-N-Tankschiffes verwendet werden?
a) Wenn gefährliche Güter geladen sind, dürfen grundsätzlich keine Reparaturen im Bereich der Ladung durchgeführt werden. ( )
b) Alle nicht verchromten Werkzeuge ( )
c) Werkzeuge, bei deren Verwendung keine Gefahr einer Funkenbildung besteht ( )
d) Alle metallenen Werkzeuge ( ) ❶

Texte

73) **MC**
Mit wie vielen Handfeuerlöschern muß ein Binnenschiff, das gefährliche Güter nach ADNR befördert, zusätzlich ausgerüstet sein?
a) Mit einem bis drei zusätzlichen Handfeuerlöschern, je nach Gefahrenart der beförderten gefährlichen Güter. Die Anzahl ist in den Schriftlichen Weisungen angegeben. ( )
b) Mit mindestens zwei zusätzlichen Handfeuerlöschern ( )
c) Mit einem zusätzlichen Handfeuerlöscher, der sich an auffallender, gut zugänglicher Stelle im Steuerhaus befinden muß ( )
d) Mit drei zusätzlichen Handfeuerlöschern, die gleichmäßig über den Bereich der Ladung bzw. den geschützten Bereich des Schiffes verteilt angebracht sein müssen ( )

74) In welchem zeitlichen Abstand müssen Feuerlöschgeräte eines Tankschiffes nach ADNR untersucht werden?

75) **MC**
Innerhalb welcher Frist nach ADNR müssen Feuerlöschgeräte für Tankschiffe geprüft werden?
a) Mindestens einmal pro Jahr ( )
b) Mindestens alle drei Jahre ( )
c) Mindestens alle zwei Jahre ( )
d) Bei jeder Verlängerung des Zulassungszeugnisses bzw. des Schiffsattestes ( )

76) **MC**
Ist an Bord von Binnenschiffen, die gefährliche Güter in Versandstücken befördern, der Einsatz von Maschinen, die mit flüssigem Brennstoff betrieben werden, erlaubt?
a) Nein ( )
b) Ja, wenn der Flammpunkt des Brennstoffes 55 Grad C oder mehr beträgt ( )
c) Nur dann, wenn alle Laderaumluken geschlossen sind ( )
d) Nur wenn die Versandstücke keine Güter der Gefahrenklasse 1 enthalten ( )

77) Wie oft müssen auf Tankschiffen nach ADNR, die entzündbare flüssige Stoffe transportieren, Pumpenräume auf Leckagen überprüft werden? In welchem Zustand müssen sich dabei Bilge und Auffangwannen befinden?

(Binnenschiffahrt) Amtliche Prüfungsfragen

Punkte

78) In welchen zeitlichen Abständen müssen die Kofferdämme bei Tankschiffen nach ADNR auf ihre Trockenheit (Ausnahme: Kondenswasser) überprüft werden? ❷

79) **MC**
Innerhalb welcher Zeitabstände müssen die für das Laden und Löschen benutzten Schläuche von Tankschiffen nach ADNR geprüft werden?
a) Jährlich einmal durch hierfür von der zuständigen Behörde zugelassene Personen ( )
b) Alle fünf Jahre, jeweils bei der Verlängerung des Zulassungszeugnisses ( )
c) Die Schlauchkupplungen sind jährlich auf Dichtheit, die Schläuche selber alle zwei Jahre auf Zustand und Dichtheit zu prüfen. ( )
d) Die erstmalige Prüfung ist nach dreijährigem Gebrauch vorzunehmen, danach sind sie alle zwei Jahre zu prüfen. ( ) ❶

80) **MC**
Wieviel geeignete Fluchtgeräte müssen sich – sofern erforderlich – an Bord von Binnenschiffen befinden, die gefährliche Güter nach ADNR befördern?
a) Für jedes Besatzungsmitglied ein geeignetes Fluchtgerät ( )
b) Für jede an Bord befindliche Person ein geeignetes Fluchtgerät ( )
c) Für jeweils zwei Personen ein geeignetes Fluchtgerät ( )
d) Unabhängig von der Personenzahl und Schiffsgröße zwei geeignete Fluchtgeräte ( ) ❶

81) Was versteht man unter dem Begriff „geeignetes Fluchtgerät" im Sinne des ADNR? ❷

82) In welcher Randnummer des ADNR finden Sie Hinweise für die Anzahl der jeweils vorgeschriebenen Kegel beim Transport von Stoffen in Tankschiffen? ❷

83) **MC**
Nach welchen Vorschriften ist ein Binnenschiff zu bezeichnen, das ein bestimmtes gefährliches Gut geladen hat?
a) Nach der Rheinschiffahrtspolizeiverordnung und dem ADNR ( )
b) Nach der Rheinschiffsuntersuchungsordnung und dem ADNR ( )

Texte

Punkte

    c) Das Schiff selber braucht nicht bezeichnet zu werden, hingegen müssen die Versandstücke mit Gefahrzettel gemäß Anhang 2 der Anlage B ADNR gekennzeichnet werden. ( )

    d) Nach einer der „Internationalen Regelungen" gemäß Rn. 6000 ADNR ( ) ❶

84) MC

Ein Binnenschiff hat 31 000 kg Kerosin der Klasse 3 Ziffer 31 c) in Stahlfässern geladen. Muß das Schiff mit Blaulicht/Blaukegel bezeichnet werden?

    a) Nein, Kerosin ist kein Gefahrgut. ( )

    b) Nein, die Partie übersteigt nicht das bezeichnungspflichtige Gewicht. ( )

    c) Ja; alle Schiffe, die Güter der Klasse 3 befördern, müssen Blaulicht/Blaukegel führen. ( )

    d) Ja, weil die Bruttomasse von 30 000 kg überschritten ist. ( ) ❶

85) MC

Ein Binnenschiff hat 30 000 kg Farbe der Klasse 3 Ziffer 5 a) in Stahlfässern geladen. Muß das Schiff mit Blaulicht/Blaukegel bezeichnet werden?

    a) Ja, weil das Bruttogewicht der Partie 3 000 kg übersteigt ( )

    b) Ja; alle Schiffe, die Güter der Klasse 3 befördern, müssen Blaulicht/Blaukegel führen. ( )

    c) Nein, wegen dieser Beiladung braucht das Schiff nicht besonders bezeichnet zu werden. ( )

    d) Nein, Blaulicht-/Blaukegelbezeichnung muß nur von Tankschiffen geführt werden. ( ) ❶

86) Der Ladetank eines Tankschiffes wurde entleert und gereinigt. Unter welchen Bedingungen darf die Bezeichnung nach Rn. 210 500 ADNR (blaue Kegel/Lichter) entfernt werden? Geben Sie auch die Randnummer nach ADNR an! ❸

87) In welchem Teil des ADNR sind die verschiedenen Tankschiffstypen mit den für sie zugelassenen Stoffen genannt? ❷

88) Welche Binnenschiffe nach ADNR fallen unter die Bezeichnung Schiffstyp „G"? ❷

(Binnenschiffahrt) Amtliche Prüfungsfragen

Punkte

89) MC
Welches der folgenden Merkmale nach ADNR ist typisch für ein Typ-G-Tankschiff?
a) Keine Gaspendelleitung ( )
b) Die Ladetanks sind als Druckbehälter ausgebildet. ( )
c) Zusätzliche Kofferdämme ( )
d) Tanks, die durch die Außenhaut und das Deck gebildet werden ( ) ❶

90) Welcher Tankschiffstyp nach ADNR ist beim Transport von Buttersäure (UN 2820) vorgeschrieben? ❷

91) Ein Containerschiff soll auf dem Rhein sieben Tankcontainer mit jeweils 20 Tonnen Methanol (Klasse 3 Ziffer 17 b ADNR), UN 1230, befördern. Muß das Containerschiff ein Doppelhüllenschiff sein? ❷

92) Ein Container-Doppelhüllenschiff soll auf dem Rhein zwei Container mit jeweils 10 Tonnen Dibenzoylperoxid (Klasse 5.2 Ziffer 2 b ADNR), UN 3102, Organisches Peroxid, Typ B, fest, befördern. Ist dies zulässig? ❷

93) Nennen Sie eine Randnummer des ADNR, in welcher der Begriff „Wohnung" genau definiert wird? ❷

94) MC
Von wo aus müssen auf Tankschiffen nach ADNR des Typs „N geschlossen" die Manometer, die den Druck im Ladetank anzeigen, abgelesen werden können?
a) Vom Schieber des betreffenden Tanks aus ( )
b) Vom Maschinenraum aus ( )
c) Von einer Stelle an Bord, von der das Laden oder Löschen unterbrochen werden kann ( )
d) Von einer Stelle an Land, von der das Laden oder Löschen unterbrochen werden kann ( ) ❶

95) MC
Bei welchem Füllungsgrad nach ADNR muß der Grenzwertgeber für die Auslösung der Überlaufsicherung im Ladetank eines Tankschiffes spätestens ansprechen?
a) 97,5 % ( )
b) 85 % ( )
c) 97 % ( )
d) 75 % ( ) ❶

Texte

Punkte

96) MC
bei welchem Füllungsgrad nach ADNR muß ein Niveau-Warngerät auf einem Typ-G-Tankschiff spätestens ansprechen?
a) 86 % ( )
b) 90 % ( )
c) 92 % ( )
d) 97 % ( ) ❶

97) Ein Binnenschiff hat in zwei Laderäumen Ferrosilicium (Klasse 4.3 Ziffer 15 c ADNR), UN 1408, in loser Schüttung geladen. Mit wieviel voneinander unabhängigen Saugventilatoren muß das Schiff ausgerüstet sein? ❷

98) In welchen Randnummern des ADNR sind die allgemeinen Betriebsvorschriften enthalten, die bei der Beförderung gefährlicher Güter aller Klassen in Trockengüterschiffen zu beachten sind? ❷

99) Auf einem Gütermotorschiff befinden sich in der Ladung explosive Stoffe. Welcher Abstand ist nach ADNR während der Fahrt von anderen Schiffen einzuhalten? ❷

100) Ein Tankschiff ist mit zwei blauen Kegeln bezeichnet und wartet im Schleusenrang. Welchen Mindestabstand nach ADNR muß dieses Tankschiff von geschlossenen Wohngebieten mindestens einhalten? ❷

101) In welchem Abstand vom Tanklager muß der Schiffsführer eines Tankschiffes mit zwei blauen Kegeln einen Liegeplatz aufsuchen, wenn keiner der von der örtlichen Behörde besonders angegebenen Liegeplätze zur Verfügung steht? ❷

102) Welches ist nach GGVBinSch die zuständige Behörde für die Erteilung von Ausnahmen nach Randnummer 210 504 Absatz 4 ADNR? ❷

103) MC
Hat der Schiffsführer beim Laden und Löschen von gefährlichen Gütern neben den Bestimmungen des ADNR noch zusätzliche Vorschriften zu beachten?
a) Nein, das ADNR regelt allein das Laden und Löschen von gefährlichen Gütern. ( )
b) Ja, die Vorschriften der örtlich zuständigen Behörde, wie z. B. Hafenordnungen ( )

Punkte

c) Es sind nur solche lokalen Vorschriften zu beachten, auf die von der Strom- oder Hafenpolizei ausdrücklich hingewiesen wurde. ( )
d) Es sind Hafenanordnungen zu beachten, wenn diese am Hafeneingang deutlich und für die Besatzungen der ankommenden Schiffe sichtbar angeschlagen sind. ( ) ❶

104) Welche Randnummern der Allgemeinen Bestimmungen des ADNR enthalten die für die Beförderung gefährlicher Güter aller Klassen geltenden Vorschriften hinsichtlich der Zusammenladeverbote? ❶

105) MC
Dürfen Güter gemäß ADNR unterschiedlicher Verträglichkeitsgruppen der Klasse 1 zusammen im gleichen Laderaum gestaut werden?
a) Ja, soweit sich dies aus der Tabelle unter Rn. 11 403 (2) ADNR ergibt ( )
b) Nein ( )
c) Es besteht kein Zusammenladeverbot; jedoch müssen die Stapelvorschriften beachtet werden. ( )
d) Nur mit Zustimmung eines Sprengstoffexperten ( ) ❶

106) MC
Dürfen nach ADNR Güter der Klasse 1, für die die Bezeichnung mit drei blauen Kegeln vorgeschrieben ist, mit Gütern der Klasse 6.2 zusammen im gleichen Laderaum gestaut werden?
a) Güter dieser Klassen dürfen nicht mit dem gleichen Schiff befördert werden. ( )
b) Ja, sofern die Verträglichkeitsgruppen dies zulassen ( )
c) Nur mit Zustimmung eines Sachkundigen ( )
d) Nein ( ) ❶

107) Es sollen gefährliche Güter der Klassen 6.1 und 6.2 auf Paletten gepackt mit dem Binnenschiff befördert werden. Durch welchen horizontalen Abstand müssen sie getrennt sein? ❷

108) Welcher Mindestabstand vom Steuerhaus muß bei der Stauung gefährlicher Güter der Klasse 3 in Versandstücken nach ADNR eingehalten werden? ❷

109) Welcher Mindestabstand gemäß ADNR ist in einem Laderaum, in dem radioaktive Stoffe zusammen mit Nahrungs-, Genuß- oder Futtermitteln gestaut werden, einzuhalten? ❷

Texte

Punkte

110) Dürfen nach ADNR im gleichen Laderaum eines Binnenschiffes unverpackte gefährliche Güter der Klasse 4.3 zusammen mit Futtermitteln gestaut werden? ❶

111) MC
Wann darf die Probeentnahmeöffnung eines Blaulicht/Blaukegel führenden Tankschiffes frühestens geöffnet werden?
a) Sobald der Beladungsvorgang beendet und der entsprechende Tank entspannt worden ist ( )
b) Wenn die Ladepapiere vorliegen ( )
c) Sobald die Beladung seit mindestens 10 Minuten unterbrochen bzw. beendet und der entsprechende Ladetank entspannt worden ist ( )
d) 30 Minuten nach Ende der Beladung ( ) ❶

112) Wo darf gemäß ADNR die Ladung eines Tankschiffes umgeladen werden? Ist hierfür eine Genehmigung erforderlich? ❷

113) MC
Wegen einer Leckage kann ein mit gefährlichen Gütern beladenes Binnenschiff seine Reise nicht mehr fortsetzen. Die Ladung muß umgeschlagen werden. Welche Regelung schreibt das ADNR in diesem Fall vor?
a) Es darf an Ort und Stelle umgeschlagen werden. ( )
b) Ein Umschlag darf nur mit Genehmigung der örtlich zuständigen Behörde erfolgen. ( )
c) Ein Bord-Bord-Umschlag ist generell verboten. ( )
d) Ein Umschlag darf nur in einem Hafenbecken erfolgen. ( ) ❷

114) MC
Darf nach ADNR ein gefährliches Gut im direkten Umschlag von einem Schiff auf ein anderes umgeladen werden?
a) Nein ( )
b) Ja, mit Genehmigung der örtlich zuständigen Behörde ( )
c) Ja, wenn für die Schiffe kein Zulassungszeugnis erforderlich ist ( )
d) Ja, wenn sowohl Absender wie auch Empfänger des gefährlichen Gutes ihr ausdrückliches Einverständnis erklärt haben ( ) ❶

115) Welche Randnummer des ADNR enthält Angaben zur Prüfliste? ❷

(Binnenschiffahrt) Amtliche Prüfungsfragen

Punkte

116) Wer muß nach ADNR die Prüfliste unterzeichnen? ❷

117) Ein Binnenschiff wird mit explosiven Stoffen beladen. Ein Gewitter zieht auf. Was ist nach ADNR zu veranlassen? ❷

118) Während der Beladung eines Tankschiffes bei Nacht fällt die Hafenbeleuchtung aus; am Steiger herrscht völlige Dunkelheit. Reichen die exgeschützten Taschenlampen nach ADNR für eine wirksame Beleuchtung aus, um die Beladung von Deck aus fortführen zu können? Begründen Sie Ihre Antwort! ❷

119) Auf einem Tankschiff wird Schwefel (geschmolzen), UN 2448, geladen. Der Matrose an der Ladeleitung ist mit einem Schwefelwasserstoffmeßgerät ausgerüstet. In welcher Randnummer nach ADNR wird diese besondere Ausrüstung gefordert? ❷

120) MC
Muß das nach Rn. 261 260 (5) ADNR genannte Gerät zur Messung toxischer Gase auch auf Schubleichtern ohne Wohnräume vorhanden sein?
a) Ja, es gibt keine Ausnahmen. ( )
b) Nein, es genügt, wenn das Schubboot oder das Schiff, das die gekoppelte Zusammenstellung antreibt, mit einem solchen Gerät ausgerüstet ist. ( )
c) Ja, sofern der Schubleichter eine gewisse Länge überschreitet ( )
d) Nein, es genügt, wenn der Schiffseigner eine verantwortliche Person bezeichnet, die über ein solches Gerät verfügt und im Bedarfsfall kurzfristig aufgeboten werden kann. ( ) ❶

121) MC
Welches der nachstehend genannten Geräte muß nach ADNR, sofern in der Stoffliste gefordert, auf Tankschiffen mitgeführt werden?
a) Ein Instrument, mit dem der Druck im Ladetank gemessen werden kann ( )
b) Ein Gasspürgerät ( )
c) Zwei Lade-/Löschschläuche ( )
d) Ein Meßband ( ) ❶

Texte

Punkte

122) MC
Wo darf das Entgasen von stilliegenden Tankschiffen nach ADNR erfolgen?
a) Auf jeder Reede ( )
b) An von der örtlich zuständigen Behörde zugelassenen Stellen ( )
c) In jedem Petroleumhafen ( )
d) An jedem Liegeplatz außerhalb bebauten Gebietes ( ) ❷

123) Welche Randnummer im ADNR enthält die Bestimmungen über den höchstzulässigen Füllungsgrad von Tankschiffen? ❷

124) Wieviel Prozent beträgt nach ADNR der maximal zulässige Tankfüllungsgrad von Salpetersäure, rotrauchend, (UN 2032)? ❷

125) Wie wird nach ADNR in der Tankschiffahrt der Begriff der Ladungsrückstände definiert? ❷

126) MC
Wen bezeichnet man als „Sachkundigen" im Sinne des ADNR?
a) Den Gefahrgutbeauftragten des Absenders. Da dieser das Produkt am besten kennt, gilt er als Sachkundiger im Sinne des ADNR. ( )
b) Angehörige der Wasserschutzpolizei sind aufgrund ihrer Aufgaben Sachkundige im Sinne des ADNR. ( )
c) Eine Person, die über besondere Kenntnisse des ADNR verfügt und dies durch eine Bescheinigung der zuständigen Behörde nachweisen kann ( )
d) Der Schiffsführer ist aufgrund seiner Ausbildung und seiner allgemeinen Kenntnisse eine sachkundige Person im Sinne des ADNR. ( ) ❶

127) Wie alt muß eine Person mindestens sein, um den gemäß ADNR geforderten Sachkundigennachweis erbringen zu können? ❶

128) MC
Welcher Personenkreis gemäß ADNR, der die Laderäume oder bei Tankschiffen bestimmte Räume unter Deck betritt, ist befugt, Atemschutzgeräte zu tragen?
a) Personen, die in der Handhabung dieser Geräte ausgebildet und den zusätzlichen Belastungen gesundheitlich gewachsen sind ( )

(Binnenschiffahrt) Amtliche Prüfungsfragen

Punkte
b) Alle Besatzungsmitglieder ( )
c) Nur die Inhaber der Bescheinigung über besondere Kenntnisse des ADNR ( )
d) Jedes Besatzungsmitglied, das an einer ABC-Schutz-Ausbildung teilgenommen hat ( ) ❶

129) MC
Bei einem Binnenschiffstransport tritt infolge eines Zwischenfalls ein umweltbelastender Stoff in das fließende Gewässer aus. Wer ist vom Schiffsführer oder dem Sachkundigen an Bord gemäß den Angaben in den Schriftlichen Weisungen nach ADNR unverzüglich zu benachrichtigen?
a) Die Reederei ( )
b) Der Absender ( )
c) Die Polizei bzw. Feuerwehr ( )
d) Der Empfänger ( ) ❷

130) Fallstudie
Die Firma S hat ihren Sitz in Gießen und muß 20 t n-Propylalkohol, mit einem Flammpunkt von 22 °C, in einem nichtwanddickenreduzierten Tankcontainer, mit einem Berechnungsdruck von mindestens 4 bar, über Rotterdam in die USA verschiffen. Die Beförderung erfolgt auf der Straße, mit dem Binnenschiff und mit dem Seeschiff.
1. Welche Angaben muß das Beförderungspapier gemäß ADNR und IMDG-Code enthalten? ❹
2. Wie ist der Tankcontainer gemäß den Bestimmungen des ADNR und des IMDG-Codes zu bezetteln und zu kennzeichnen? ❹

⑧

Geben Sie bei der Beantwortung der Fragen auch die entsprechenden Vorschriften an!

131) Fallstudie
Eine Binnenschiffsreederei erhält den Auftrag, in Rotterdam 1500 t Ölschrote für eine Ölmühle in Mannheim zu übernehmen. Die Ölschrote sind unverpackt.
1. Ist der Transport von Ölschroten in loser Schüttung zulässig? Begründen Sie die Antwort mit Angabe der entsprechenden Randnummer! ❷
2. Welche besondere Ausrüstung ist nach ADNR an Bord mitzuführen? ❸

Punkte

3. Wann müssen die Laderäume gelüftet werden? ❶
4. Welche Maßnahmen sind vor dem Löschen der Ladung von den Personen, die die Laderäume betreten sollen, zu beachten? ❷

⑧

132) Fallstudie
Auf einem Binnentankschiff wird der Stoff Anilin, UN 1547, befördert.
1. Wie ist der Stoff nach ADNR klassifiziert? ❷
2. Welche allgemeinen Betriebsvorschriften sind nach Anlage B2 ADNR bezüglich der Besatzungsmitglieder an Bord einzuhalten? ❹
3. Darf nach den Bestimmungen des ADNR der 12jährige Sohn des Schiffsführers während der Fahrt an Bord sein? ❶

⑦

Bei der Beantwortung der Fragen 2 und 3 nennen Sie auch die Quellen bzw. Vorschriften, die bei der Beurteilung dieser Fragen von Bedeutung sind!

133) Fallstudie
Mit einem Binnentankschiff werden folgende gefährliche Stoffe nach ADNR transportiert: Isobutylamin, Stoffnummer 1214, Klasse 3 Ziffer 22 b) Chloroform, Stoffnummer 1888, Klasse 6.1 Ziffer 15 c) und ein ätzender giftiger Stoff, mit Siedepunkt 75 °C, Stoffnummer 2922, Klasse 8 Ziffer 76 c). Welche zusätzlichen Vorschriften für das Befördern sind nach den jeweiligen Abschnitten 4 der Anlage B2 ADNR vom Schiffsführer während der Fahrt an Bord zu beachten bzw. einzuhalten? 6

---

9. Prüfungsaufgaben für den seeschiffahrtsspezifischen Teil der Prüfung

1) Welche Personen des Schiffspersonals müssen gemäß GGVSee für die Beförderung gefährlicher Güter auf Seeschiffen besonders geschult sein? ❷

(Seeschiffahrt) Amtliche Prüfungsfragen

Punkte

2) Welche Gültigkeitsdauer haben die Schulungsbescheinigungen für beauftragte und sonstige verantwortliche Personen bei Beförderung gefährlicher Güter auf Seeschiffen, die auf Verlangen der Behörden vorgelegt werden müssen? ❶

3) In welche Gruppen werden Schiffe für die Stauung gefährlicher Güter – außer für Klasse 1 – nach Abschnitt 14 der Allgemeinen Einleitung zum IMDG-Code eingeteilt? ❹

4) Gilt die GGVSee auch für die Beförderung gefährlicher Güter in fester Form als Massengut (in loser Schüttung) mit Seeschiffen? Nennen Sie auch den zutreffenden Paragraphen! ❷

5) MC
Werden die im Abschnitt 18 der Allgemeinen Einleitung zum IMDG-Code aufgeführten Bedingungen für gefährliche Güter in begrenzten Mengen eingehalten, so sind diese Güter keine Gefahrgüter im Sinne des IMDG-Codes mehr. Ist diese Aussage zutreffend?
a) Diese Aussage ist richtig. ( )
b) Diese Aussage ist falsch. Die unter den Bestimmungen des Abschnitts 18 beförderten Güter sind in jedem Fall Gefahrgut gemäß IMDG-Code. ( )
c) Diese Aussage stimmt teilweise. ( )
d) Abschnitt 18 der Allgemeinen Einleitung enthält die grundlegenden Bestimmungen über Trennvorschriften und ist deshalb nicht anwendbar. ( ) ❶

6) MC
Wie groß darf die Gesamtbruttomasse eines Versandstücks, in dem gefährliche Güter in begrenzten Mengen gemäß Abschnitt 18 der Allgemeinen Einleitung zum IMDG-Code verpackt werden, maximal sein?
a) 10 kg ( )
b) 20 kg ( )
c) 30 kg ( )
d) 40 kg ( )
e) 50 kg ( ) ❶

7) Unter welchen Voraussetzungen dürfen verschiedene gefährliche Güter in einem Container zusammen geladen werden? ❸

Texte

Punkte

8) MC
Welcher Personenkreis an Bord eines Seeschiffes ist vom Kapitän über das Vorhandensein gefährlicher Güter an Bord zu informieren?
a) Nur sein Stellvertreter ( )
b) Nur die Besatzung ( )
c) Nicht zur Besatzung gehörende Personen, die zufällig an Bord sind ( )
d) Besatzung, Fahrgäste und nicht zur Besatzung gehörende, jedoch an Bord beschäftigte Personen ( ) ❶

9) Ein Container, der nur mit gefährlichen Gütern der UN-Nr. 1145 beladen ist und im Seeverkehr befördert werden soll, muß mit vier Placards gekennzeichnet sein. Welche Angabe wird zusätzlich auf dem Container gefordert, an welchen Stellen muß diese angebracht werden und in welchem Abschnitt des IMDG-Codes ist dies geregelt? ❸

10) An welchen Stellen muß ein Container mit einer Teilladung eines gefährlichen Gutes der Klasse 3.1 gemäß IMDG-Code mindestens plakatiert werden? ❷

11) MC
Wer ist für das Anbringen der vorgeschriebenen Kennzeichen beim Seetransport auf den Versandstücken verantwortlich?
a) der Absender ( )
b) der Hersteller, Vertreiber oder deren Beauftragte ( )
c) der Aussteller des Beförderungspapieres ( )
d) der Anlieferer am Umschlagsbetrieb ( ) ❶

12) MC
Eine Palette mit verschiedenen Versandstücken unterschiedlicher Gefahrgüter im Seetransport, deren Zusammenladung und -stauung zulässig sind, wird mit einer undurchsichtigen Folie eingewickelt. Wo müssen die Kennzeichen angebracht werden?
a) nur auf den einzelnen Versandstücken ( )
b) auf der Folie und auf den Versandstücken ( )
c) nur auf der Folie ( )
d) nur auf dem Palettenrahmen ( ) ❶

13) Ein Versandstück mit „Ammonium Sulphide, Solution Klasse 8 UN 2683, Flammpunkt + 59 °C" soll für den Seetransport gekennzeichnet werden. Geben Sie die vorgeschriebenen Beschriftungen und Kennzeichen gemäß IMDG-Code an! ❸

(Seeschiffahrt) Amtliche Prüfungsfragen

Punkte

14) Ein Versandstück mit „Lead Perchlorate, Solid, UN 1470, Klasse 5.1" soll für den Seetransport gekennzeichnet werden. Geben Sie die vorgeschriebenen Beschriftungen, Kennzeichen und Markierungen gemäß IMDG-Code an! ❸

15) Ein Frachtcontainer für den Seeverkehr, der mit Motorenteilen und Versandstücken mit Farbe der Klasse 3 beladen ist, soll gekennzeichnet werden. Geben Sie die erforderlichen Kennzeichen und die erforderliche Anzahl der Kennzeichen an! ❷

16) Welche Vorschrift regelt das Packen und Sichern von gefährlichen Gütern in Containern? ❶

17) Welche Trennbegriffe werden in der Allgemeinen Einleitung des IMDG-Codes verwendet?
Nennen Sie zwei! ❷

18) In welchem Fall ist gemäß Allgemeiner Einleitung des IMDG-Codes eine Stauung „nur an Deck" vorgeschrieben? Nennen Sie zwei dieser möglichen Fälle! ❷

19) Kann
     Beispiel: UN 1808 (Phosphortribromid, Klasse 8)
unter Deck gestaut werden? Nennen Sie die Staukategorie! ❷

20) MC
Wie viele Staukategorien für gefährliche Güter gibt es laut IMDG-Code?
a) fünf   A bis E   ( )
b) vier   A bis D   ( )
c) acht   A bis H   ( )
d) neun   A bis I   ( ) ❶

21) Ist für einen Tankcontainer im Seeverkehr ein Container-Pack-Zertifikat erforderlich? Geben Sie auch den zutreffenden Abschnitt im IMDG-Code an! ❷

22) Welche Begleitpapiere sind beim Transport verpackter gefährlicher Güter in einem Container gemäß GGVSee erforderlich? Nennen Sie zwei! ❷

23) Unter bestimmten Umständen sind gemäß Allgemeiner Einleitung des IMDG-Codes besondere Bescheinigungen für den Transport gefährlicher Güter erforderlich. Nennen Sie zwei dieser besonderen Bescheinigungen! ❷

24) In welcher Unterlage wird gemäß IMDG-Code das ordnungsgemäße Packen und Sichern von gefährlichen Gütern in Containern bescheinigt?

25) Welche Angaben muß das Beförderungspapier gemäß GGVSee enthalten?

26) **MC**
Muß die Seitennummer der IMDG-Stoffseite auf der „Verantwortlichen Erklärung" angegeben werden?
a) Ja, auf jeden Fall, denn sie ist wichtig zur schnellen Identifizierung des Gutes. ( )
b) Das ist abhängig von den Anweisungen auf der Stoffseite. ( )
c) Nein, auf keinen Fall, da sie zu Verwechslungen Anlaß geben könnte. ( )
d) Ja, wenn die Hafenbehörden des Verschiffungs- oder Bestimmungshafens es fordern. ( )

27) **MC**
Wer stellt gemäß IMDG-Code die „Verantwortliche Erklärung" aus?
a) Der Spediteur, der das Gut zur Beförderung übernimmt ( )
b) Der Hersteller oder Vertreiber des Gutes ( )
c) Die Hafenbehörde des Verschiffungshafens ( )
d) Derjenige, der das Beförderungspapier auszustellen hat ( )

28) **MC**
Ist es gemäß GGVSee erlaubt, das Beförderungspapier mit EDV zu erstellen und zu übermitteln?
a) Grundsätzlich nein, das Dokument muß als Hardcopy mit Originalunterschrift des Ausstellers zur Abfertigung des Gutes präsentiert werden ( )
b) Das richtet sich nach der Gefährlichkeit des Stoffes, es kommt auf die in den einzelnen Stoffseiten enthaltenen Anweisungen an ( )
c) Ja ( )
d) Das entscheiden die Transportbeteiligten durch vertragliche Absprache ( )

(Seeschiffahrt) Amtliche Prüfungsfragen

Punkte

29) MC
Ist es erlaubt, im Seeverkehr die Angaben der „Verantwortlichen Erklärung" und des Containerpackzertifikates in einem Dokument zusammenzufassen?
a) Nein, da dadurch die Klarheit der Informationen beeinträchtigt wird ( )
b) Ja, die Zusammenfassung der Informationen in einem Dokument ist erlaubt. ( )
c) Nur solange der Platz ausreicht ( )
d) Wenn dies vom Schiffsführer akzeptiert wird ( ) ❶

30) MC
Welche Angaben über zu treffende Notfallmaßnahmen im Seeverkehr müssen im Beförderungspapier gemacht werden?
a) Keine, wenn alle im IMDG-Code vorgeschriebenen Maßnahmen eingehalten werden ( )
b) Angaben über die chemischen Reaktionen des verschifften Gutes ( )
c) Angaben über Telefon-Erreichbarkeit des Herstellers ( )
d) Angabe der EmS-Nummer ( ) ❶

31) MC
Welche Angaben über zu treffende Erste-Hilfe-Maßnahmen im Seeverkehr müssen im Beförderungspapier gemacht werden?
a) Keine, wenn alle im IMDG-Code vorgeschriebenen Maßnahmen eingehalten werden ( )
b) Angaben über die chemischen Reaktionen des verschifften Gutes ( )
c) Angaben über Telefon-Erreichbarkeit des Herstellers ( )
d) Angabe der MFAG-Nummer ( ) ❶

32) MC
Dürfen verschiedene gefährliche Güter einer oder mehrerer Klassen zusammen in einem Beförderungspapier für den Seeverkehr aufgeführt werden?
a) Nein, die Güter müssen auf jeden Fall auf getrennten Beförderungspapieren aufgeführt werden. ( )
b) Alle gefährlichen Güter können auf einem Beförderungspapier aufgeführt werden. ( )

Texte

Punkte

    c) Ja, wenn es sich um Güter in begrenzten Mengen handelt ( )

    d) Ja, wenn für die gefährlichen Güter das Stauen in einem Laderaum oder einer Beförderungseinheit zugelassen ist ( ) ❶

33) MC
Wer hat das Container-Pack-Zertifikat für den Seeverkehr auszustellen?
    a) Der Aussteller der Verantwortlichen Erklärung ( )
    b) Der Hersteller und/oder der Vertreiber bzw. deren Bevollmächtigter ( )
    c) Der Anlieferer des Containers am Schiff/Umschlagsbetrieb ( )
    d) Der für die Beladung des Containers Verantwortliche ( ) ❶

34) MC
Die „Fahrzeugbeladeerklärung" ist im Ro/Ro-Verkehr nur erforderlich für:
    a) mit gefährlichen Gütern beladene Frachtcontainer ( )
    b) mit gefährlichen Gütern beladene unbegleitete Sattelauflieger ( )
    c) mit gefährlichen Gütern beladene Fahrzeuge, die nach ADR kennzeichnungspflichtig sind ( )
    d) alle mit gefährlichen Gütern beladene Fahrzeuge ( ) ❶

35) Im Gesamtverzeichnis (alphabetisch) der gefährlichen Güter zum IMDG-Code werden die Stoffe und Gegenstände geordnet in einer Tabelle aufgeführt. Welche Informationen sind aus den Spalten dieses Verzeichnisses zu einem gefährlichen Gut insgesamt erhältlich? Nenne Sie alle! ❹

36) Welcher Abschnitt der Allgemeinen Einleitung zum IMDG-Code enthält Festlegungen zu Beförderungspapieren? ❷

37) Welcher Abschnitt der Allgemeinen Einleitung zum IMDG-Code enthält die Festlegungen zum Containerverkehr? ❷

38) Welcher Abschnitt der Allgemeinen Einleitung zum IMDG-Code enthält die Festlegungen zur Beförderung gefährlicher Güter in begrenzten Mengen? ❷

39) Welcher Abschnitt der Allgemeinen Einleitung zum IMDG-Code enthält die Festlegungen zu Meeresschadstoffen? ❷

(Seeschiffahrt) Amtliche Prüfungsfragen

Punkte

40) Welcher Abschnitt der Allgemeinen Einleitung zum IMDG-Code enthält die Festlegungen zur Beförderung von Abfällen? ❷

41) In welchem Abschnitt der Allgemeinen Einleitung des IMDG-Codes wird auf den Code über die sichere Behandlung von Schüttladungen (BC-Code) hingewiesen? ❷

42) In welchem Abschnitt der Klasse 1 ist geregelt, welche Trennvorschriften für gefährliche Güter der Klasse 1 untereinander angewandt werden müssen? ❷

43) In welchem Abschnitt der Allgemeinen Einleitung sind die generellen Trennvorschriften zwischen den einzelnen Klassen aufgeführt? ❷

44) In welchem Paragraphen der GGVSee werden die Verantwortlichkeiten geregelt? ❷

45) MC
In welcher Vorschrift werden die Verantwortlichkeiten beim Transport gefährlicher Güter mit Seeschiffen geregelt?
a) mit gefährlichen Gütern beladene Frachtcontainer ( )
b) mit gefährlichen Gütern beladene unbegleitete Sattelauflieger ( )
c) mit gefährlichen Gütern beladene Fahrzeuge, die nach ADR kennzeichnungspflichtig sind ( )
d) alle mit gefährlichen Gütern beladene Fahrzeuge ( ) ❶

46) MC
In welcher Vorschrift sind die Ordnungswidrigkeitentatbestände beim Transport gefährlicher Güter mit Seeschiffen geregelt?
a) in der Gefahrgutkontroll-Verordnung ( )
b) im § 22 GGVSee ( )
c) in der Gefahrgutbeauftragten-Verordnung ( )
d) im Ordnungswidrigkeitengesetz ( ) ❶

47) MC
In welchen Vorschriften für den Seetransport ist geregelt, daß unverträgliche Güter getrennt voneinander zu stauen sind?
a) In den Unfallverhütungsvorschriften der See-Berufsgenossenschaft ( )
b) In der GGVSee und IMDG-Code ( )
c) In den durch die UN standardisierten Hafensicherheitsvorschriften ( )

241

d) In den Hafensicherheitsvorschriften der deutschen Seehäfen ( )

48) MC
In welchem Abschnitt des IMDG-Code ist die Beförderung gefährlicher Güter mit Roll-on/Roll-off-Schiffen geregelt?
a) Abschnitt 11 ( )
b) Abschnitt 17 ( )
c) Abschnitt 19 ( )
d) Abschnitt 25 ( )

49) MC
Welcher Abschnitt der Allgemeinen Einleitung zum IMDG-Code enthält Festlegungen zur Beförderung fester Stoffe in loser Schüttung, von denen eine chemische Gefährdung ausgeht?
a) Abschnitt 20 ( )
b) Abschnitt 24 ( )
c) Abschnitt 25 ( )
d) Abschnitt 27 ( )

50) In welchem Abschnitt des IMDG-Codes ist der Transport von Containern mit verpackten gefährlichen Gütern geregelt?

51) In welchem Abschnitt des IMDG-Codes ist der Transport von ortsbeweglichen Tanks mit flüssigen gefährlichen Gütern geregelt?

52) Geben Sie den Abschnitt der Allgemeinen Einleitung des IMDG-Codes an, der Bestimmungen für die Beförderung gefährlicher Flüssigkeiten und Gase in ortsbeweglichen Tanks, Tankcontainern und Straßenfahrzeugen auf Seeschiffen enthält!

53) In welchem Abschnitt des IMDG-Codes ist der Transport von Straßenfahrzeugen mit verpackten gefährlichen Gütern auf RoRo-Schiffen geregelt?

54) In welchem Abschnitt des IMDG-Codes ist geregelt, an welchen Stellen ein Container mit Placards zu versehen ist?

55) Eine Beförderungseinheit, die gefährliche Güter in begrenzten Mengen der Gefahrenklassen 3.3, 4.1 und 8 enthält, ist an den Außenseiten mit der Beschriftung „BEGRENZTE MENGEN" gekennzeichnet. Nach welchem Unterabschnitt der Allgemeinen Einleitung zum IMDG-Code ist das zulässig?

56) **MC**
In welchem Abschnitt der Allgemeinen Einleitung zum IMDG-Code sind die Bedingungen für die Beförderung gefährlicher Güter bestimmter Gefahrenklassen in begrenzten Mengen enthalten?
a) Abschnitt 5 ( )
b) Abschnitt 9 ( )
c) Abschnitt 18 ( )
d) Anhang II ( )

57) Wie sind Zwischenverpackungen gemäß IMDG-Code definiert?

58) Wie müssen Versandstücke mit begrenzten Mengen, die nach den Vorschriften des Abschnitts 18 der Allgemeinen Einleitung zum IMDG-Code befördert werden sollen, beschriftet werden?

59) Dürfen alle gefährlichen Güter in fester Form auch in loser Schüttung in Bulkverpackungen (Container, Schienenfahrzeuge) und ortsbeweglichen Tanks mit Seeschiffen befördert werden? Welcher Abschnitt der Allgemeinen Einleitung des IMDG-Codes enthält hierzu Angaben?

60) Für welche Beförderungsmittel wird gegebenenfalls eine besondere Zulassung bei Beförderung gefährlicher Güter in „Bulkverpackungen" gefordert? Welcher Abschnitt der Allgemeinen Einleitung des IMDG-Codes enthält hierzu Angaben?

61) Wird für ortsbewegliche Tanks, Tankcontainer und Straßentankfahrzeuge für die Beförderung gefährlicher Flüssigkeiten oder Gase auf Seeschiffen eine besondere Zulassung gefordert? Geben Sie auch den Abschnitt der Allgemeinen Einleitung des IMDG-Codes an, der dies regelt!

62) **MC**
Wenn in einem Frachtcontainer für den Seeverkehr nur ein Teil der Ladung aus Versandstücken mit gefährlichen Gütern besteht, wie sollten diese dann im Container gestaut werden?
a) An der Stirnwand ( )
b) Von der Tür aus zugänglich ( )
c) In der Mitte des Containers, rundum geschützt durch die andere Ladung ( )
d) Dies bleibt dem Verlader selber überlassen ( )

Texte

Punkte

63) Fallstudie

Sie wollen für den Seetransport gefährliche Güter der Beispiel: Klassen 6.1, UN-Nr. 1580, und 3.3, UN-Nr. 2219, in einem Container zusammenladen lassen.

a) Geben Sie die Stoffseiten an! ❷
b) Dürfen die Güter in einem Container zusammengeladen werden? ❶
c) Wer ist gemäß GGVSee für die Beachtung der Trennvorschriften verantwortlich? ❷
d) Geben Sie die Staukategorie und die Definition dieser an! ❷
e) Wie ist der Container an Bord zu stauen? ❶

⑧

64) Fallstudie

METHYLISOCYANAT, UN-Nr. 2480, Klasse 6.1 soll auf einem Fahrgastschiff mit einer Gesamtschiffslänge von 180 Metern, auf dem gleichzeitig Fahrgäste befördert werden, an Deck befördert werden.

a) Auf welcher Stoffseite des IMDG-Codes ist METHYLISOCYANAT zu finden? Wie müssen Verpackungen für dieses Gut in der Leistungsfähigkeit mindestens codiert sein? ❷
b) Welcher Staukategorie ist METHYLISOCYANAT zugeordnet? ❶
c) Welche Berechnungsgröße ergibt sich aus der Staukategorie für diesen Transport? ❷
d) Wie viele Fahrgäste dürfen zusammen mit dem oben angeführten Gefahrguttransport maximal befördert werden? Was ist bei Überschreitung der maximalen Personenzahl zu beachten? ❷
e) Nach GGVSee hat der Schiffsführer gegenüber den an Bord befindlichen Fahrgästen Informationspflichten. In welchem Paragraphen der GGVSee finden Sie diese? ❷

⑨

65) Fallstudie

a) Dürfen folgende gefährliche Güter auch nach den Bestimmungen des Abschnitts 18 der Allgemeinen Einleitung zum IMDG-Code als begrenzte Mengen befördert werden, wenn die dort genannten Bedingungen eingehalten werden? Kreuzen Sie die richtige Anwort an!

(Seeschiffahrt) Amtliche Prüfungsfragen

Punkte

Beispiel: PHOSPHOR, WEISS oder GELB, UNTER WASSER, 4.2, UN 1381   ☐ Ja   ☐ Nein   ❶
b) Wie schwer darf bei den Gütern, die nach diesem Abschnitt befördert werden, das Versandstück maximal sein?   ❶
c) Müssen auch die Verpackungen in diesem Fall bauartgeprüft sein? Geben Sie auch den zutreffenden Abschnitt in der Allgemeinen Einleitung des IMDG-Code an!   ❷
d) Wie müssen die Verpackungen für begrenzte Mengen gefährlicher Güter beschriftet werden?   ❷

⑥

66) **Fallstudie**
Gefährliche Güter in begrenzten Mengen der
  Beispiel: Klassen 3.2 und 5.1
sollen zusammen in einer Außenverpackung für den Seetransport verpackt werden.
a) Welcher Unterabschnitt der Allgemeinen Einleitung zum IMDG-Code regelt das Zusammenpacken gefährlicher Güter in begrenzten Mengen?   ❶
b) Welcher Abschnitt der Allgemeinen Einleitung muß zusätzlich beim Zusammenpacken beachtet werden?   ❶
c) Welche Trennvorschrift nach Abschnitt 15 gilt für die gefährlichen Güter der Klassen 3.2 und 5.1?   ❶
d) Dürfen die gefährlichen Güter der Klassen 3.2 und 5.1 in begrenzten Mengen zusammen in einer Außenverpackung gepackt werden?   ❶
e) Für welche begrenzten Mengen gefährlicher Güter bestehen Ausnahmen?   ❹

⑧

67) **Fallstudie**
Sie wollen
  Beispiel: 10 Fässer aus Stahl ACETIC ACID, GLACIAL, Klasse 8 UN-Nr. 2789 zusammen mit
  Beispiel: ACETONE, Klasse 3.1 UN-Nr. 1090 in Glasflaschen in 3 Kartons in einem Container für den Seeverkehr laden.
a) Geben Sie den Stoff an, für den mehrere Kennzeichen vorgeschrieben sind!   ❶
b) Gibt es generelle Trennvorschriften für die beiden Hauptklassen?   ❶

245

Texte

Punkte

c) Bestehen generelle Trennvorschriften für die Zusatzkennzeichen? ❶
d) Bestehen besondere Trennvorschriften für diese beiden Stoffe? ❷
e) Dürfen die genannten Güter zusammen in einem Container verladen werden? ❶
f) Welche Bescheinigung ist gegebenenfalls von der für die Beladung des Containers verantwortlichen Person auszustellen? ❶

⑦

68) **Fallstudie**
Sie wollen PROPIONYL CHLORIDE zusammen mit THALLIUM NITRATE auf einem Lkw von Deutschland auf dem Seeweg nach England befördern und wissen, daß Sie zusätzlich zum ADR den IMDG-Code für diesen Transport anzuwenden haben.

a) Welche Randnummer des ADR regelt den Zulauf zu den Seehäfen? ❶
b) Zu welchen Klassen gehören die beiden Stoffe? Welche Zusatzkennzeichen haben sie, und welche UN-Nr. sind ihnen zugeordnet? ❻
c) Dürfen die beiden Stoffe unter Berücksichtigung ihrer Hauptklassen zusammengeladen werden? ❶
d) Dürfen sie unter Berücksichtigung ihrer zusätzlichen Kennzeichen (Gefahren) zusammengeladen werden? Begründen Sie Ihre Antwort aufgrund der Trennungsvorschriften! ❷
e) Welcher Zusatz ist notwendig, damit in dem vorliegenden Fall die verantwortliche Erklärung (Muster des Abschnitts 9 der AE des IMDG-Code) als Beförderungspapier nach ADR verwendet werden kann? ❷

⑫

69) **Fallstudie**
Als Hersteller von Gefahrgütern haben Sie folgende zwei Partien Gefahrgüter, die Sie ordnungsgemäß (nach GGVSee) in einem 20'-Container packen möchten und nach Großbritannien befördern lassen wollen:

Beispiel: 80 60 Liter plastic jerrycans SULPHURIC ACID, 60 %, Bruttogewicht 5 800 kg

(Luftfahrt) Amtliche Prüfungsfragen

Punkte

a) Welche Papiere müssen Sie für die Beförderung ausfertigen? ❷
b) Listen Sie alle Angaben hinsichtlich der zur Beförderung anstehenden Stoffe (vollständig und korrekt), die gemäß Abschnitt 9 Allgemeine Einleitung IMDG-Code in den Papieren zu machen sind, auf! ❹
c) Dürfen die Partien in einem Container zusammengeladen werden? ❶
d) Welche und wie viele Kennzeichen und Markierungen sind an welchen Stellen auf dem Container anzubringen? ❹

⑪

10. Prüfungsaufgaben für den luftfahrtspezifischen Teil der Prüfung

1) Welches internationale Regelwerk liegt der Beförderung gefährlicher Güter im Luftverkehr zugrunde? ❶
2) Gibt es innerhalb der IATA-Gefahrgutvorschriften Abweichungen von den Regelvorschriften? ❶
3) Dürfen sich im Handgepäck eines Passagiers zwei 350-ml-Dosen (Aerosole) Insektenspray befinden? ❷
4) MC
   Welche Aussage zu „Freigestellten" und „Begrenzten Mengen" nach IATA-DGR ist richtig?
   a) Versandstücke mit freigestellten Mengen sind mit Gefahrenkennzeichen gemäß IATA DGR 7.3 zu versehen. ( )
   b) Sowohl freigestellte als auch begrenzte Mengen bedürfen keiner typgeprüften Außenverpackung. ( )
   c) Bei begrenzten Mengen ist in der Versendererklärung kein Q-Wert anzugeben, wenn unterschiedliche Gefahrgüter in einem Versandstück zusammengepackt werden. ( )
   d) Im Gepäck sind freigestellte Mengen zugelassen. ( ) ❶
5) Was ist bei der Verpackung von Farbdosen mit Eindruckdeckel oder Flaschen mit Korken für den Luftverkehr besonders zu beachten? ❷

	Punkte

6) Welche Anforderungen gibt es bei der Beförderung von „Freigestellten Mengen" zum Beispiel UN 1830 Schwefelsäure? Nennen Sie drei Anforderungen nach der IATA-DGR! ❸

7) Wie hoch darf der Q-Wert höchstens sein? ❷

8) Diethylamin, UN 1154, soll in einem Stahlkanister (3A1) mit 5 l Inhalt in einem Passagierflugzeug befördert werden. Ist dies zulässig? ❸
Begründen Sie Ihre Antwort!

9) Welche Tabelle der IATA-DGR regelt die Trennung von Gefahrgutpackstücken (nicht radioaktiv)? ❶

10) Welcher zusätzliche Eintrag ist bei der Ausstellung der Shippers Deklaration für alle Sendungen in die USA zu beachten? ❸

11) Ein toxischer flüssiger organischer Stoff UN 2810 ohne Zusatzgefahr ist in der alphabetischen Liste nicht namentlich aufgeführt. Welche korrekte Versandbezeichnung verwenden Sie? ❷

12) In welchem Teil der IATA-DGR ist der Begriff „Overpack" erklärt? ❶

13) In welchem Teil der IATA-DGR ist der Begriff „Zusammengesetzte Verpackung" erklärt? ❶

14) Was versteht man im Luftverkehr unter dem Begriff „Proper Shipping Name"? ❶

15) In welchem Teil der IATA-DGR ist der Begriff „Einzelverpackungen" erklärt? ❶

16) Was bedeutet im Luftverkehr der Begriff „Verpackungsgruppe"? ❷

17) Welche Bedeutung haben die Ziffern der Verpackungsgruppe I, II und III? ❸

18) Welche Verpackungsvorschrift ist bei dem Versand von Motorrädern UN 3166 zu beachten? ❷

19) **MC**
Was müssen Sie bei der Nutzung einer Umverpackung aus Pappe hinsichtlich Markierung beachten?

(Luftfahrt) Amtliche Prüfungsfragen

Punkte

a) Es dürfen keine Versandstücke zusammengepackt werden, deren Inhalte gefährlich miteinander reagieren können oder eine Trennung gemäß Tabelle 9.3.A erfordern. ( )
b) Die Versandstücke in einer Umverpackung müssen nicht korrekt markiert und gekennzeichnet sein. ( )
c) Mehrere Versandstücke mit dem Abfertigungskennzeichen „Cargo Aircraft Only" (CAO) dürfen enthalten sein. ( )
d) Eine Anbringung der Erklärung „INNER PACKAGES COMPLY WITH PRESCRIBED SPECIFICATIONS" ist erforderlich. ( ) ❶

20) Sind die Luftverkehrsgesellschaften verpflichtet, Gefahrgutbeförderungen durchzuführen? ❶

21) Dürfen die Abweichungen der Luftverkehrsgesellschaften Erleichterungen von der IATA DGR enthalten? ❶

22) Dürfen im Luftpostverkehr und im Handgepäck beim Lufttransport Gefahrgüter in freigestellten Mengen befördert werden? ❶

23) Welche Verpackung kann bei der Beförderung von „Gefahrgut in Begrenzten Mengen" verwendet werden? ❷

24) Nennen Sie die Temperaturunterschiede, mit denen beim Lufttransport gerechnet werden muß! ❷

25) In welchem Fall müssen beim Lufttransport Gefahrenkennzeichen auf einem Overpack (Umverpackung) zusätzlich angebracht werden? Geben Sie auch die Fundstelle für diese Vorschrift an! ❸

26) **MC**
Wie ist die zutreffende UN-Nr. für die Versandbezeichnung Radioaktiver Stoffe n. a. g.?
a) UN 2498 ( )
b) UN 3352 ( )
c) UN 2982 ( )
d) UN 2024 ( ) ❶

27) Geben Sie an, ob UN 2646 Hexachlorcyclopentadien für den Lufttransport zugelassen ist! ❷

28) **MC Klasse 7**
Welche der nachstehenden Angaben über den A_1-Wert ist richtig?

249

Punkte

a) P-32 A$_1$ 3 TBq   ( )
b) Sb-124 A$_1$ 40 TBq   ( )
c) Jodine-124 A$_1$ 0,9 TBq   ( )
d) Niobium-95 A$_1$ 0,10 TBq   ( ) ❶

29) MC Klasse 7
Welche der nachstehenden Angaben über den A$_1$- und A$_2$-Wert sind richtig?
a) Pr-143 A$_1$ 0,4 TBq, A$_2$ 5,0 TBq   ( )
b) Os-193 A$_1$ 0,3 TBq, A$_2$ 0,9 TBq   ( )
c) Re-184 A$_1$ 11 TBq, A$_2$ 11 TBq   ( )
d) Sb-125 A$_1$ 2 TBq, A$_2$ 0,9 TBq   ( ) ❶

30) Welches Abfertigungskennzeichen muß auf einem Packstück angebracht sein, das nur in Frachtflugzeugen befördert werden darf? ❹

31) Geben Sie an, welche Gefahrenkennzeichen beim Lufttransport z. B. bei den UN-Nummern 1064, 1242 angebracht werden müssen! ❷

32) MC
Welche der nachstehenden Aussagen für den Lufttransport nach IATA-DGR ist richtig?
a) Die Gefahrenkennzeichen müssen den Bedingungen des Abschnitts 4 entsprechen. ( )
b) Die Gefahrenkennzeichen müssen den Bedingungen der Abschnitte 7 und 10 entsprechen. ( )
c) Die Gefahrenkennzeichen können auch aus anderen verkehrsträgerspezifischen Vorschriften abgeleitet werden. ( )
d) Die Gefahrenkennzeichen sind nicht genau beschrieben; man kann sie nach eigenen Vorgaben selbst anfertigen. ( ) ❶

33) Welche Bedeutung haben die Abkürzungen UN 3A1, LTD.QTY nach der IATA-DGR? ❹

34) Welche drei Angaben müssen beim Lufttransport in das Gefahrenkennzeichen (Kategorie II Gelb) bei Radioaktiven Stoffen zusätzlich eingetragen werden? ❸

35) Welche Tabelle nach IATA-DGR regelt beim Lufttransport die Mindestanforderungen an die Ausbildung? ❶

(Luftfahrt) Amtliche Prüfungsfragen

Punkte

36) Welche Tabelle nach IATA-DGR zeigt für den Lufttransport die zu benutzende Menge von Absorptionsmaterial an? ❷

37) Ist Schwefel (UN 1350) nach IATA-DGR im Lufttransport Gefahrgut? Begründen Sie Ihre Antwort! ❷

38) Gibt es für den Luftverkehr eine Verpackungsvorschrift für Natronkalk (enthält 3 % Natriumhydroxid)? Begründen Sie Ihre Antwort! ❷

39) Wie hoch ist für den Luftverkehr das zulässige Nettogewicht für einen Sack Textilgewebe UN 5L3? ❷

40) Wie hoch ist nach den Luftverkehrsvorschriften der zulässige Fassungsraum eines Stahlkanisters UN 3A1? ❷

41) Geben Sie die UN-Nr. und den korrekten Versandnamen für Butter von Antimon, flüssig, an! ❷

42) Geben Sie die UN-Nr. und den korrekten Versandnamen für Butter von Arsen an! Darf das Gut befördert werden? ❹

43) Welche Markierung muß im Lufttransport für Stoffe der Klasse 6.2 zusätzlich erfolgen? ❷

44) Welche zusätzliche Verwendungsmarkierung ist im Luftverkehr für ein Packstück mit infektiösen Stoffen vorgeschrieben? ❷

45) Welche Bedeutung haben im Lufttransport folgende Abkürzungen LPG, SI, Bq, RFW? ❷

46) Welche Bedeutung haben im Lufttransport die folgenden Abkürzungen
DGD; Y, mSv, °F? ❷

47) Welche zusätzlichen Markierungen müssen beim Lufttransport für Produkte der UN 0012 angegeben werden? ❷

48) MC
Welche der folgenden Aussagen für den Lufttransport ist zutreffend?
a) Sicherheitsstreichhölzer sind im Handgepäck eines Passagiers erlaubt. ( )
b) Passagiere dürfen alle Arten von Sicherheitsstreichhölzern nicht am eigenen Leib mitführen. ( )
c) Sicherheitsstreichhölzer sind im aufgegebenen Gepäck verboten. ( )

251

Texte

Punkte

d) Sicherheitsstreichhölzer dürfen nur mit Erlaubnis der Luftverkehrsgesellschaft mitgenommen werden. ( ) ❶

49) MC
Welche der folgenden Aussagen für den Lufttransport ist zutreffend?
a) Sicherheitsstreichhölzer sind im Handgepäck eines Passagiers erlaubt. ( )
b) Passagiere dürfen Sicherheitsstreichhölzer nur dann mitnehmen, wenn diese am eigenen Leib mitgeführt werden. ( )
c) Sicherheitsstreichhölzer sind im aufgegebenen Gepäck erlaubt. ( )
d) Sicherheitsstreichhölzer dürfen nur mit Erlaubnis der Luftverkehrsgesellschaft mitgenommen werden. ( ) ❶

50) MC
Welche der folgenden Aussagen für den Lufttransport ist zutreffend?
a) Alkoholische Getränke mit weniger als 70 Vol.% Alkohol sind im Handgepäck erlaubt, wenn in Behältern von weniger als 5 l mitgeführt. ( )
b) Alkoholische Getränke mit weniger als 70 Vol.% Alkohol sind im aufgegebenen Gepäck erlaubt, wenn in Behältern von mehr als 5 l mitgeführt. ( )
c) Alkoholische Getränke mit mehr als 70 Vol.% Alkohol sind nur mit Erlaubnis der Luftverkehrsgesellschaft im Handgepäck erlaubt. ( )
d) Alkoholische Getränke mit mehr als 70 Vol.% Alkohol dürfen nur als aufgegebenes Gepäck entsprechend der IATA-DGR transportiert werden. ( ) ❶

51) In welchem IATA-DGR-Abschnitt wird generell auf die Pflichten des Versenders hingewiesen? ❷

52) Welche Bedeutung hat das Symbol der ☞ in der IATA-DGR? ❷

53) Welchen Geltungsbereich haben die ICAO-TI? ❷

54) Welche Behörde überprüft und genehmigt in Deutschland Gefahrgutschulungen für den Luftverkehr für die in Tabelle 1.5 A genannten Personenkategorien? ❶

55) Ist Quecksilbernitrid (Mercury nitride) zum Transport als Luftfracht zugelassen? ❶

(Luftfahrt) Amtliche Prüfungsfragen

Punkte

56) Welche Gefahrgüter dürfen per Luftpost versandt werden, und welche Voraussetzungen sind zu erfüllen? ❹

57) Welches Bruttogewicht darf ein Packstück mit Gefahrgut im Luftverkehr in „Begrenzten Mengen" nicht überschreiten? ❷

58) Welche Verpackungsarten sind für Gefahrgut im Luftverkehr in „Begrenzten Mengen" nicht zugelassen? ❷

59) Darf im Luftverkehr Handfeuerwaffen-Munition für Sportzwecke der Unterklasse 1.4 S als Gefahrgut in „Freigestellten Mengen" transportiert werden? ❷

60) Gefahrgut der Gefahrenklasse 3 in Verpackungsgruppe III soll in „Freigestellten Mengen" im Luftverkehr transportiert werden. Die Innenverpackungen sind mit 25 ml befüllt. Wie viele Innenverpackungen dürfen in eine Außenverpackung verpackt werden? ❷

61) Gefahrgut soll in „Begrenzten Mengen" im Luftverkehr nach Frankreich transportiert werden. Was ist zu beachten? ❷

62) Es soll Gefahrgut UN 1169 Verpackungsgruppe III auf einem Passagierflugzeug mit der Luftverkehrsgesellschaft British Airways transportiert werden. Was muß bei der Auswahl der Verpackung beachtet werden? ❸

63) Welche Tabelle nach IATA-DGR muß beim Lufttransport zum Klassifizieren von leicht entzündbaren Flüssigkeiten für die entsprechende Verpackungsgruppe benutzt werden? ❷

64) Eine flüssige Substanz mit einem Flammpunkt von $-4\,°C$ und einem Siedepunkt von $34\,°C$, die keine anderen Gefahreneigenschaften besitzt, soll für den Luftverkehr klassifiziert werden. Geben Sie die korrekte Verpackungsgruppe an! ❷

65) Nennen Sie die besonderen Gefahreigenschaften der Unterklasse 5.2 für den Luftverkehr! Geben Sie mindestens drei der besonderen Eigenschaften an! ❸

66) Zu welcher Gefahrenklasse im Luftverkehr gehört das Hauptrisiko eines Stoffes, „der starke Schäden durch chemische Reaktionen hervorrufen kann, wenn er mit lebendem Gewebe in Kontakt kommt"? ❷

Texte

Punkte

67) MC
Welcher IMP-Code weist auf das Vorhandensein gefährlicher Güter hin?
a) LHO ( )
b) AVI ( )
c) HUM ( )
d) PER ( )
e) RSB ( ) ❶

68) In welcher Gefahrenklasse im Luftverkehr werden Substanzen aufgrund von Einwirkzeit und Beobachtungszeit in die Verpackungsgruppen eingestuft? ❶

69) Nennen Sie für den Luftverkehr die Hauptgefahr für Substanzen mit folgenden Gefahreigenschaften! ❻

70) Welche Gefahrgutklassen bzw. Unterklassen dürfen im Luftverkehr nicht in Bergungsverpackungen befördert werden? ❹

71) MC
Welches Land bzw. welche Luftverkehrsgesellschaft akzeptiert keine „Begrenzte Mengen"?
a) CHG   SR ( )
b) FRG   LH ( )
c) USG   AA ( )
d) CAG   AC ( )
e) DEG   BA ( ) ❶

72) Welches Land und welche Fluggesellschaft akzeptiert keine Limited Quantities? ❷

73) Eine Sendung in Verpackung für „Begrenzte Mengen" soll im Luftverkehr laut Routing in Paris umgeschlagen werden. Gibt es bei der Annahmekontrolle etwas Besonderes zu beachten? ❷

74) Klasse 7
17,6 Ci ergeben wie viele Gigabecquerel? Wie hoch ist dieser Wert in TBq und Mbq? ❸

75) Ein Packstück enthält 13 US-Gallonen UN 1230 Methanol und ist mit dem UN-Packaging Code 3H1 markiert. Gewünschte Strecke: USA nach Deutschland. Ist dieses Packstück zum Lufttransport zugelassen? ❸

(Luftfahrt) Amtliche Prüfungsfragen

Punkte

76) Eine Sendung von Frankfurt nach Nagpur (Indien) beinhaltet 5 L netto UN 1993 Entzündbare Flüssigkeit, n. a. g., und 1 kg netto UN 1759 Ätzender Feststoff n. a. g. Routing: Frankfurt/Bombay LH, Bombay/Nagpur IC. Was ist in diesem Falle besonders zu beachten? ❹

77) Nennen Sie den Proper Shipping Name für Hexamin! ❷

78) Der „Q-Wert" für mehrere Gefahrgüter in einem Packstück im Luftverkehr ist mit 0,376 berechnet. Wie genau ist er auf der Declaration anzugeben? ❶

79) Ein Packstück enthält UN 1493 und ist für Miami bestimmt. Welche Angaben nach IATA-DGR müssen bei der Erstellung der Shipper's Declaration besonders beachtet werden; was ist für den Absender gegebenenfalls zusätzlich von Bedeutung? ❸

80) Die UN-Nummer nach IATA-DGR für ein Material unter der Abkürzung ICE ist? ❷

81) Wo steht im Handbuch, daß Pyrophoric Radioactive Liquids vom Lufttransport ausgeschlossen sind? ❶

82) Was sagt die Operator-Variation SQ-06 aus? ❶

83) Ein Overpack im Luftverkehr beinhaltet eine UN 4D-Sperrholzkiste mit UN 2924/P.Gr.II und einen UN 4G-Karton mit UN 1479, jeweils in zulässigen Nettomengen. Ist das erlaubt? Begründen Sie Ihre Antwort! ❸

84) Kann UN 1067 zum Lufttransport nach USA angenommen werden? Wenn ja: was wird benötigt? ❹

85) Wo steht IATA-DGR-Handbuch, daß im Luftverkehr die Radioaktiv-Kennzeichen zu verdoppeln sind? ❶

86) **MC**
Nennen Sie den Proper Shipping Name für UN 2940!
a) London Purple ( )
b) Cyclooctadiene Phosphines ( )
c) Disuccinic acid peroxide ( )
d) Phosphabicyclononines ( ) ❶

87) **MC**
Nennen Sie den Proper Shipping Name für Methylhydrat:
a) Methanol ( )
b) Methylhydrazine ( )

255

Texte

                   Punkte
 c) Methallyl alcohol ( )
 d) Methane, compressed ( ) ❶

88) MC
Ein Packstück mit Tripropylamin muß für den Luftverkehr folgende Gefahrenkennzeichen haben:
 a) Flammable Liquid (Haupt-) und Corrosive (Nebengefahr) ( )
 b) Flammable Liquid (Haupt-) und Toxic (Nebengefahr) ( )
 c) Methallyl alcohol Oxidizer ( )
 d) Methane, compressed Corrosive ( ) ❶

89) MC
Ein Cargo Aircraft Only „Kennzeichen" ist vorgeschrieben für:
 a) Alle Gefahrgüter, die in einem Frachtflugzeug transportiert werden ( )
 b) Alle Gefahrgüter, die gemäß einer CAO-Vorschrift verpackt sind ( )
 c) Alle Packstücke mit Gefahrgut ( )
 d) Alle Gefahrgüter, die gemäß einer Y-Verpackungsvorschrift verpackt sind ( ) ❶

90) MC
Ein technischer Name hinter dem Proper Shipping Name ist vorgeschrieben für:
 a) Alle Gefahrgüter ( )
 b) Für alle Güter der Klasse 3 ( )
 c) Alle N.O.S. Proper Shipping Names ( )
 d) Alle Proper Shipping Names, die mit „*" gekennzeichnet sind ( ) ❶

91) MC
Phosphorus tribromide UN 1808 kann transportiert werden im
 a) Nur Cargo Aircraft Only ( )
 b) Passagier- oder Frachtflugzeug (mit behördlicher Genehmigung) (A1) ( )
 c) Passagier- oder Frachtflugzeug (ohne behördliche Genehmigung) ( )
 d) Weder PAX noch CAO ❶

92) MC
Wie muß ein Packstück mit 5 kg Calcium hydride UN 1404 für den Luftverkehr gekennzeichnet werden?

(Luftfahrt) Amtliche Prüfungsfragen

Punkte
a) Spontaneously Combustible ( )
b) Dangerous when Wet ( )
c) Dangerous when Wet und Cargo Aircraft Only ( )
d) Keine Zettel, da kein Gefahrgut ( ) ❶

93) MC
Eine Y-Verpackungsvorschrift für den Luftverkehr besagt:
a) UN/ICAO Verpackungen müssen benutzt werden. ( )
b) Nicht spezifizierte Außenverpackungen können benutzt werden. ( )
c) Die Sendung kann nur CAO transportiert werden. ( )
d) Die Sendung darf nicht außerhalb der Vereinigten Staaten transportiert werden. ( ) ❶

94) MC
Was benötigt eine Sendung, 5-Mercaptotetrazol-1-acetic acid, UN 0448, Klasse 1, im Lufttransport nach USA:
a) ist verboten ( )
b) eine behördliche Genehmigung nach USG 05 ( )
c) benötigt keine Genehmigung ( )
d) ist kein Gefahrgut ( ) ❶

95) MC
Welche Versandstücke mit radioaktiven Stoffen brauchen im Luftverkehr keine Genehmigungsurkunde?
a) Typ A, andere Form ( )
b) Typ A, besondere Form ( )
c) Typ B, andere Form ( )
d) Typ B, besondere Form ( ) ❶

96) MC
Schriftliche Information über an Bord eines Flugzeuges befindliches Gefahrgut:
a) muß dem Kapitän detailliert mitgeteilt werden ( )
b) wird nur auf der Bodenstation aufbewahrt ( )
c) wird nur auf Anfrage der Flight Crew mitgeteilt ( )
d) ist nicht erforderlich ( ) ❶

97) MC
Welche Substanz wird von Federal Express (FX) im Luftverkehr nicht akzeptiert?
a) UN 1898 Acetyliodid ( )
b) UN 2205 Adiponitril ( )

Texte

    c) UN 1796 Nitriersäure-Mischung 50% ( )
    d) UN 2982 Radioactive Stoffe, n. a. g. ( ) ❶

98) MC
Welche Eintragungen dürfen auf der Shipper's Declaration von der Luftverkehrsgesellschaft aufgeführt werden?
    a) Name, title, place and date ( )
    b) Name und Adresse von Versender und Empfänger ( )
    c) Page pages, Airwaybill Nummer ( )
    d) Airwaybill Nummer, Airports Departure and Destination ( ) ❶

99) MC
Was muß in der „Authorization" Spalte der Declaration für den Luftverkehr stehen, wenn eine Y-Verpackungsvorschrift benutzt wird?
    a) Die Bezeichnung „Transitional" ( )
    b) Die Nummer der Verpackungsvorschrift ( )
    c) Die Bezeichnung „Limited Quantity" ( )
    d) Die Spalte muß freibleiben. ( ) ❶

100) MC
Für die Benutzung einer Umverpackung im Luftverkehr gilt:
    a) der Q-Wert muß kleiner 1 sein. ( )
    b) Inner packages comply with prescribed specification muß auf der Umverpackung angegeben sein. ( )
    c) Auf der Umverpackung darf nichts vermerkt sein. ( )
    d) Gefahrgut darf generell nicht in Umverpackungen verschickt werden. ( ) ❶

101) MC
Die Verwendung von Annahmekontroll-Listen im Luftverkehr ist
    a) vorgeschrieben ( )
    b) den Luftverkehrsgesellschaften freigestellt ( )
    c) jedem Mitarbeiter selbst überlassen ( )
    d) nur bei bestimmten Gütern vorgeschrieben. ( ) ❶

102) MC
Bei Verwendung von Trockeneis als Kühlmittel für Nicht-Gefahrgut im Luftverkehr:
    a) sind keine Gefahrgutvorschriften zu beachten ( )
    b) müssen alle relevanten Angaben auf dem Air Waybill vermerkt sein ( )

c) muß eine Shipper's Declaration erstellt werden ( )
d) Trockeneis ist kein Gefahrgut. ( ) **1**

103) Eine zusammengesetzte Verpackung im Luftverkehr enthält UN 2414 Thiophen, 40 Liter netto. Welche Markierungen und Kennzeichnungen muß dieses Packstück haben? Nennen Sie vier Markierungs-/Kennzeichnungseinträge! **4**

104) Klasse 7
Welche Verpackung im Luftverkehr ist für ein Packstück mit radioaktiven Stoffen Ce-143 Special Form 1,0 TBq notwendig? **2**

105) Klasse 7
Welche Verpackung im Luftverkehr ist für ein Packstück der radioaktiven Stoffe Hg-203 Other Form 0,5 Tbq notwendig? **2**

106) Klasse 7
Caesium in besonderer Form Cs 137^3 soll im Luftverkehr versandt werden. Die Aktivität beträgt 0,9 TBq. Welche Verpackung ist mindestens erforderlich? **2**

107) Klasse 7
Bis zu welcher Aktivität darf Jod 131 (I 131), andere Form fest, als „Freigestelltes Packstück" im Luftverkehr versandt werden? **2**

108) Klasse 7
Es sollen elektrische Röhren als „Freigestelltes Packstück" im Luftverkehr versandt werden, die Argon 41 (Ar 41) in unkomprimierter (andere) Form enthalten.
a) Berechnen Sie die Höchstgrenze je Einzelstück!
b) Berechnen Sie die Höchstgrenze je Packstück! **4**

109) Eine Flüssigkeit zerstört die komplette Hautdicke, nachdem sie vier Minuten auf die Haut eingewirkt hat. In welche Gefahrenklasse und Verpackungsgruppe im Luftverkehr ist die Flüssigkeit einzuordnen? **2**

110) Eine Flüssigkeit zerstört innerhalb von 2 Minuten die intakte Hautoberfläche in der ganzen Dicke. Welche Gefahrenklasse und Verpackungsgruppe des Luftverkehrs treffen zu? **2**

111) Zähflüssige (viskose) Stoffe mit einem Flammpunkt unter 23 °C können in Verpackungsgruppe III im Luftverkehr ein-

geordnet werden, wenn bestimmte Voraussetzungen erfüllt sind. Geben Sie zwei Voraussetzungen an!

112) Eine entzündbare und giftige Flüssigkeit weist folgende Gefahreneigenschaften auf:
 – Flammpunkt von 18 °C und einen Siedepunkt von 79 °C
 – eine dermale Toxizität von 6 mg/kg
 a) Welche Gefahrenklasse bzw. Unterklasse und Verpackungsgruppen für den Luftverkehr treffen zu?
 b) Welche Gefahrenklasse und Verpackungsgruppe erhält Vorrang?

113) Es soll im Luftverkehr ein toxischer, ätzender, fester organischer Stoff befördert werden. Die giftige Wirkung tritt ein, wenn er mit der Haut in Berührung kommt. Auf Grund seiner Eigenschaften wurde er in folgende Gefahrenklassen eingruppiert:
Klasse 8 Verpackungsgruppe I und Klasse 6.1 Verpackungsgruppe II.
Wie lautet die korrekte Versandbezeichnung und die UN-Nummer?

114) MC
Es sollen 10 Quecksilberdampflampen, in einem Packstück, im Luftverkehr verschickt werden. Jede Lampe enthält 90 mg Quecksilber. Welche Aussage ist richtig?
 a) sind keine Gefahrgutvorschriften zu beachten ( )
 b) müssen alle relevanten Angaben auf dem Air Waybill vermerkt sein ( )
 c) muß eine Shipper's Declaration erstellt werden ( )
 d) Trockeneis ist kein Gefahrgut. ( )

115) Wofür steht im Luftverkehr der Cargo-IMP-Code „RFG"? Nennen Sie die Unterklasse und ihre englische Bezeichnung!

116) Klasse 7
Wie hoch ist die Gesamtsumme der Transportindizes radioaktiver Versandstücke, die für den Lufttransport an einem Ort im Frachtlager gesammelt werden darf?

117) Klasse 7
Welche Aktivität darf ein freigestelltes Packstück, das freigestellte Instrumente mit Platinum 188^3 fest (Pt 188^3) enthält, höchstens haben?

(Luftfahrt) Amtliche Prüfungsfragen

Punkte

118) Klasse 7
In einem Laboratorium wurden Innenbehälter mit Selenium 79 (Se 79) gefüllt. Sie sind nicht bruchsicher und sollen für den Luftversand in Typ „A" – Behälter verpackt werden. Wie hoch ist die zulässige Aktivität/Typ A-Behälter? ❷

119) Was muß im Luftfrachtbrief in der Spalte „Nature and Quantity Goods" eingetragen werden, wenn freigestellte Instrumente verschickt werden, die radioaktive Stoffe enthalten? ❷

120) Welche Einzelverpackungen sind für UN 1428 erlaubt, wenn es nach Verpackungsvorschrift 412 zum Versand für den Lufttransport vorbereitet wird? ❷

121) Welche Einzelverpackungen sind für UN 1357 erlaubt, wenn es nach Verpackungsvorschrift 412 zum Versand für den Lufttransport vorbereitet wird? ❷

122) Sie versenden 5 l UN 1790 Fluorwasserstoffsäure 45%, Verpackungsgruppe II, die Verpakkungsvorschrift für „Begrenzte Mengen" ist nicht zugelassen, auf einem Passagierflugzeug von München nach London-Heathrow.
 a) Welche Verpackungsvorschrift trifft zu?
 b) Wie viele Liter dürfen in einem Packstück versandt werden?
 c) Wie viele Innenverpackungen aus Kunststoff (IP 2) sind für die gesamte Menge erforderlich?
 d) Wieviel Aufsaugmittel benötigen Sie für ein Packstück? ❹

123) Sie versenden 5 l UN 1790 Fluorwasserstoffsäure 45%, Verpackungsgruppe II, Y Verpakkungsvorschrift ist nicht zugelassen, auf einem Passagierflug von München nach London-Heathrow.
 a) Wieviel Aufsaugmittel benötigen Sie für ein Packstück?
 b) Welche besondere Verpackungsanforderung ist einzuhalten, wenn IP 2 verwendet werden?
 c) Wie viele Innenverpackungen aus Kunststoff (IP 2) sind für die gesamte Menge erforderlich?
 d) Wie viele Kartons (4 G) benötigt man für die gesamte Menge? ❹

124) Bestimmen Sie für den Luftverkehr die Haupt- und Nebengefahr, Verpackungsgruppe und die UN-Nummer!

Texte

Gefahrenklasse Packgruppe	Gefahrenklasse Packgruppe	Haupt-gefahr	Neben-gefahr	Pack-gruppe	UN-Nummer
Klasse 8 s/I	Klasse 6.1 d/II organisch				

❹

125) Bestimmen Sie für den Luftverkehr die Haupt- und Nebengefahr, Verpackungsgruppe und die UN-Nummer!

Gefahrenklasse Packgruppe	Gefahrenklasse Packgruppe	Haupt-gefahr	Neben-gefahr	Pack-gruppe	UN-Nummer
Klasse 3/I	Klasse 6.1 d/I				

❹

126) Bestimmen Sie für den Luftverkehr die Haupt- und Nebengefahr, Verpackungsgruppe und die UN-Nummer!

Gefahrenklasse Packgruppe	Gefahrenklasse Packgruppe	Haupt-gefahr	Neben-gefahr	Pack-gruppe	UN-Nummer
Klasse 4.2/II	Klasse 6.1 o/I				

❹

127) Bestimmen Sie für den Luftverkehr die Haupt- und Nebengefahr, Verpackungsgruppe und die UN-Nummer!

Gefahrenklasse Packgruppe	Gefahrenklasse Packgruppe	Haupt-gefahr	Neben-gefahr	Pack-gruppe	UN-Nummer
Klasse 8 s/II	Klasse 5.1/II				

❹

128) Eine Flüssigkeit hat folgende Gefahreneigenschaften:
LD_{50}= 0,4 mg/kg (o)
Siedepunkt: 34 °C   Flammpunkt: – 12 °C
Ergänzen Sie die nachstehenden Angaben für den Luftverkehr!
Versandbezeichnung:
Hauptgefahr: Nebengefahr:
UN-Nummer: ❹

(Luftfahrt) Amtliche Prüfungsfragen

Punkte

129) Rechnen Sie für den Lufttransport um:
15 bar =   kPa ❹

130) Rechnen Sie für den Lufttransport um:
10 US-Gal =   Liter ❶

131) Rechnen Sie für den Lufttransport um:
10 rem =   Sv ❶

132) Rechnen Sie für den Lufttransport um:
100 Ci =   Gbq ❶

133) Klasse 7
50 Instrumente, von denen jedes 0,038 TBq Argon 37 (Ar 37) enthält, werden nach IATA-DGR für den Luftversand vorbereitet. Das Gas Argon ist nicht verdichtet.
a) Können die Instrumente als „excepted" verschickt werden?
b) Wie viele Packstücke wären erforderlich? ❷

134) Sie versenden 10 Liter UN 2378 verpackt in IP 1 Innenverpackung und einer 4G Außenverpackung von München nach Hamburg. Auf der gewünschten Luftstrecke gibt es keine Frachterverbindung.
a) Welche Verpackungsvorschrift trifft zu?
b) Wie hoch ist die max. Nettomenge/Packstück?
c) Wieviel Saugmaterial/Packstück benötigen Sie? ❸

135) Ergänzen Sie die fehlenden Angaben für den Lufttransport nach IATA-DGR. Füllen Sie alle Felder aus! Die vorgegebenen Daten dürfen nicht verändert werden.

Proper Shipping Name	UN-Nummer	Klasse/ Unterklasse	Packgruppe	Pax-AC		Cargo-AC	
				Verp. Vorschrift	max. netto/ Packstück	Verp. Vorschrift	max. netto/ Packstück
Projectiles	UN 0347						

❹

136) Ergänzen Sie die fehlenden Angaben für den Lufttransport nach IATA-DGR. Füllen Sie alle Felder aus! Die vorgegebenen Daten dürfen nicht verändert werden.

Texte

Punkte

Proper Shipping Name	UN-Nummer	Klasse/ Unterklasse	Packgruppe	Pax-AC		Cargo-AC	
				Verp. Vorschrift	max. netto/ Packstück	Verp. Vorschrift	max. netto/ Packstück
Eisencerium		4.1					

❹

137) Ergänzen Sie die fehlenden Angaben für den Lufttransport nach IATA-DGR. Füllen Sie alle Felder aus! Die vorgegebenen Daten dürfen nicht verändert werden.

Proper Shipping Name	UN-Nummer	Klasse/ Unterklasse	Packgruppe	Pax-AC		Cargo-AC	
				Verp. Vorschrift	max. netto/ Packstück	Verp. Vorschrift	max. netto/ Packstück
	UN 1549		III				

❹

138) Ergänzen Sie die fehlenden Angaben für den Lufttransport nach IATA-DGR. Füllen Sie alle Felder aus! Die vorgegebenen Daten dürfen nicht verändert werden.

Proper Shipping Name	UN-Nummer	Klasse/ Unterklasse	Packgruppe	Pax-AC		Cargo-AC	
				Verp. Vorschrift	max. netto/ Packstück	Verp. Vorschrift	max. netto/ Packstück
Fuse, detonating	UN 0102						

❹

139) Ergänzen Sie die fehlenden Angaben für den Lufttransport nach IATA-DGR. Füllen Sie alle Felder aus! Die vorgegebenen Daten dürfen nicht verändert werden.

Proper Shipping Name	UN-Nummer	Klasse/ Unterklasse	Packgruppe	Pax-AC		Cargo-AC	
				Verp. Vorschrift	max. netto/ Packstück	Verp. Vorschrift	max. netto/ Packstück
p-Brombenzylcyanid							

❹

(Luftfahrt) Amtliche Prüfungsfragen

Punkte

140) Ergänzen Sie die fehlenden Angaben für den Lufttransport nach IATA-DGR. Füllen Sie alle Felder aus! Die vorgegebenen Daten dürfen nicht verändert werden.

Proper Shipping Name	UN-Nummer	Klasse/ Unterklasse/ Nebengefahr	Pack-gruppe	Pax-AC		Cargo-AC	
				Verp. Vorschrift	max. netto/ Packstück	Verp. Vorschrift	max. netto/ Packstück
2-Dimethyl-amino-acetonitril			II				

❹

141) Ergänzen Sie die fehlenden Angaben für den Lufttransport nach IATA-DGR. Füllen Sie alle Felder aus! Die vorgegebenen Daten dürfen nicht verändert werden.

Proper Shipping Name	UN-Nummer	Klasse/ Unterklasse/ Nebengefahr	Pack-gruppe	Pax-AC		Cargo-AC	
				Verp. Vorschrift	max. netto/ Packstück	Verp. Vorschrift	max. netto/ Packstück
Consumer Commodities	ID 8000	9	–		25 kg G		25 kg G

❷

142) Ergänzen Sie die fehlenden Angaben für den Lufttransport nach IATA-DGR. Füllen Sie alle Felder aus! Die vorgegebenen Daten dürfen nicht verändert weden.

Proper Shipping Name	UN-Nummer	Klasse/ Unterklasse	Pack-gruppe	Pax-AC		Cargo-AC	
				Verp. Vorschrift	max. netto/ Packstück	Verp. Vorschrift	max. netto/ Packstück
Methyl formate	UN 1243		I				

❹

143) Ergänzen Sie die fehlenden Angaben für den Lufttransport nach IATA-DGR. Füllen Sie alle Felder aus! Die vorgegebenen Daten dürfen nicht verändert werden.

265

Proper Shipping Name	UN-Nummer	Klasse/ Unterklasse	Packgruppe	Pax-AC		Cargo-AC	
				Verp. Vorschrift	max. netto/ Packstück	Verp. Vorschrift	max. netto/ Packstück
	UN 1641		II				

144) Ergänzen Sie die fehlenden Angaben für den Lufttransport nach IATA-DGR. Füllen Sie alle Felder aus! Die vorgegebenen Daten dürfen nicht verändert werden.

Proper Shipping Name	UN-Nummer	Klasse/ Unterklasse	Packgruppe	Pax-AC		Cargo-AC	
				Verp. Vorschrift	max. netto/ Packstück	Verp. Vorschrift	max. netto/ Packstück
Leuchtkörper Luftfahrzeug		1.3 G					

145) Ergänzen Sie die fehlenden Angaben für den Lufttransport nach IATA-DGR. Füllen Sie alle Felder aus! Die vorgegebenen Daten dürfen nicht verändert werden.

Proper Shipping Name	UN-Nummer	Klasse/ Unterklasse	Packgruppe	Pax-AC		Cargo-AC	
				Verp. Vorschrift	max. netto/ Packstück	Verp. Vorschrift	max. netto/ Packstück
	UN 2788		II				

146) Rechnen Sie für den Lufttransport um:
10 bar = kPa

147) Rechnen Sie für den Lufttransport um:
12 Ci = Gbq

148) Rechnen Sie für den Lufttransport um:
100 ft = m

149) Rechnen Sie für den Lufttransport um:
140,9 °F = °C

(Luftfahrt) Amtliche Prüfungsfragen

Punkte

150) Rechnen Sie für den Lufttransport um:
1 Sv = rem ❶

151) Rechnen Sie für den Lufttransport um:
0,5 rem = Sv ❶

152) Rechnen Sie für den Lufttransport um:
1 TBq = Ci ❶

153) Rechnen Sie für den Lufttransport um, oder nutzen Sie äquivalente Werte:
5 Gallonen (US) = l (Liter) ❶

154) Rechnen Sie für den Lufttransport um, oder nutzen Sie äquivalente Werte:
10 Gallonen (Imperial) = l (Liter) ❶

155) Erklären Sie folgende Abkürzung:
IP = ❶

156) Welche Bedeutung hat der nachstehende Buchstabe beim Lufttransport nach IATA-DGR?
G = ❶

157) Erläutern Sie folgendes Zeichen im Lufttransport nach IATA-DGR:
□ = ❶

158) Erläutern Sie folgendes Zeichen im Lufttransport nach IATA-DGR:
⊗ = ❶

159) Erläutern Sie folgendes Zeichen im Lufttransport nach IATA-DGR:
= = ❶

160) Erläutern Sie folgendes Zeichen im Lufttransport nach IATA-DGR:
+ = ❶

161) Erläutern Sie folgendes Zeichen im Lufttransport nach IATA-DGR:
H = ❶

162) Geben Sie die korrekte englische Versandbezeichnung für den Lufttransport an!
Chlorphenol, flüssig: = ❷

Texte

Punkte

163) Geben Sie die korrekte englische Versandbezeichnung für den Lufttransport an!
Helium, tiefgekühlt, flüssig = ❷

164) Erläutern Sie für den Lufttransport die Abkürzung LPG!
LPG = ❷

165) Welche Innenverpackung ist im Lufttransport für UN 1727 verboten? ❶

166) Sind Einzelverpackungen für UN 2360 auf Passagierflugzeugen zugelassen? ❷

167) MC
Wieviel Aufsaugmaterial ist für flüssiges Gefahrgut der Verpackungsgruppe III in zerbrechInnenverpackungen erforderlich, wenn es auf einem Frachtflugzeug befördert wird? ❶

168) Darf im Lufttransport ein Behälter mit der nachstehenden Codierung als Einzelverpackung für UN 2687, 80 kg brutto, nach der Verpackungsvorschrift 419 verwendet werden?

UN 1A2/Z 120/S/86/D-BAM/89 ❷

169) Darf im Lufttransport der Behälter mit der nachstehenden Codierung als Einzelverpackung, ein Versandstück, für UN 1152, 60 Liter netto nach der Verpackungsvorschrift 309 verwendet werden?

UN 1A2/Z 120/S/86/D-BAM/89 ❷

170) Darf im Lufttransport der Behälter mit der nachstehenden Codierung als Einzelverpackung, ein Versandstück, für UN 2025, 100 kg brutto nach der Verpackungsvorschrift 615 verwendet werden?

UN 1A2/Z 120/S/86/D-BAM/89 ❷

171) Sie kontrollieren ein Packstück für den Lufttransport mit dem Inhalt:
UN 2947, 50 l Verpackungsgruppe III.

(Luftfahrt) Amtliche Prüfungsfragen

Punkte

Tragen Sie in das Muster alle erforderlichen Kennzeichen und Markierungen ein. Für die Sendung steht ein 4 G Karton für die Beförderung auf Passagierflugzeugen zur Verfügung!

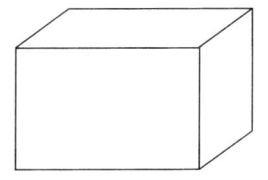

❹

172) Sie kontrollieren ein Packstück für den Lufttransport mit dem Inhalt UN 1648, 15 l netto, Verpackungsgruppe II in 4 IP 2 Innenbehältern und einer 4 D Außenverpackung. Tragen Sie in das Muster alle erforderlichen Kennzeichen und Markierungen ein. Für die Sendung steht eine 4 D Verpackung zur Verfügung!

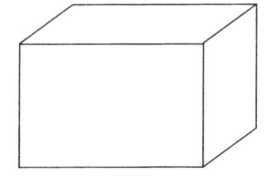

❹

173) Sie versenden im Luftverkehr 10 Liter UN 2378 verpackt in IP 1 Innenverpackungen und einer 4G Außenverpackung von München nach Hamburg. Auf der gewünschten Strecke gibt es keine Frachtverbindung. Wie muß jedes Packstück markiert und gekennzeichnet sein? (Beschreiben Sie die einzelnen Markierungen und Kennzeichen möglichst genau!)

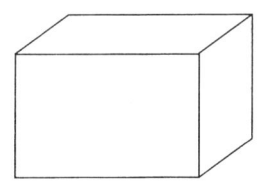

❹

269

Punkte

174) Sie versenden 5 Liter 45% Fluorwasserstoffsäure, Verpackungsgruppe II, Y Verpackungsvorschrift ist nicht zugelassen, auf einem Passagierflug von München nach London-Heathrow. Wie muß dieses Packstück markiert und gekennzeichnet sein?

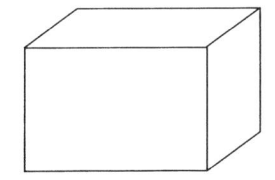

❹

175) Wo finden Sie in der IATA-DGR das Gefahrenkennzeichen für „entzündbare Flüssigkeiten"? ❷

176) Welche Tabelle der IATA-DGR regelt die Trennung von Packstücken für den Luftverkehr? ❷

177) In welchem Abschnitt der IATA-DGR finden Sie die „allgemeinen Verpackungsanforderungen"? ❷

178) In welcher Tabelle der IATA-DGR finden Sie die Liste der UN-Spezifikationsverpackungen für den Lufttransport? ❷

179) In welcher Tabelle der IATA-DGR finden Sie die Umrechnung der alten Einheit bar in „kPa"? ❷

180) Welche Bedeutung nach IATA-DGR hat der Cargo-IMP-Code RCL? ❷

181) In welchem Unterabschnitt der IATA-DGR finden Sie die Abweichungen der Staaten und Luftverkehrsgesellschaften? ❷

182) In welchem Abschnitt der IATA-DGR finden Sie Angaben über die Dokumentation? ❷

183) In welchem Unterabschnitt der IATA-DGR finden Sie die Alphabetische Gefahrgutliste? ❷

184) Ein Parfüm hat folgende Eigenschaften:
Flammpunkt: 21 °C   Siedepunkt: 76 °C
In welche Gefahrenklasse und in welche Verpackungsgruppe nach IATA-DGR ist es einzuordnen? ❷

(Luftfahrt) Amtliche Prüfungsfragen

Punkte

185) In welcher Tabelle der IATA-DGR sind die Mengenbeschränkungen für Innen- und Außenverpackungen der „Freigestellten Mengen" für den Luftverkehr aufgelistet? ❷

186) In welchem Unterabschnitt IATA-DGR steht die Verpackungsvorschrift 515? ❷

187) Ein flüssiger Giftstoff hat folgende Gefahreneigenschaften:
Orale Toxizität: 4 mg/kg.
In welche Verpackungsgruppe nach IATA-DGR ist er einzuordnen? ❷

188) Welche UN-Nummer nach IATA-DGR trifft für ein festes Pestizid zu, das den Wirkstoff „Aldicarb" enthält? ❷

189) Zu welcher Gefahrenklasse nach IATA-DGR gehören Trockeneis, Fahrzeuge mit Batterieantrieb und Asbest? ❸

190) Unter welchen Bedingungen darf das Gefahrenkennzeichen wie im Unterabschnitt 7.3.15 dargestellt auf Flügen der Air Neuseeland verwendet werden? ❸

191) Sie müssen folgende Substanz nach IATA-DGR in einem Passagierflugzeug befördern:
Inhalt: UN 1267, Roherdöl
Nettomenge: 120 Liter
Flammpunkt: 24 °C
Siedepunkt: 59 °C
Verpackung: IP 3 – Innenbehälter
4G – Außenbehälter
Wie viele IP 3 – Innenbehälter und 4G – Außenbehälter werden für die Sendung benötigt? ❹

192) Sie müssen folgende Substanz nach IATA-DGR in einem Frachtflugzeug befördern:
Inhalt: UN 1686, Natriumarsenit wässerige Lösung
Nettomenge: 220 l
Orale Toxizität: LD $_{50}$ = 450 mg/kg
Verpackung: Kunststoffkanister (UN 3H1)
Wie viele 3H1 – Behälter werden mindestens benötigt? ❹

193) Ein Versender hat 20 Liter Trimethylphosphit (UN 2329) in einen UN-Behälter verpackt. Die Sendung soll nach IATA-DGR auf einem Passagierflugzeug befördert werden. Darf er Natriumbromat (UN 1494) mit in das Packstück packen? ❷

271

Texte

Punkte

194) Ein zusammengesetztes Packstück für den Lufttransport enthält 4 l UN 2387 Fluorbenzen. Der Inhalt ist auf 4 IP1 Innenbehälter verteilt. Welche Abfertigungskennzeichen sind nach IATA-DGR erforderlich? ❷

195) Welche Kennzeichen sind nach IATA-DGR im Luftverkehr für eine zusammengesetzte Verpackung erforderlich, die 29 Liter, UN 1811 Kaliumbifluorid enthält? ❷

196) Für welche Art von Gefahrgütern nach IATA-DGR ist ein UN-Behälter zugelassen, der folgende Spezifikationsmarkierung trägt:
4G Class 6.2/98 DK/SP-9989-ERIKSSON ❷

197) Bis zu welcher Aktivität darf Jod 131 (I 131) fest als „freigestelltes Packstück" im Luftverkehr versandt werden? ❷

198) Korrigieren Sie alle Fehler in der beiliegenden Verserklärung. Die nicht vorgegebenen Inhalte ergänzen Sie mit Ihren persönlichen Daten. Die nachstehende Luftfrachtsendung soll auf einem Frachtflugzeug befördert werden! Das Packstück ist ordnungsgemäß markiert und gekennzeichnet. Die vorgegebenen Daten dürfen nicht verändert werden.
Inhalt: Methanol/UN 1230
Hauptgefahr: Klasse 3
Nebengefahr: Unterklasse 6.1
Verpackungsgruppe: II
Verpackungsvorschrift: 307
Verpackung: Stahlfaß (1A1)
Nettomenge: 60 l ❹

199) Korrigieren Sie alle Fehler in der beiliegenden Versenderklärung. Die nicht vorgegebenen Inhalte ergänzen Sie mit Ihren persönlichen Daten. Die nachstehende Luftfrachtsendung soll auf einem Frachtflugzeug befördert werden! Das Packstück ist ordnungsgemäß markiert und gekennzeichnet. Die vorgegebenen Daten dürfen nicht verändert werden.
Inhalt: Iodine pentafluoride UN 2495
Hauptgefahr: Klasse 5.1
Nebengefahr: Unterklasse 6.1 und Klasse 8
Verpackungsgruppe: I
Verpackungsvorschrift: 501
Verpackung: Kunststofftrommel (1H2)
Nettomenge: 2,5 l ❹

(Luftfahrt) Amtliche Prüfungsfragen

SHIPPER'S DECLARATION FOR DANGEROUS GOODS							
Shipper						Air Waybill No. 1275487		
						Page 1 of 1 Pages		
						Shipper's Reference Number		
Consignee **Name und Anschrift des Empfängers**								
Two completed and signed copies of this Declaration must be handed to the operator						**WARNING**		
TRANSPORT DETAIL						Failure to comply in all respects with the applicable Dangerous Goods Regulations may be in breach of the applicable law, subject to legal penalties. This Declaration must not, in any circumstances, be completed and/or signed by a consolidator, a forwarder or an IATA cargo agent.		
This shipment is within the limitations prescribed for *(delete non-applicable)*			Airport of Departure					
PASSENGER AND CARGO AIRCRAFT		CARGO AIRCRAFT ONLY		Hamburg					
Airport of Destination		Tokyo				Shipment type *(delete non-applicable)*		
						NON-RADIOACTIVE	~~RADIOACTIVE~~	
NATURE AND QUANTITY OF DANGEROUS GOODS							
	Dangerous Goods Identification							
Proper Shipping Name	Class or Division	UN or ID No.	Pack -ing Group	Subsi- diary Risk	Quantity and type of packing	Packing Inst.	Authorization
Methanol	3	UN 1230		6.1	1 Steel drum x 60		
Additional Handling Information							
I hereby declare that the contents of this consignment are fully and accurately described above by the proper shipping name, and are classified, packaged, marked and labelled/placarded, and are in all respects in proper condition for transport according to applicable international and national governmental regulations.						Name/Title of Signatory		
						Place and Date		
						Signature *(see warning above)*		

SHIPPER'S DECLARATION FOR DANGEROUS GOODS							
Shipper						Air Waybill No. 1275487		
						Page 1 of 1 Pages		
						Shipper's Reference Number *(optional)*		
Consignee **Name und Anschrift des Empfängers**								
Two completed and signed copies of this Declaration must be handed to the operator						**WARNING**		
TRANSPORT DETAILS						Failure to comply in all respects with the applicable Dangerous Goods Regulations may be in breach of the applicable law, subject to legal penalties. This Declaration must not, in any circumstances, be completed and/or signed by a consolidator, a forwarder or an IATA cargo agent.		
This shipment is within the limitations prescribed for *(delete non-applicable)*					Airport of Departure Munich			
~~PASSENGER AND CARGO AIRCRAFT~~		CARGO AIRCRAFT ONLY						
Airport of Destination			London			Shipment type *(delete non-applicable)*		
						~~NON-RADIOACTIVE~~	RADIOACTIVE	
NATURE AND QUANTITY OF DANGEROUS GOODS							
	Dangerous Goods Identification							
Proper Shipping Name	Class or Divi- sion	UN or ID No.	Pack -ing Group	Subsi- diary Risk || Quantity and type of packing	Packing Inst.	Authorization
Iodpentafluorid	5.1	UN 2495	II	6 8 || One 1H2 x 2,5 L		
Additional Handling Information							
I hereby declare that the contents of this consignment are fully and accurately described above by the proper shipping name, and are classified, packaged, marked and labelled/placarded, and are in all respects in proper condition for transport according to applicable international and national governmental regulations.						Name/Title of Signatory Place and Date Signature *(see warning above)*		

Punkte

200) Korrigieren Sie alle Fehler in der beiliegenden Versendererklärung. Die nicht vorgegebenen Inhalte ergänzen Sie mit Ihren persönlichen Daten. Die nachstehende Luftfrachtsendung soll auf einem Frachtflugzeug befördert werden! Das Packstück ist ordnungsgemäß markiert und gekennzeichnet. Die vorgegebenen Daten dürfen nicht verändert werden.

Inhalt:	Aerosole flammable n.o.s. UN 1950
Hauptgefahr:	Klasse 2.1
Verpackungsvorschrift	203
Nettomenge:	6 kg
Inhalt:	Farbe UN 1263
Hauptgefahr:	Klasse 3
Verpackungsvorschrift:	307
Verpackungsgruppe:	II
Nettomenge:	15 l
Overpack	

❹

Texte

SHIPPER'S DECLARATION FOR DANGEROUS GOODS									
Shipper							Air Waybill No. 1275487		
							Page 1 of 1 Pages		
							Shipper's Reference Number *(optional)*		
Consignee Miller & Smith Seaside Boulevard, SW 16 FISHING VIEW / FL. / USA									
Two completed and signed copies of this Declaration must be handed to the operator							**WARNING**		
TRANSPORT DETAILS							Failure to comply in all respects with the applicable Dangerous Goods Regulations may be in breach of the applicable law, subject to legal penalties. This Declaration must not, in any circumstances, be completed and/or signed by a consolidator, a forwarder or an IATA cargo agent.		
This shipment is within the limitations prescribed for *(delete non-applicable)*				Airport of Departure					
~~PASSENGER~~ ~~AND CARGO~~ ~~AIRCRAFT~~	CARGO AIRCRAFT ONLY			Nuremberg Germany					
							Shipment type *(delete non-applicable)*		
Airport of Destination				MIAMI / USA			NON-RADIOACTIVE ~~RADIOACTIVE~~		
NATURE AND QUANTITY OF DANGEROUS GOODS									
|| Dangerous Goods Identification								
Proper Shipping Name		Class or Division	UN or ID No.	Packing Group	Subsidiary Risk		Quantity and type of packing	Packing Inst.	Authorization
Aerosols, 39 flammable, n.o.s		1.2	UN 1590				6 kg net	203	
Paint		3	UN 1263	I			15 L net	907	
Additional Handling Information									
I hereby declare that the contents of this consignment are fully and accurately described above by the proper shipping name, and are classified, packaged, marked and labelled/placarded, and are in all respects in proper condition for transport according to applicable international and national governmental regulations.							Name/Title of Signatory Place and Date Signature *(see warning above)*		

Punkte

201) Korrigieren Sie alle Fehler in der beiliegenden Versendererklärung. Die nicht vorgegebenen Inhalte ergänzen Sie mit Ihren persönlichen Daten. Die nachstehende Luftfrachtsendung soll auf einem Frachtflugzeug befördert werden! Das Packstück ist ordnungsgemäß markiert und gekennzeichnet. Die vorgegebenen Daten dürfen nicht verändert werden.

Inhalt: Maneb/UN 2210
Hauptgefahr: Klasse 4.2
Nebengefahr: Unterklasse 4.3
Verpackungsgruppe: III
Verpackungsvorschrift: 419
Innenverpackung: IP2 3 x 4 kg
Außenverpackung: 4 B ❹

Texte

SHIPPER'S DECLARATION FOR DANGEROUS GOODS								
Shipper					Air Waybill No. 1275487			
					Page 1 of 1 Pages			
					Shipper's Reference Number *(optional)*			
Consignee **Name und Anschrift des Empfängers**								
Two completed and signed copies of this Declaration must be handed to the operator					**WARNING**			
TRANSPORT DETAILS					Failure to comply in all respects with the applicable Dangerous Goods Regulations may be in breach of the applicable law, subject to legal penalties. This Declaration must not, in any circumstances, be completed and/or signed by a consolidator, a forwarder or an IATA cargo agent.			
This shipment is within the limitations prescribed for *(delete non-applicable)*		Airport of Departure						
PASSENGER AND CARGO AIRCRAFT	~~CARGO~~ ~~AIRCRAFT~~ ~~ONLY~~								
					Shipment type *(delete non-applicable)*			
Airport of Destination					NON-RADIOACTIVE	~~RADIOACTIVE~~		
NATURE AND QUANTITY OF DANGEROUS GOODS								
Dangerous Goods Identification								
Proper Shipping Name	Class or Division	UN or ID No.	Packing Group	Subsidiary Risk	Quantity and type of packing		Packing Inst.	Authorization
Manab	4.3	UN 2210		4.2	Alu Kiste 12 kg net.			
Additional Handling Information								
I hereby declare that the contents of this consignment are fully and accurately described above by the proper shipping name, and are classified, packaged, marked and labelled/placarded, and are in all respects in proper condition for transport according to applicable international and national governmental regulations.						Name/Title of Signatory Place and Date Signature *(see warning above)*		

(Luftfahrt) Amtliche Prüfungsfragen

Punkte

202) Fallstudie
Nach IATA-DGR sollen in einer Umverpackung (Overpack) für den Lufttransport verschiedene Packstücke mit Gefahrgütern der UN Nummern 1191, 3, III, UN 2533, 6.1/III, UN 1384, 4.2/II zusammengepackt werden.
a) Wo wird der Begriff Umverpackung erklärt? ❶
b) Für welche der genannten Produkte ist der oben angeführte Overpack zugelassen? ❷
c) Beschreiben Sie die Markierung dieses Overpack's! ❷
d) Ist das Zusammenpacken in einen Overpack mit allen Packstücken zulässig? ❷
⑦

203) Fallstudie
Nach IATA-DGR sollen in einem Packstück 25 Liter einer flüssigen Mercaptan-Mischung auf einem Frachtflugzeug versandt werden.
Flammpunkt: 26,5 °C Es handelt sich um einen Giftstoff mit dermaler Toxizität
Siedepunkt: 84 °C $LD_{50} = 180$ mg/kg
a) Welche Klasse bzw. Unterklasse trifft zu? Welche ist Haupt- und Nebengefahr? ❹
b) Wie lautet der Proper Shipping Name? ❶
c) Wie ist die UN-Nummer? ❶
d) Welche Verpackungsvorschrift trifft zu? Ist eine Einzelverpackung aus Aluminium erlaubt? Wenn ja, welcher Typ? ❸
e) Welches zusätzliche Abfertigungskennzeichen ist notwendig? ❶
⑩

204) Fallstudie
Nach IATA-DGR sollen 150 Liter Plastiklösungsmittel (Flammpunkt 14 °C, Siedepunkt 67 °C) als Luftfracht transportiert werden. Es ist in 3-Liter-Metall-Innenverpackung abgefüllt.
a) Wie lautet die UN-Nummer und der „Proper Shipping Name"? ❷
b) Es stehen sowohl Passagier- als auch Frachterverbindungen zur Verfügung.

Kann man beide nutzen? Wenn ja: welche Verpackungsvorschriften treffen zu, und wie viele Packstücke muß man jeweils mindestens machen? ❸

c) Ist Aufsaugmaterial nötig, und wenn ja, in welcher Qualität? ❷

d) Kann man nach den zutreffenden Verpackungsgruppen Naturholzkisten als Außenverpackung wählen, und wenn ja, welche Typen? ❷

⑨

205) Fallstudie

Korrigieren Sie alle Fehler in der beiliegenden Versendererklärung. Die nicht vorgegebenen Inhalte ergänzen Sie mit Ihren persönlichen Daten. Die nachstehende Luftfrachtsendung soll auf einem Frachtflugzeug befördert werden! Das Packstück ist ordnungsgemäß markiert und gekennzeichnet.

Vorgegebene Daten

- Abflugort: Stuttgart
- Zielort: Rom
- Produkte: UN 1235, Verpackungsvorschrift 305, verpackt in IP1,
  25 x je 1 Liter und 4G als Außenverpackung
  UN 2546, Verpackungsvorschrift 416, VG II,
  Metall-Innenverpackung 6 x 2,5 kg
  Als Umverpackung wird eine Holzkiste benutzt. ❽

(Luftfahrt) Amtliche Prüfungsfragen

SHIPPER'S DECLARATION FOR DANGEROUS GOODS							
Shipper Daten des Prüfungsteilnehmers					Air Waybill No. 1275487		
				Page 1 of 1 Pages		
				Shipper's Reference Number *(optional)*		
Consignee **Name und Anschrift des Empfängers**							
Two completed and signed copies of this Declaration must be handed to the operator					**WARNING**		
TRANSPORT DETAILS					Failure to comply in all respects with the applicable Dangerous Goods Regulations may be in breach of the applicable law, subject to legal penalties. This Declaration must not, in any circumstances, be completed and/or signed by a consolidator, a forwarder or an IATA cargo agent.		
This shipment is within the limitations prescribed for *(delete non-applicable)*			Airport of Departure Stuttgart / Germany			
PASSENGER AND CARGO AIRCRAFT	~~CARGO AIRCRAFT ONLY~~						
Airport of Destination Rom/Italy					Shipment type *(delete non-applicable)* NON-RADIOACTIVE | ~~RADIOACTIVE~~		
NATURE AND QUANTITY OF DANGEROUS GOODS							
Dangerous Goods Identification							
Proper Shipping Name	Class or Division	UN or ID No.	Packing Group	Subsidiary Risk	Quantity and type of packing	Packing Inst.	Authorization
Methylamine, aqueous	3	UN 1253	II	3	5 Fibreboardbox à 5 x 1 Liter, IP 1	503	
Titanium powder	4.2	UN 2564	III		2,5 x 6 L, IP 3	416	
Additional Handling Information							
I hereby declare that the contents of this consignment are fully and accurately described above by the proper shipping name, and are classified, packaged, marked and labelled/placarded, and are in all respects in proper condition for transport according to applicable international and national governmental regulations.					Name/Title of Signatory Place and Date Signature *(see warning above)*		

Texte

Punkte

206) Fallstudie
In einem Packstück befinden sich nachstehende Gefahrgüter. Sie sind nach IATA-DGR zu befördern: Hafnium powder, dry = Hafniumpulver, trocken
UN 2545, VG III, 9 kg netto, VI 416
Isopropyl isobutyrate = Isopropylisobutyrat
UN 2406, VG II, 1 l netto, VI 305
Calcium silicide = Calciumsilicid
UN 1405, VG II, 4 kg netto, VI 415
a) Zu welcher Gefahrgutklasse oder Unterklasse gehört das einzelne Gut? ❷
b) Dürfen die Produkte in einem Packstück zusammengefaßt werden? ❷
c) Geben Sie den Q-Wert für die Shippers Declaration an! ❷
⑥

207) Fallstudie
In einem Packstück befinden sich nachstehende Gefahrgüter. Sie sind nach IATA-DGR zu befördern:
Toxischer flüssiger Stoff, anorganisch n.a.g.
UN 3287, PG III, netto 80 Liter, VI 618
Aniline hydrochloride = Anilinhydrochlorid
UN 1548, VG III, 25 kg netto, VI 619
Heating oil, light = Heizöl
UN 1202, VG III, 120 l netto, VI 310
a) Zu welcher Gefahrgutklasse oder Unterklasse gehört das einzelne Gut? ❷
b) Dürfen die Produkte in einem Packstück zusammengefaßt werden? ❷
c) Geben Sie den Q-Wert für die Shippers Declaration an? ❷
⑥

208) Fallstudie
Gefahrgut der UN 1467 soll entsprechend der IATA-DGR Verpackungsvorschrift 518 verpackt werden.
a) Wie lautet der „Proper Shipping Name" für das Gefahrgut? ❶
b) Wie hoch darf das max. Nettogewicht pro Packstück auf Frachtflugzeugen sein? ❶
c) Wie viele Kunststoffkisten (4H1) werden mindestens benötigt, wenn insgesamt 200 kg Nettomasse versendet werden soll? ❷
④

(Luftfahrt) Amtliche Prüfungsfragen

Punkte

209) Fallstudie
Ein Rasierwasser wird nach IATA-DGR versendet. Der Flammpunkt beträgt 21 °C, der Siedepunkt 76 °C. Die Sendung besteht aus 800 Glasflaschen mit je 300 ml Inhalt, die sich in ihren Einzelhandelsverkaufsverpackungen befinden. Als Außenverpackungen stehen sowohl Kartons ohne UN-Spezifikation als auch solche der 4G-Norm zur Verfügung. Es gibt k e i n e durchgehende Frachterverbindung.
Geben Sie für a) und b) je zwei Lösungswege an!
a) UN-Numer oder ID Nummer, Klasse und „Proper Shipping Name"? ❹
b) Welche Verpackungsvorschriften und zulässige Nettomenge ist/sind anwendbar? ❹
c) Ist Absorptionsmaterial nötig und wenn ja, welche Quantität? ❷

⑩

210) Fallstudie
Caesium (Cs-135, 0,65 GBq, fest, andere Form) wird im Luftverkehr versendet als „Radioaktive material, excepted package-limited quantity material".
a) Geben Sie die Aktivitätshöchstgrenzen in GBq und TBq je Packstück an! ❷
b) Muß das oben genannte Packstück mit Gefahrenkennzeichen versehen werden? ❶
c) Ist für das oben genannte Packstück eine Shipper's Declaration erforderlich? ❶

④

211) Fallstudie
Ein Fabrikat enthält das Gas Xenon (Xe-127, andere Form) Aktivität 0,003 TBq und wird nach IATA-DGR versendet als „Radioaktive material, excepted package-articles".
a) Geben Sie die Aktivitätshöchstgrenzen je Fabrikat in TBq an! ❷
b) Muß das Packstück mit Gefahrenkennzeichen versehen werden? ❶
c) Ist für das oben genannte Packstück eine Shipper's Declaration erforderlich? ❶

④

Texte

Punkte

212) Fallstudie (Luft/Straße/Schiene nur Klasse)
Es sollen elektrische Röhren als „Freigestelltes Packstück" im Luftverkehr (Fabrikate in freigestellten Versandstücken nach ADR/RID) versandt werden, die das radioaktive Gas Argon 41 (Ar 41) in unkomprimierter (anderer) Form enthalten. Der Transport erfolgt zunächst auf der Schiene und anschließend auf der Straße zum Flughafen.
a) Berechnen Sie die Höchstgrenze je Einzelstück! ❷
b) Berechnen Sie die Höchstgrenze je Packstück! ❷
c) Wie lautet nach RID die Eintragung im Beförderungspapier? ❸
d) Wie müssen die einzelnen Röhren beschriftet sein? ❷
e) Muß der LKW, der diese Röhren vom Bahnhof zum Flughafen transportiert, mit orangefarbenen Warntafeln und Gefahrzettel Nr. 7 D gekennzeichnet werden? ❶
f) Wie viele Feuerlöschgeräte sind bei dieser Beförderung nach ADR mindestens mitzuführen? ❶

⑪

11.1 Die vorstehenden Fragen und Prüfungsaufgaben sind zum Teil beispielhaft so gestaltet, daß sie erst bei Aufnahme in einen Prüfungsbogen konkret gefaßt werden.

11.2 Multiple-Choice-Fragen sind mit „MC" gekennzeichnet.

11.3 Bei „offenen Fragen", die mit mehr als 4 Punkten gekennzeichnet sind, werden die Fragen bei Verwendung in einem Fragebogen auf Teile mit einer Punktzahl von höchstens 4 gekürzt.

11.4 Fragen, die nur zur Verwendung bei beschränkten Prüfungen für einzelne Klassen vorgesehen sind, sind entsprechend gekennzeichnet (z. B. Klasse 7).

11.5 Im verkehrsträgerübergreifenden Teil ist bei Fragen, die nicht alle Verkehrsträger betreffen, gekennzeichnet, welche Verkehrsträger (S, E, B, M oder L) betroffen sind.

Nach dieser Regelung kann vom Tage der Bekanntmachung an verfahren werden.
Bonn, den 28. Dezember 1998

Teil C
Anhang

I. Hinweise für die Durchführung der Prüfung

Aus der Sammlung der Prüfungsaufgaben stellen die Industrie- und Handelskammern auf einem Prüfungsbogen unter besonderer Berücksichtigung der für den Gefahrgutbeauftragten angestrebten Qualifikation die Prüfungsaufgaben zusammen.

Im Prüfungsbogen müssen mindestens 20 offene Fragen und mindestens 5 miteinander verknüpfte Fragen nach einer Aufgabenbeschreibung (Fallstudie) für einen Verkehrsträger aufgenommen werden. Anstelle der offenen Frage dürfen bis zu höchstens 25 % der Gesamtzahl auch multiple-choice-Fragen eingesetzt werden, wenn dies im Verhältnis 1:2 geschieht.

Die Fragen und Aufgabenbeschreibungen sind unter Berücksichtigung der Sachgebiete in Anlage 5 der Gefahrgutbeauftragtenverordnung unter Beachtung der für den in Betracht kommenden Verkehrsträger geltenden Vorschrift (z. B. Gefahrgutverordnung Straße) zusammenzustellen. Zusätzlich sind Fragen zum Gefahrgutbeförderungsgesetz, zur Gefahrgutbeauftragtenverordnung sowie z. B. zum Atomgesetz, Sprengstoffgesetz, Abfallgesetz, Wasserhaushaltsgesetz zu stellen, soweit diese einen unmittelbaren Zusammenhang zum Gefahrgutrecht aufweisen.

Nachfolgend ist ein Musterprüfungsbogen für die Prüfung eines Gefahrgutbeauftragten im Straßen-/Schienenverkehr dargestellt, der den zuvor genannten Anforderungen, aber auch den Vorschriften in § 3 Absätze 4 und 5 sowie § 5 Gefahrgutbeauftragtenprüfungsverordnung Rechnung trägt.

Die Prüfung darf gleichzeitig für höchstens drei Verkehrsträger zusammen abgenommen werden.

Die Aufgaben sind aus der umfangreichen Sammlung der Prüfungsaufgaben, die vom Bundesministerium für Verkehr, Bau- und Wohnungswesen im Bundesanzeiger Nr. 63a vom 1. April 1999 bekanntgegeben worden ist, entnommen worden. Die für die Schulung geltenden Anforderungen, der Umfang der Sammlung und die Art der Fragen machen es praktisch unmöglich, in den Schulungen gezielt auf ein Bestehen der Prüfung zu schulen.

Berücksichtigt man die bei der Erarbeitung der Prüfungsaufgaben angestellten Überlegungen, läßt sich eine Struktur darstellen, die im besonderen abhängig ist von den der einzelnen Frage zugewiesenen Punktzahl.

Während der Prüfung darf der Wortlaut der Gefahrgutbeauftragtenverordnung, der Gefahrgutbeauftragtenprüfungsverordnung, des Gefahrgutbeförderungsgesetzes und der für die Prüfung in Betracht kommenden verkehrsträgerspezifischen Vorschrift (z. B. Gefahrgutverordnung Straße) benutzt werden. Dabei darf es sich nur um einen Text handeln, der der Verkündung im Bundesgesetzblatt entspricht – also nicht kommentiert ist.

Neben diesen zugelassenen Hilfsmitteln gibt es allgemeine Regeln, die für ein erfolgreiches Abschneiden bei der Prüfung entscheidend sind. Diese lassen sich in folgenden Merksätzen zusammenfassen:

1. Merksatz

Mehr als 90 % aller Personen, die in eine Prüfung gehen, stehen unter besonderem Prüfungsstreß. Verzichten Sie auf Medikamente oder Alkohol. Beruhigen Sie sich selbst mit der Feststellung, die Prüfung ist unumgänglich – weil vorgeschrieben –, bei meiner persönlichen Vorbereitung, der guten Schulung sowie der Tatsache, daß die Prüfungszeit ausreichend bemessen und der Schwierigkeitsgrad der Fragen meinem Wissen entspricht, habe ich gute Chancen, die Prüfung zu bestehen.

2. Merksatz

Lesen Sie zunächst aufmerksam die Prüfungsaufgaben. Bearbeiten Sie dann die Aufgaben, deren Lösung Ihnen leicht erscheint. Dazu gehören auch Aufgaben, zu deren Beantwortung Sie keine Vorschrift benötigen. Das sind insbesondere multiple-choice-Fragen.

3. Merksatz

Verwenden Sie, soweit die Voraussetzungen zutreffen, nach Möglichkeit die Vorschriften in einer Form, mit der Sie gewohnt sind, auch im Alltag umzugehen. Die Benutzung der eigenen Vorschrift darf nicht ausgeschlossen werden, wenn sie nur die verkündeten Vorschriftentexte enthält. Ein fremdes Layout – d. h. eine Ihnen nicht bekannte Form der Rechtsvorschrift – erfordert Gewöhnung und kostet in der Regel zumindest Zeit.

4. Merksatz

Geben Sie bei den offenen Fragen sowie bei den Fragen der Fallstudie nur die geforderten Antworten. Diese können auch häufig nur aus den Wörtern „ja" oder „nein" bestehen.

5. Merksatz

Berücksichtigen Sie bei den Fragen nach der Fallstudie, daß eine falsche Antwort zur ersten Frage auch für die folgenden Fragen dieser Fallstudie zu falschen Antworten führt. Verwenden Sie deshalb besondere Sorgfalt auf die Erarbeitung der Antwort zur ersten Frage nach einer Fallstudie.

Hinweise für die Durchführung der Prüfung

6. Merksatz

Für alle multiple-choice-Fragen gilt aufgrund der rechtlichen Vorgaben in der Gefahrgutbeauftragtenprüfungsverordnung, daß nur eine Antwort richtig ist. Kreuzen Sie auch dann mindestens einen Lösungsvorschlag an, wenn Sie die richtige Antwort nicht unter Zuhilfenahme der Vorschriftentexte erarbeiten können. Die Wahrscheinlichkeit, einen Punkt zu erreichen, ist genauso groß wie eine mögliche Falschantwort.

7. Merksatz

Alle Aufgaben sind so mit Punkten bewertet, daß die richtige Antwort in einem Arbeitsschritt (Aufsuchen einer Vorschrift) ermöglicht wird. Nur bei einer Bewertung mit zwei, drei oder vier Punkten müssen mehrere Arbeitsschritte durchgeführt werden. Ausnahmsweise sind bei sehr leichten Fragen auch zwei Arbeitsschritte und bei sehr schwierigen Fragen auch bei einer Bewertung mit höherer Punktzahl nur ein Arbeitsschritt erforderlich.

8. Merksatz

Die in den vorstehenden Musterprüfungsbögen enthaltenen Fragen werden nachfolgend hinsichtlich der Erarbeitung der Antwort mit Beispielen erläutert. Dabei wird berücksichtigt, daß die zur Verfügung stehenden Rechtsvorschriften in der Regel kein Inhaltsverzeichnis enthalten, sondern bestimmte Grundkenntnisse zum richtigen Umgang mit der betreffenden Vorschrift unerläßlich sind. Diese Grundkenntnisse sollten Ihnen in der Schulung vermittelt worden sein. Sie sind jedoch bei den einzelnen Fragen nochmals ausdrücklich angegeben.

Anhang

II. Musterprüfungsbogen mit Musterantworten* und Bearbeitungshilfen

Musterfragebogen

**Prüfung
der
Gefahrgutbeauftragten**
Allgemeiner Teil – Straße/Schiene

Beachten Sie bitte folgende Punkte:
1. Verwenden Sie bei der Bearbeitung einen Kugelschreiber, keinen Bleistift.
2. Tragen Sie unten links Ihre persönlichen Daten ein.
3. Jede multiple-choice-Aufgabe enthält nur eine richtige Antwort. Kreuzen Sie die richtige Antwort an.
4. Bei „offenen Fragen" fügen Sie die entsprechende Antwort deutlich lesbar ein.
5. Geben Sie bei „offenen Fragen" nicht mehr als die geforderte Anzahl der Antworten an!
6. Wenn nach „Vorschriften" gefragt wird: antworten Sie exakt mit Angabe der Paragraphen, der Randnummern oder Abschnitte!
7. Eine bereits eingetragene Lösung, die Sie ändern wollen, streichen Sie deutlich durch!
8. Zugelassene Hilfsmittel: jeweils gültige Rechtsvorschrift je Verkehrsträger, Taschenrechner.

---

*) Es handelt sich um durch den Verfasser erarbeitete Musterantworten! Die Bewertung der Antworten ist unter Berücksichtigung der im Bundesministerium für Verkehr, Bau und Wohnungswesen hinterlegten Antworten zu den Prüfungsaufgaben erfolgt.

Musterprüfungsbogen

9. Zur Beantwortung dieses Fragebogens stehen Ihnen 110 Minuten zur Verfügung.

10. Die erreichbare Punktezahl steht oberhalb der Frage. Maximal erreichbare Punkte: 82*

11. Mindestpunktzahl für das Bestehen der Prüfung: 38

12. Der Fragebogen umfaßt 16 Seiten. Achten Sie bei der Abgabe auf die Vollständigkeit!

Vom Teilnehmer auszufüllen	Von der IHK auszufüllen
Name	☐ bestanden
	erreichte Punktezahl ....
Vorname(n)	
	geprüft: ....
Datum der Prüfung	
	Datum ....

---

*) Nach diesem Musterprüfungsbogen; vorgeschrieben ist bei dieser Prüfungskombination eine Mindestpunktzahl von 76. Bei den mit * gekennzeichneten Antwortkästen sind mehr als die geforderten Lösungen angegeben, um den Informationswert zu erhöhen.

Anhang

erreichbare Punkte

Allgemein-rechtlicher Teil

1) ❷
Nennen Sie mindestens vier auf § 3 Abs. 1 des Gefahrgutbeförderungsgesetzes beruhende Rechtsverordnungen!

– Gefahrgutverordnung Straße (GGVS) *
– Gefahrgutverordnung Eisenbahn (GGVE)
– Gefahrgutverordnung Binnenschiffahrt (GGVBinsch)
– Gefahrgutverordnung See (GGVSee)
– Gefahrgutbeauftragtenverordnung (GbV)
– Verordnung über die Kontrolle von Gefahrguttransporten auf der Straße und in den Betrieben (GGKontrolV)

Bearbeitungshilfe: Wissen aus der Schulung

2) ❶
Mit welchem Höchstmaß der Geldbuße sind Ordnungswidrigkeiten im Rahmen der Gefahrgutbeauftragtenverordnung bedroht?

100 000,– DM

Bearbeitungshilfe: § 10 Gefahrgutbeförderungsgesetz (GGBefG)

3) ❶
Ein Gefahrgutbeauftragter muß nicht bestellt werden, wenn ...

a) es sich um ein kommunales Unternehmen handelt ( )
b) im Unternehmen gefährliche Güter lediglich empfangen werden (x)
c) ausreichend beauftragte Personen benannt sind ( )
d) in Absprache mit der Berufsgenossenschaft ein Gefahrgutbeauftragter nicht erforderlich ist ( )

Bearbeitungshilfe: § 1 b Nr. 3 Gefahrgutbeauftragtenverordnung (GbV)

---

*) Mögliche Antworten zur Auswahl

Musterprüfungsbogen

erreichbare Punkte

4) ❶
Wie kann der Gefahrgutbeauftragte erreichen, daß die Geltungsdauer seines EG-Schulungsnachweises verlängert wird?

a) Der EG-Schulungsnachweis verlängert sich automatisch, solange der Gefahrgutbeauftragte in einem Unternehmen als solcher gemeldet ist	( )
b) Aufgrund der Praktikerregelung braucht ein EG-Schulungsnachweis nicht verlängert zu werden	( )
c) Durch Bestehen einer Prüfung ohne Fortbildungsschulung	(x)
d) Der Nachweis gilt ohne Verlängerung für die gesamte Zeit der Berufstätigkeit	( )

Bearbeitungshilfe: § 7 b Nr. 1 GbV

5) ❶
Unter welchen Voraussetzungen ist die Bestellung eines externen Gefahrgutbeauftragten zulässig?

a) Nur wenn das vorgeschriebene Mindestalter von 25 Jahren erreicht ist	( )
b) Der Unternehmer muß ihn schriftlich bestellen	(x)
c) Nur wenn im Unternehmen ein geeigneter Bewerber nicht gefunden werden konnte	( )
d) Wenn der Betriebsrat zugestimmt hat	( )

Bearbeitungshilfe: § 1 GbV

6) ❶
Nennen Sie drei Aufgaben des Gefahrgutbeauftragten nach der GbV!

– Überwachung der Einhaltung der Vorschriften *
– Anzeige von Mängeln, die die Sicherheit beim Transport gefährlicher Güter beeinträchtigen
– Beratung des Unternehmens im Zusammenhang mit allen Fragen der Gefahrgutbeförderung
– Erstellen eines Jahresberichts
– Sorge dafür tragen, daß ein Unfallbericht erstellt wird

---

*) Mögliche Antworten zur Auswahl

erreichbare Punkte

- Überprüfung des Vorgehens hinsichtlich der folgenden betroffenen Tätigkeiten:
  - Verfahren, mit denen die Einhaltung der Vorschriften zur Identifizierung des beförderten Gefahrguts sichergestellt werden soll
  - Vorgehen des Unternehmens, um beim Kauf von Beförderungsmitteln den besonderen Erfordernissen in bezug auf das beförderte Gut Rechnung zu tragen
  - Verfahren, mit denen das für die Gefahrgutbeförderung oder für das Verladen oder das Entladen verwendete Material überprüft wird
- Ausreichende Schulung der betreffenden Arbeitnehmer des Unternehmens und Vermerk über diese Schulung in der Personalakte
- Einführung geeigneter Maßnahmen, mit denen das erneute Auftreten von Unfällen, Zwischenfällen oder schweren Verstößen verhindert werden soll
- Berücksichtigung der Rechtsvorschriften und der besonderen Anforderungen der Gefahrgutbeförderung bei der Auswahl und dem Einsatz von Subunternehmen oder sonstigen Dritten
- Überprüfung, ob das mit der Gefahrgutbeförderung oder dem Verladen oder dem Entladen des Gefahrguts betraute Personal über ausführliche Arbeitsanleitungen und Anweisungen verfügt
- Einführung von Maßnahmen zur Aufklärung über die Gefahren bei der Gefahrgutbeförderung oder beim Verladen oder Entladen des Gefahrguts

Bearbeitungshilfe: Anlage 1 GbV

7) ❶
Wer ist vom Gefahrgutbeauftragten hinsichtlich der Einhaltung der Vorschriften für die Gefahrgutbeförderung zu überwachen?

a) Der Werkschutz	( )
b) Jeder Auftraggeber eines Transportes	( )
c) Beauftragte Personen	(x)
d) Jeder Mitarbeiter im Unternehmen	( )

Bearbeitungshilfe: § 1 c i.V. m. Anlage 1 GbV

erreichbare Punkte

8) ❶
Welche Ordnungswidrigkeiten kann der Gefahrgutbeauftragte nach der GbV begehen? Geben Sie drei Antworten!

- Er erstellt den Jahresbericht nicht oder nicht rechtzeitig
- Er führt die Aufzeichnungen über seine Überwachungstätigkeit nicht, nicht richtig oder nicht vollständig
- Er sorgt nicht dafür, daß gegebenenfalls ein Unfallbericht unverzüglich erstellt wird

Bearbeitungshilfe: § 7 a GbV

9) ❶
Welches der nachfolgend genannten Gesetze muß neben dem ADR speziell beim Gefahrguttransport auf der Straße beachtet werden?

a) Das Mutterschutzgesetz (MuSchG)	( )
b) Das Betriebsverfassungsgesetz (BetrVerfG)	( )
c) Das Atomgesetz (AtG)	(x)
d) Das Berufsbildungsgesetz	( )

Bearbeitungshilfe: Wissen aus der Schulung

Verkehrsträgerübergreifender Teil

10) ❸
Was ist der Flammpunkt?

Der Flammpunkt wird in 0°C angegeben. Er wird nach einem Prüfverfahren nach Anhang A.3 bestimmt. Bei dem angegebenen (ermittelten) Wert in 0°C können die sich über einer Flüssigkeit bildenden Dämpfe gezündet werden.

Bearbeitungshilfe: Wissen aus der Schulung; bedingt Anhang A.3 ADR, III RID

Anhang

erreichbare Punkte

11) ❷
Geben Sie die Definition der A1/A2-Werte für radioaktive Stoffe an!

A_1 = höchste Aktivität von radioaktiven Stoffen in besonderer Form in Typ A-Versandstücken.

A_2 = höchste Aktivität von radioaktiven Stoffen, die nicht in besonderer Form vorliegen in Typ A-Versandstücken.

Bearbeitungshilfe: Rn 2700 ADR/700 RID

12) ❶
Zu welcher Klasse gehören Stoffe oder Gegenstände mit Stoffen, die explosive Eigenschaften (Haupt- oder Nebengefahr) aufweisen?

Klasse 1

Bearbeitungshilfe: Klasse 1 Rn 2100 ADR/100 RID

13) ❶
Welche Stoffe können zur Klasse 6.1 gehören?

Stoffe, bei denen aus der Erfahrung bekannt oder nach tierexperimentellen Untersuchungen anzunehmen ist, daß sie bei Zufuhr durch Atemwege, bei Aufnahme durch die Haut oder bei Zufuhr durch Verdauungsorgane zu Gesundheitsschäden oder zum Tode führen können = giftige Stoffe.

Bearbeitungshilfe: Rn 2600 ADR/600 RID

14) ❶
Die gefährlichen Eigenschaften der Gase der Klasse 2 werden mit Großbuchstaben angegeben. Nennen Sie zwei Beispiele!

A = erstickend, O = oxidierend, F = entzündbar, T = giftig, TF = giftig, entzündbar usw.!

Bearbeitungshilfe: Rn 2200 ADR/200 RID

Musterprüfungsbogen

erreichbare Punkte

15) ❶
Welche Bedeutung hat der Buchstabe „a" hinter der Ziffer bei Stoffen der Klasse 3?

Sehr gefährlich mit einem Flammpunkt unter 23 °C

Bearbeitungshilfe: Rn 2300 ADR/300 RID

16) ❶
Es ist Natriumhydroxidlösung (Natronlauge) zu befördern. Wie ist der Stoff zu klassifizieren? Geben Sie UN-Nummer (Nummer zur Kennzeichnung des Stoffes), Klasse, Ziffer, Buchstabe an!

1824, 8, 42, b oder c

Bearbeitungshilfe: Anhang B. 5 ADR/Anhang VIII RID

17) ❶
Schwefel (UN-Nr. 1350) ist ein gefährliches Gut der Klasse

4.1

Bearbeitungshilfe: Anhang B. 5 ADR/Anhang VIII RID

18) ❶
Wozu dient die Nummer zur Kennzeichnung des Stoffes (UN-Kennzeichnung)?

Zur Identifizierung des Stoffes für Rettungs- und Hilfsmannschaften

Bearbeitungshilfe: Wissen aus der Schulung

19) ❶
Die Regelwerke unterteilen die Gefahrgutklassen in

Nur-/Freie Klassen

Bearbeitungshilfe: Rn 2002 ADR/2 RID

erreichbare Punkte

20) ❶
Ein Versandstück enthält einen Gegenstand UN 0049 der Klasse 1 Ziff. 9.
a) Wie lautet der Klassifizierungscode?
b) Mit welchem Gefahrzettel ist das Versandstück zu versehen?
c) Welche Aufschrift muß das Versandstück enthalten?

> 1.1 G, Muster 1, Nummer zur Kennzeichnung der Gefahr, Benennung des Stoffes
>
> *Bearbeitungshilfe:* Rn 2101 ADR/101 RID
> Rn 2105 ADR/105 RID

21) ❶
Welchen Zweck sollen die Gefahrzettel erfüllen?

> Auf die Haupt-/Nebengefahren hinweisen
>
> *Bearbeitungshilfe:* Anhang A.9 ADR/IX RID

22) ❶
Erläutern Sie die Bedeutung der Kennzeichnungsnummern auf folgender Warntafel: 46
 1381!

> Entzündbarer oder selbsterhitzungsfähiger Stoff, giftig, Phosphor weiß oder gelb
>
> *Bearbeitungshilfe:* Anhang B.5 ADR/VIII RID

23) ❶
Mit welchem Gefahrzettel ist ein Versandstück, das entzündbare flüssige Stoffe der Klasse 3 (ohne Nebengefahr) enthält, zu kennzeichnen?

> Gefahrzettel Nr. 3
>
> *Bearbeitungshilfe:* Rn 2312 ADR/312 RID

Musterprüfungsbogen

erreichbare Punkte

24) ❶
Welche Gefahrzettel müssen an Versandstücken der Klasse 2, die UN 1045 Fluor (1 TOC), verdichtet, enthalten, angebracht sein?

Gefahrzettel 6.1, 05 und 8

Bearbeitungshilfe: Rn 2224 ADR/224 RID

25) ❷
Unter welchen Bedingungen darf ein gefährliches Gut der Klasse 1 in Versandstücken befördert werden? Freistellung oder Erleichterungen anwendbar!

Bearbeitungshilfe: Rn 2100 ADR/100 RID

26) ❶
Eine Palette mit verschiedenen Versandstücken unterschiedlicher Gefahrgüter, deren Zusammenladung und -stauung zulässig sind, wird mit einer undurchsichtigen Folie eingewickelt. Wo müssen die Kennzeichen angebracht sein?

Bearbeitungshilfe: Rn 2002 ADR/2 RID

27) ❶
Nennen Sie drei Arten von IBC!

Bearbeitungshilfe: Anhang A.6 ADR/VI RID

28) ❷
Welche Bedeutung hat die Teil-Codierung ... 4G/Y 100/S ... auf einer Verpackung?

Bearbeitungshilfe: Anhang A.5 ADR/V RID

29) ❶
Nennen Sie die Codierung für Kisten aus Pappe (Pappkarton)!

4 G

Bearbeitungshilfe: Anhang A.5 ADR/V RID

Anhang

erreichbare Punkte

30) ❶
Auf welchen Zeitraum ist die Verwendungsdauer für Fässer aus Kunststoff in der Regel beschränkt, soweit wegen der Art des zu befördernden Stoffes keine kürzere Verwendungsdauer in den klassenspezifischen Vorschriften vorgesehen ist?

5 Jahre

Bearbeitungshilfe: Anhang A.5, Rn 3526, ADR/Anhang V, Rn 526

31) ❷
UN 1935 hat eine dermale Toxizität LD_{50} = 210 mg/kg. Welche Verpackungsgruppe trifft zu?

III

Bearbeitungshilfe: Rn 2600 ADR/600 RID

Besonderer Teil – Straße

32) ❶
Wie heißt das Regelwerk, das die grenzüberschreitende Beförderung gefährlicher Güter auf der Straße regelt?

– ADR

Bearbeitungshilfe: Wissen aus der Schulung

33) ❸
Ein Versandstück enthält einen Gegenstand UN 0049 der Klasse 1 Ziffer 9 ADR.
a) Wie lautet der Klassifizierungscode?

– 1.1 G

Bearbeitungshilfe: Rn 2101 ADR

Musterprüfungsbogen

erreichbare Punkte

b) Mit welchem Gefahrzettel ist das Versandstück zu versehen?

– Gefahrzettel Nr. 1, alternativ Zettel nach Muster 1
Bearbeitungshilfe: Rn 2105 ADR

c) Welche Aufschrift muß das Versandstück enthalten?

– 0049 Patronen, Blitzlicht
Bearbeitungshilfe: Rn 2101 i.V. m. Rn. 2105 Absätze 1 und 2 ADR

34) ❷
Es sollen Gegenstände der Klasse 1 Ziffer 36 in kennzeichnungspflichtiger Menge befördert werden. Welche Anforderungen werden an die Fahrzeugbesatzung gestellt? Nennen Sie auch die Randnummern!

– Rn. 11 311; Fahrzeugführer muß von einem Beifahrer begleitet werden
– Rn. 10 311; Beifahrer muß in der Lage sein, den Fahrzeugführer abzulösen
Bearbeitungshilfe: Wissen aus der Schulung

35) ❶
Welche der nachfolgenden Beförderungseinheiten benötigt eine Bescheinigung der Zulassung (B.3-Bescheinigung)?

a) Beförderungseinheit mit gefährlichen Gütern der Klasse 3 in Versandstücken	( )
b) Trägerfahrzeuge für Aufsetztanks	(x)
c) Beförderungseinheit zur Beförderung eines Tankcontainers mit einem Fassungsraum von 3000 l	( )
d) Trägerfahrzeug eines Containers mit loser Schüttung	( )
Bearbeitungshilfe: Rn 10 282 ADR	

Anhang

erreichbare Punkte

36) ❸
UN 1553 soll in Tankcontainern befördert werden. Ab welcher Nettomasse des Stoffes und welchem Fassungsraum des Tankcontainers muß § 7 GGVS beachtet werden?

– Tankcontainer mit einem Einzelfassungsraum von mehr als 3000 l und Nettomasse ab 1000 kg
Bearbeitungshilfe: Anlage 1 zur GGVS

37) ❶
In welcher Randnummer sind die Zusammenladeverbote für Versandstücke mit einem Zettel nach Muster 7A, 7B oder 7C geregelt?

– Rn. 71 403
Bearbeitungshilfe: Rn 71 403 ADR

38) ❷
Müssen UN 2990 Rettungsmittel, selbstaufblasend der Klasse 9 Ziffer 6 ADR in UN-geprüften Verpackungen verpackt werden? Kurze Begründung mit Angabe der Randnummer!

– Nein, da Rn. 2907 nur feste Außenverpackungen verlangt
Bearbeitungshilfe: Rn 2907 ADR

Besonderer Teil – Schiene

39) ❶
Welche Aufgaben hat der Empfänger nach GGVE?

a) Hat nach Entladung der Wagen die Gefahrzettel zu entfernen oder abzudecken	(x)
b) Muß seinen Gleisanschluß gefahrgutrechtlich vom Eisenbahn-Bundesamt (EBA) genehmigen lassen	( )
c) Darf nur unbeschädigte Versandstücke übernehmen	( )
d) Muß seinen Gleisanschluß von der nach Landesrecht zuständigen Behörde des Landes genehmigen lassen	( )
Bearbeitungshilfe: § 9 (6) Nr. 3 GGVE	

erreichbare Punkte

40) ❶
Welchen Vorschriften muß ein zur Beförderung im Huckepackverkehr aufgegebenes Straßenfahrzeug entsprechen?

a) Dem ADR	(x)
b) Dem RID	( )
c) Dem CSC	( )
d) Dem TIR	( )

Bearbeitungshilfe: Rn 15 (2) RID

41) ❷
Was muß der Verlader vor der Befüllung eines Flüssiggas-Kesselwagens überprüfen? Geben Sie vier zu prüfende Angaben an!

– Die zulässige Füllmenge nach Kesselschild muß mit den Angaben auf dem Wagenschild übereinstimmen
– Das zulässige Ladegut muß überprüft werden
– Das letzte Ladegut muß überprüft werden
– Die Masse der Restladung muß festgestellt werden
– Die Dichtheit des Kessels und der Ausrüstungsteile sowie ihre Funktionsfähigkeit ist zu überprüfen
– Bei einem Kesselwagen für wechselweise Verwendung ist zu prüfen, ob beidseitig die richtigen Klapptafeln sichtbar sind

Bearbeitungshilfe: Anhang XI Abs. 2.7.7.1 RID

42) ❷
Ein Kesselwagen war mit Kohlenwasserstoffgas UN 1965, Gemisch, verflüssigt, n. a. g., Gemisch C beladen und soll leer und ungereinigt zurückgeschickt werden. Wie muß seine Bezeichnung im Frachtbrief lauten?

Leerer Kesselwagen 2 Ziffer 8 RID, letztes Ladegut: 23/1965 Kohlenwasserstoffgas, Gemisch, verflüssigt, n. a. g., Gemisch C Ziffer 2 F

Bearbeitungshilfe: Rn 226 und 232 RID + 1800 ff.

Anhang

erreichbare Punkte

43) ❶
Mit welchen Gefahrzetteln muß ein Eisenbahnwagen versehen sein, der UN 0340 Nitrocellulose enthält?

– Gefahrzettel Nr. 1
– Gefahrzettel Nr. 15

Bearbeitungshilfe: Anhang VIII RID

44) ❶
In welchem Teil des RID finden Sie die besonderen Bedingungen für die Beförderung bestimmter gefährlicher Güter in Tankcontainern?

Anhang X

Bearbeitungshilfe: Rn 2 RID

45) ❶
Welche Maßnahmen im Schienenverkehr erfüllen die Anforderungen des Getrennthaltens? Nennen Sie drei Maßnahmen!

– Mindestabstand von 80 cm *
– vollwandige Trennung
– zusätzliche Abdeckung
– zusätzliche Verpackung
– Trennung durch bestimmte Versandstücke

Bearbeitungshilfe: Rn 11 (3) RID

---

*) Mögliche Antworten zur Auswahl

erreichbare Punkte

46) ❷
Ein Tankcontainer von 10 m³ Inhalt, der mit der Bahn transportiert wird, ist gemäß den RID-Vorschriften mit Gefahrzetteln nach Muster 7B und nach Muster 7D versehen.
Welche Kantenlänge(n) ist (sind) bei dieser Gefahrzettelkombination mindestens vorgeschrieben?

7B mindestens 150 mm, 7D mindestens 250 mm

Bearbeitungshilfe: Rn 703, 1900

47) ❷
Aus welchen Unterlagen können Sie erkennen, ob ein Kesselwagen für das zu befördernde Produkt zugelassen ist?

– Das Produkt muß in der Stoffliste der Baumusterzulassung oder in den Tankartenblättern einer Tankart aufgeführt sein.

Bearbeitungshilfe: Anhang XI 1.4.1. i. V. 1.7.2 RID

48) ⓮
67prozentige Salpetersäure mit einem Siedepunkt von 121,7 °C ist im Schienenverkehr zu versenden.

a) Als Verpackung sind Fässer aus Kunststoff vorgesehen. Sind diese zulässig?

– Ja   (1)

Bearbeitungshilfe: Rn 806 Abs. 1 Buchstabe d RID

b) Wie ist das Faß zu kennzeichnen?

– Aufschrift: „UN 2031" und Gefahrzettel nach Muster 8   (1)

Bearbeitungshilfe: Rn 812 Abs. 1 und Abs. 2 RID

Anhang

erreichbare Punkte

c) **Welche gefahrgutrechtliche Angabe im Frachtbrief ist für zwei dieser Fässer à 200 Liter, zusammengeladen auf einer Palette, anzugeben?**

– 2031 Salpetersäure, 8 Ziffer 2b) RID	(1)
Bearbeitungshilfe: Rn 814 RID	

d) **Welche Verpackungsgruppe ist erforderlich?**

– II	(1)
Bearbeitungshilfe: Rn 802 Abs. 3 RID	

e) **Wie ist die entsprechende Codierung auf dem Faß für diese Verpackungsgruppe?**

– Y	(1)
Bearbeitungshilfe: Rn 802 Abs. 3 RID	

f) **Sind Fässer mit abnehmbarem Deckel zulässig?**

– Ja	(1)
Bearbeitungshilfe: Rn 806 Abs. 1 Buchstabe d i. V. m. Rn 1526 RID	

g) **Wie lange ist die zulässige Verwendungsdauer der Fässer?**

2 Jahre	(1)
Bearbeitungshilfe: Rn 805 Bem. 1 RID	

h) **Woran erkennen Sie, ob das Faß noch verwendet werden darf?**

Aus der Kennzeichnung des Monats und Jahres der Herstellung	(1)
Bearbeitungshilfe: Rn 1512 RID	

erreichbare Punkte

i) **Wie können Sie überprüfen, ob der verwendete Kunststoff mit dem Füllgut verträglich ist?**

– Prüfbericht über die Prüfung der Verpackung (1)

Bearbeitungshilfe: Rn 1560 RID

j) **Wie ist der zulässige Füllungsgrad des Fasses bei 15 °C?**

– 94 % (1)

Bearbeitungshilfe: Rn 1500 RID

k) **Die Palette mit den Fässern soll in einen gedeckten Wagen verladen werden. Ist das zulässig?**

– Ja (1)

Bearbeitungshilfe: Rn 11 Abs. 1 i. V. m. Rn 815 RID

l) **Mit welchem Gefahrzettel ist der Wagen zu kennzeichnen?**

– Mit dem Gefahrzettel nach Muster 8 (1)

Bearbeitungshilfe: Rn 818 Abs. 1 RID

m) **Wo ist der Wagen zu kennzeichnen?**

– An beiden Seiten (1)

Bearbeitungshilfe: Rn 818 Abs. 1 RID

n) **Welche Größe muß der Gefahrzettel mindestens haben?**

– 150 mm × 150 mm (1)

Bearbeitungshilfe: Rn 1 900 (1) b) RID

Straßen-gefahrgut-vorschriften

Zusammengestellt von **Hans-J. Busch,** Regierungsdirektor im Bundesministerium für Verkehr, Bau- und Wohnungswesen.

ISBN 3-923106-57-2

Loseblattsammlung, in zwei Ordnern, Einlage A4, ca. 1000 Seiten,

Grundwerk
DM 388,–

Erg.-Lfg. nach Seitenumfang

zzgl. Versandkosten, unverbindliche Preisempfehlung

Zu beziehen über den Buchhandel oder direkt beim Verlag.

ADR/GGVS mit Gefahrgutgesetz Richtlinie 94/55/EG u. a.

Mit Anlagen A und B der GGVS des ADR, ADR-Rahmenrichtlinie (94/55/EG) und alphabetischem/numerischem Verzeichnis gefährlicher Güter

Das Standardwerk für alle, die sich in der täglichen Transportpraxis mit der Beförderung gefährlicher Güter befassen müssen. Es enthält auch die Ausnahmen zur GGVS und ADR sowie ein alphabetisches Verzeichnis. Die Einteilung in Abschnitte erleichtert die Arbeit mit dieser Loseblattsammlung. Die Gefahrgutbeauftragtenverordnung ist in das Werk aufgenommen.

Deutscher Bundes-Verlag
Postfach 12 03 80 · 53045 Bonn

http://www.bundesanzeiger.de

2. Update

Peri-List
Gefahrstoff-CD-ROM

Stand: Juli 1998

Ebenso enthält sie die vollständige Liste der gefährlichen Stoffe und Zubereitungen nach § 4 a Gefahrstoffverordnung.

ISBN 3-923106-89-0

Bezugspreis
CD-ROM: DM 178,–
zzgl. Versandkosten, unverbindliche Preisempfehlung

Zu beziehen über den Buchhandel oder direkt beim Verlag.

Die CD-ROM erleichtert dem Benutzer die Suche nach bestimmten Stoffen und Verbindungen und ermöglicht Verknüpfungen zwischen dem Listenteil und den Verordnungstexten. Der Datenbestand wird künftig durch regelmäßige Updates der CD-ROM aktualisiert.

Die CD-ROM enthält den Text der Gefahrstoffverordnung, deren Anhänge I bis VI sowie den Text der Chemikalien-Verbotsverordnung. Darüber hinaus enthält sie die Anforderungen an den Inhalt des Sicherheitsdatenblattes durch Abdruck der entsprechenden EG-Richtlinie und die Liste der krebserzeugenden, erbgutverändernden und fortpflanzungsgefährdenden Stoffe, für die die neuen Beschränkungen der Gefahrstoffverordnung und Chemikalien-Verbotsverordnung gelten.

Deutscher Bundes-Verlag
Postfach 12 03 80 · 53045 Bonn

http://www.bundesanzeiger.de

Busch

GefahrgutVSee

Vorschriftensammlung
für die Beförderung
gefährlicher Güter mit
Seeschiffen

**Mit dem neuen
IMDG-Code
und der
Berichtigung vom
Februar 1996**

ISBN 3-923106-74-2

Loseblattsammlung,
Einlage A5,
in 3 Ordnern,
ca. 3000 Seiten,

Grundwerk
DM 498,–

Erg.-Lfg. nach
Seitenumfang

zzgl. Versandkosten,
unverbindliche
Preisempfehlung

Zu beziehen
über den
Buchhandel oder
direkt beim Verlag.

Wer umfassende Informationen für
den Transport gefährlicher Güter über
die deutschen Seehäfen benötigt,
kommt praktisch ohne diese
Sammlung nicht aus! Insbesondere
für ausländische Stellen, die ihre
Transporte über deutsche Seehäfen
abwickeln, ist sie unabdingbar.

Die Vorschriftensammlung umfaßt
die jeweils gültigen Gesetzes- und
Verordnungstexte; dem eigentlichen
Vorschriftentext sind die amtliche
Begründung und Erläuterungen mit
Hinweisen für die richtige Hand-
habung der Rechtsvorschriften
zugeordnet.

http://www.bundesanzeiger.de

Deutscher Bundes-Verlag
Postfach 12 03 80 · 53045 Bonn